爱因斯坦
想象颠覆世界

刘继军 / 著

北京联合出版公司
Beijing United Publishing Co.,Ltd.

图书在版编目（CIP）数据

爱因斯坦：想象颠覆世界 / 刘继军著 . -- 北京：
北京联合出版公司 , 2015.12
　　ISBN 978-7-5502-6518-9

Ⅰ . ①爱… Ⅱ . ①刘… Ⅲ . ①相对论 - 普及读物②量
子力学 - 普及读物 Ⅳ . ① O41-49

中国版本图书馆 CIP 数据核字 (2015) 第 252357 号

爱因斯坦：想象颠覆世界

总 策 划｜刘志则　李宛儒
著　　者｜刘继军
责任编辑｜李　征
监　　制｜李广顺
策划编辑｜李东旭
装帧设计｜艺海霁空
版式设计｜王福会
营销推广｜周莹莹
出版发行｜北京联合出版公司
　　　　　北京市西城区德外大街 83 号楼 9 层
　　　　　邮编：100088
经　　销｜新华书店
印　　刷｜北京艺堂印刷有限公司
开　　本｜710mm×1000mm　1/16
印　　张｜17.5
字　　数｜260 千字
版　　次｜2016 年 1 月第 1 版　2016 年 11 月第 5 次印刷
书　　号｜ISBN 978-7-5502-6518-9
定　　价｜42.00 元

目录

contents

第六章　广义相对论及其他（附赠）

一、山重水复

二、柳暗花明

三、铁证如山

第七章　　荣誉与生活

第八章　　战争与和平

后　记

前言
preface

2015 年是狭义相对论诞生 110 周年，广义相对论诞生 100 周年，它们共同的缔造者爱因斯坦逝世 60 周年。狭义相对论和广义相对论是人类认识自然的两次升级，也是人类思想的两次升级。这两大手笔相隔仅 10 年，且出自爱因斯坦一人之手，为世所罕见。而且，爱因斯坦是量子论的三教父之一，而量子论是人类思想的又一次升级。这三次升级，对于旧世界具有颠覆性的意义。1999 年，爱因斯坦被美国《时代周刊》评选为"世纪伟人"。在世界最具影响力 100 人排行榜中，名列第 10。

人类对自然的思考，是哲学、思想的起点。最早，我们好奇的祖先想要知道世界是什么，靠啥？靠看，看不见的靠猜，猜不着的靠创作，因此走了不少弯路。就这样，经过几千年的误打误撞、自省自新，我们从直觉、经验、归纳，到理性、逻辑、公理演绎，然后是公理演绎＋观测＋实践（实验），探索出了一条科学之路。这条路，虽然不能保证直达宇宙真理，但它实用有效的方法体系、精益求精的自检自查和自我更新的机制，能让我们不断修正错误，一步一步接近真相。所以，每当有人发现科学理论哪里不对时，科学界会自动升级它，甚至发现新理论取代它。至于升级、取代的条件也是简洁而又苛刻：能精确预测，并符合观测。

纵观科学发展史，既标新立异，又一脉相承。

牛顿发现万有引力定律，建立经典力学，有哥白尼、伽利略、笛卡儿、开普勒、胡克、惠更斯等一批超级牛人的工作垫底，并且理论与人们的日常经验相符，发明者和受众都很容易接受，这是不可否认的事实。

麦克斯韦建立他的电磁学大厦，有卡文迪许、库仑、伽伐尼、伏特、欧姆、安培，尤其是法拉第等牛人的工作垫底，还有赫兹等牛人予以支撑，这也是不可否认的事实。

而爱因斯坦发现狭义相对论，有理论矛盾苦苦相逼，有伽利略变换打前站，还有洛伦兹、庞加莱敲边鼓，更有普朗克的慧眼识珠，这更是不可否认的事实。

但广义相对论的创立，是无矛盾相逼、无观测征兆、无现实需要的"三无"产品。其实纵观广义相对论的诞生历程，又何止"三无"！无人理解，无人相信，无经验可学，甚至无前车之鉴。世上本没有这条路，爱因斯坦走过去了，也便成了主路。

一颗头脑、一支铅笔，仅此而已，但与此对应的，却是人类思想史上最伟大的成就之一！

是什么成就了这个伟大奇迹？智力、勤奋、坚韧、勇气、时代……这些共性的成功因素都有，但能取得如此超凡入圣的成功，爱因斯坦必然有他的独到之处，比如人格、信仰、天赋、思维方式等，其中，天马行空的想象力，无疑是其最耀眼的功法之一。

天马行空，在科学世界开疆扩土，这是一个人的传奇。

其实，这个人的传奇，远远不止于此。

"一战""二战"、总统、特工、元首、追杀、女王、核武器、美女、爱情、谍战、世界和平……

集众多大片元素的关键词于一身，谁的人生可以如此精彩？

唯有爱因斯坦。

懵懂岁月

内容：童年、少年时期

时间：1879—1896

怪小孩

1879 年 3 月 14 日，德国乌尔姆。

无论从天文学、气象学，还是从玄学、神学上看，这都是普通的一天。风雨雷电，没有；红光祥云，没有；祥瑞降临，没有；流星划落，没有。甚至，一个稍稍出格点的梦也没有。

美丽的多瑙河水傍城而过，没有一丝留恋。

阿尔伯特·爱因斯坦就这样来到人世间。那一声普通的啼哭，只快乐了他的父母。

赫尔曼·爱因斯坦先生没有太多时间为当爹高兴。因为，他只够糊口的羽毛褥垫生意不行了，犹太人善于经商的基因在他身上已经凋零了，他正在为举家迁往慕尼黑、重新开始新的事业而奔波。

波林·科克女士泛滥的母爱中透出一丝不安。因为她发现小爱因斯坦有一个超凡脱俗的大后脑勺，还有棱有角！一看到儿子的大头，她就有点儿头大。

"太重了！太重了！"对婴儿界见多识广的奶奶看着小爱因斯坦的大头，小声念叨着。她老人家在担心一个很现实的问题：这样弱小的身体，能撑得起如此硕大的脑袋吗？

实践证明，这个担心是多余的。

小爱因斯坦在该站起来的年龄站起来了。他幼小的肩膀完美地顶着那颗大大的脑袋。

1880 年 6 月，赫尔曼·爱因斯坦先生已经携家小在慕尼黑开始创业了，他和弟弟雅各布办了一个小企业，主营业务是安装煤气和自来水管道，生意还算兴隆，幸福似乎已经来敲门了。

但是，还有一个很现实的问题。

小爱因斯坦不说话——在早该说话的年龄。

大大的头，我们可以用"智慧拥挤"来解释，这也是所有大头儿子的爸爸的一致意见。但是快 3 岁了还不说话，就有点儿说不过去了。赫尔曼·爱因斯坦左思右想，这事好像只有医生能帮上忙。

于是，一名医生华丽丽地出现在小爱因斯坦面前，他以专业的眼光看着小爱因斯坦，与此同时，小爱因斯坦也以更专业的眼光看着医生。

眼神有交流。

医生得出一个惊人的结论：爱因斯坦不说话，是因为他在思考！

神医啊！你应该兼职神算。

赫尔曼·爱因斯坦、波林·科克这两口子心里的石头总算落了地。

实际上，爱因斯坦后来很自然地、不知不觉地说话了，他并不是不会说话，而是思考方式不同，他想问题，图像思维多，语言思维少。他后来说："我很少用词语进行思考，只有在想法产生后，才试着用词语表达出来。"

赫尔曼·爱因斯坦先生虽没有继承犹太人经商的精明，却继承了犹太人的高智商。早在中学时代，他的数学天赋就一度引人注目，除了数学之外，他还热爱诗歌，每每陶醉于其中不能自已，这对于一个以经商为生的人来说，不知道是幸还是不幸。

波林·科克受过良好的教育，文学、音乐是她的挚爱，极高的文化修养、高雅的爱好，对于一个操持家务、相夫教子的主妇而言，也不知道是幸还是不幸。

但对于人类社会来说，这是幸运的。他们的生命，以及他们生命中的一切，缔造了伟大的爱因斯坦。

但伟大是以后的事，现在，还在缔造阶段。爱因斯坦一家还得过日子。

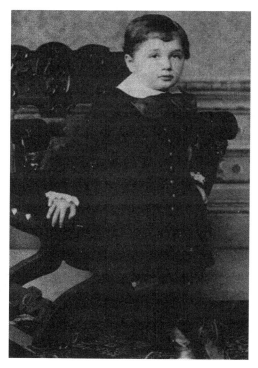

【图1.1】眼神销魂的小爱因斯坦

1881年11月，爱因斯坦的妹妹出生了，她叫玛丽亚，但大家都叫她的昵称：玛雅。爱因斯坦第一次见到她时，以为是老爸老妈送给他的玩具，还问轮子在哪儿。

1885年，赫尔曼·爱因斯坦和弟弟雅各布倾囊而出，加上波林·科克的父亲，也就是小爱因斯坦姥爷的资助，他们开办了一家电子技术工厂，主要生产发电机、仪表等电气产品。市场前景一片光明，各项指标预期良好。

一切似乎明朗起来，但是小爱因斯坦的表现令人捉摸不定、喜忧参半。

他好奇。大自然的一切令他心醉。父亲经常带全家去郊游，融入慕尼黑郊外的田野和森林，这也是爱因斯坦童年最幸福的时光。四五岁时，他生病了，父亲拿来一个罗盘给他解闷。看着被某种神秘力量牵引着的小磁针，小爱因斯坦顿时激动得浑身颤抖，满脑子问号挤走了身体的病痛，为什么它总是指向北方？它怎么知道那是北方……这些问号深刻而持久，直到他最终找到答案。

他沉静。喜欢静静地思考。谁要是破坏了他独处的心境，他便会大发雷霆，甚至以扔东西来捍卫自己的个人世界。1888年，9岁的爱因斯坦进入了以正统古板著称的路易波尔德高级中学，开始了他一生中最痛苦的一段校园生涯。经验表明，越不热爱学校的学生，越热爱同学，不纠集一伙同学玩个天翻地覆，真有些愧对"不爱校"的名声。但颇受欢迎的爱因斯坦常常躲开小伙伴，独来独往。专注于安静的事，是他的最爱，吵吵闹闹，他却本能地躲开。

他坚韧。喜欢一个人挑战高难度的游戏，比如用薄纸片搭房子，不成功决不罢休。玛雅说，哥哥能搭起14层的卡片楼，这个难度可不一般。就算玛雅的记忆有些偏差，卡片楼的高度曾给玛雅带来震撼也是显而易见的。雅各布叔叔经常出些数学题让爱因斯坦解答，爱因斯坦也乐在其中。12岁时，雅各布叔叔告诉他"毕达哥拉斯定理"（勾股定理），他运用超强的想象力和图像思维能力，居然根据三角形的相似性，成功地证明了这条定理。要知道，他那时还没有接触过几何学著作。

他爱音乐。3岁便对音乐产生了浓厚兴趣，6岁开始在母亲的陪伴下练习小提琴，并很快就能演奏莫扎特和贝多芬的奏鸣曲了。后来，音乐伴随了他的一生，曾经有人问爱因斯坦："死亡意味着什么？"爱因斯坦答道："死亡意味着再也听不到莫扎特了。"

他迟钝。经常找不到钥匙，衣服扣总是扣不齐，甚至常常忘记吃饭！由于时常沉浸在思考中，在课堂上发言时，老师总觉得他讲得太慢，显得有些傻乎乎的。为此，同学们还送了他一个"笨蛋先生"的绰号。就连校长也说他将来肯定一事无成。当然，后来的事实证明，这是史上最不靠谱的预言。

他好学。求知欲超强。还是12岁时，爱因斯坦一家参加了一个传统的犹太慈善活动——每周四请一位贫困大学生来家里吃饭。就是通过这次活动，爱因斯坦和俄国大学生塔尔梅成了忘年交。塔尔梅热爱科学、哲学，他经常给爱因斯坦带这方面的书，第一次是《圣明几何学小书》，爱因斯坦一口气学到最后一页，此后便一发不可收拾，《力和物质》《宇宙》《自然科学通俗读本》……只要能弄到的科学书籍，他的大头都照单全收。

他聪明。他的求知能力与求知欲一样强。13岁时，他得到了康德的《纯粹理性批判》，这是一本极其复杂深奥的理论书，一般教授读起来都会感到晦涩难懂，但小爱因斯坦读起这本书，就像别的小朋友读《小红帽》一样，津津有味！他对自然科学的兴趣与日俱增，小小年纪就开始自学微积分之类的高等数学，别人眼里枯燥、眼花缭乱的公式、符号、数字、定理，在他眼里却犹如优美的乐章。他十二三岁就能与热爱数学的大学生塔尔梅平等讨论数学问题，并且很快，塔尔梅就不是他的对手了。

他叛逆。在读通《几何原本》，自学高等数学时，他就开始怀疑欧几里德的假定。他讨厌学校枯燥的灌输式教育，讨厌权威的标准答案。所以，尽管小爱因斯坦的数学成绩永远第一，但最讨厌他的老师是他的数学老师。因为高等数学已经熟稔于心的爱因斯坦，经常会提出一些数学问题，让中学数学老师不知所措。

他率直。总是很直接地表达自己的真实想法，从不遮遮掩掩、拐弯抹角。这个文质彬彬的小家伙是个纯爷们儿！

一切都好像不太正常，一切又好像都很正常。毕竟，谁也不会轻易相信，那个整天在自己面前晃来晃去、好像哪里不对的家伙，居然是个盖世天才。

在家人和亲友时而纠结、时而惊喜，但始终爱怜的目光中，爱因斯坦茁壮成长着。

在同学和老师时而嘲讽、时而诧异，但始终不解的目光中，爱因斯坦兀自成长着。

【图 1.2】少年爱因斯坦

但是，赫尔曼·爱因斯坦先生的工厂无法成长了。这个工厂一度发展得很快，1885 年，工厂有 200 多个雇员，慕尼黑啤酒节第一次用的电灯，就是爱因斯坦公司安装的。此外，他们还拿到过一个大单：为慕尼黑近郊的施瓦宾区安装照明系统。投入太大，钱不够怎么办？融资，用房产抵押贷款。但即使如此，工厂面临的竞争压力还是越来越大，因为它的对手太多、太强悍——其中有一家叫西门子，一听这个名字，我们就知道结果了。

不奋斗，必然不成功；奋斗，却未必成功。这就是现实。

赫尔曼和雅各布兄弟面对这个现实，听从了意大利朋友伽罗尼的意见，把工厂搬到意大利去了。经济基础决定上层建筑，爱因斯坦一家也随着这个经济命脉搬到意大利去了——除了爱因斯坦。

爱因斯坦还得在慕尼黑路易波尔德中学完成他的学业，取得文凭，这样才能进大学。但是路易波尔德中学古板、僵化的教育体系，让小爱因斯坦越来越讨厌它。

赫尔曼先生希望儿子考个电机工程师证，将来好靠这门手艺吃饭。无论何时何地，这都是一件相当要紧的事。

放羊、卖钱、娶媳妇、生娃、放羊……

学习、就业、结婚、生子、学习……

这就是父亲为儿子规划的美好未来，人生的康庄大道莫不如此。除了英雄和狗熊。

这是 1894 年 6 月。

爱因斯坦满怀对家人的思念，寄宿在一个老太太家里，继续着他未竟的学业。

我要移民

慕尼黑不黑，很美，大自然清新宁静，充满生机和活力。但在爱因斯坦眼里，路易波尔德中学却很黑，准确地说是沉闷——弥漫着僵化和陈腐气息的体制框架，糊着追名逐利的艳俗纸板，知识的火苗在里面奄奄一息。这是自由、真理和个性的噩梦。比黑还要黑。

更黑的，还在校外。当时，德国民族主义、军国主义泛滥，很多小孩喜欢扮士兵，但爱因斯坦天生反感一切对人的机械式教育和训练。

当老爱还是小爱的时候，当小爱还是小孩的时候，他就对军队、监狱等暴力工具产生了深深的厌恶和恐惧。于是，崇尚自由、追求真理、张扬个性的爱因斯坦，被老师和很多同学共同鄙视着。

当时的德国人，在铁血宰相俾斯麦的带领下，小日子过得有板有眼、红红火火，幸福到不招惹点儿是非都对不起列祖列宗。

恰逢此时，野心勃勃的皇帝威廉二世上位了，他一脚踢开俾斯麦，放眼四望，看全世界哪个国家都像肥肉。指挥千军万马、统治全球的理想之火，把威廉二世本来就残的脑子烧得汹涌澎湃。

一个人脑残不要紧，要紧的是，这个人是皇上！

当脑残说一不二时，不脑残的，就不好过了，而心态好、善于适应环境的聪明人，就赶紧跟着脑残了。事实也是如此，当军国主义泛滥成灾，整齐划一、帝国至上成为民族的信条，个体的价值就必然遭到摧残，个体的意志也必然遭到蹂躏。当然除了圣上的。

在这种环境下，学生们能干什么呢？他们每天只跟大人做三件事：服从命令、重复教条、表演幸福。

爱因斯坦还记得一次和父母看阅兵的经历。阳光、皮靴、刀尖，士兵两眼盯住一点，膝盖绷得笔直，双臂摆动成直角，队伍整齐划一，士兵步伐一致，目光一致，表情一致，思想——没有。这些人已经机械化，他们共同合成了一个庞大的战争机器，为一个人效力，以国家的名义。

【图 1.3】威廉二世像

爱因斯坦不像别的小朋友那样——希望快快长大，成为其中的一员。相反，他幼小的心灵受到了伤害，当时他就哭了起来："我以后可不想变成这样的可怜虫。"他不想被机械化，失去生命的意义。他后来说："一个人能得意扬扬地随着军乐列队行进，单凭这一点就足以让我鄙视他，这样的人长了一个大脑，只是一场误会。"

人潮人海中，爱因斯坦感到无比的孤寂和迷惘。

身残志坚，可以作偶像，脑残志坚，就只能作呕像，敬而远之了。如果这样的人占了主流，那么，最好的选择，就是第三十六计：走。

所以，16 岁时，爱因斯坦独自作了一个重大决定——移民。

移民谈何容易？不是说贫贱不能移吗？尤其是在封建主义、资本主义以及军国主义的高压统治下，老百姓哪有那么自由？！可居然就有这种自由，而且也没哪个国家拒绝德国来的移民。

那爱因斯坦为啥要移民呢？根据德国当时的法律，男孩只有 17 岁以前离开德国，才可以不必回来服兵役。还是法制健全对老百姓有利啊！

1895 年，爱因斯坦算了一下，自己已经 16 岁了。必须离开德国！你不爱我，叫我如何说爱你？世界上最痛苦的事就是单恋。世界上更痛苦的事，是大家一起对同一个目标单恋，因为那不叫单恋，叫自我作践。

所以，爱因斯坦选择离开。

但问题是，爱因斯坦还没毕业，想移民只有退学。而退学，就拿不到文凭。这该怎么办呢？天真的爱因斯坦想出了一个点子，他做了两件事。

第一件事，请数学老师给他开了张证明，说他数学成绩优秀，早已达到大学水平，这个是实情，而且数学老师也殷切渴望爱因斯坦早日从自己的课堂上消失，所以这件事很顺利地办成了。

第二件事，找熟人医生（塔尔梅的哥哥）开了一张病假证明：神经衰弱，需回家静养。

后来的事实证明了另外两件事：一、这是个坏点子；二、高智商奈何不了俗事。

还没等爱因斯坦提出申请，训导主任就训导了他一顿，并作出了处罚：勒令退学。理由是败坏班风，不守校纪。学校僵化归僵化，但并不腐败。

爱因斯坦脸红了，不是为受到处罚，更不是为离开了这个学校，而是为自己没来得及实施的坏点子，这和他坦荡、诚实的个性相悖。多年以后，爱因斯坦每每提及此事，都会满怀内疚，自责不已。

【图 1.4】1895 年的爱因斯坦

但不管怎么，他终于冲出了那道藩篱。

兵，是不用当了。学，还是要上的。

退学后，爱因斯坦如愿来到了意大利，来到了位于米兰的新家。

此时，赫尔曼和雅各布兄弟的新工厂并没有带来新气象，相反，新工厂一直在走下坡路，最终它积蓄耗尽，也没有了收益。

没钱，在任何时候，对任何人，都是个大问题。

爱因斯坦的父亲和叔叔坚持认为，电机工程师这份很有前途的职业，是爱因斯坦最明智的选择。是的，最明智的就是最现实的。但现实，似乎总是梦想的死敌。

当梦想照进现实，醒来的，是一颗空荡荡的心。

痛苦，再次袭来。

米兰的德语学校只收 13 岁以下的学生，爱因斯坦大 3 岁，如果进去混个中学文凭，显得太老和不太老实，在"万恶"的西方社会，想用潜规则在学校搞个文凭，太难办。

不过天无绝人之路，在阿尔卑斯山的那一边，瑞士，著名的苏黎世联邦工业大学，18 岁以上的学生都可以报考，而且只看成绩，不看学历。不幸的是，爱因斯坦小 2 岁。

选 A 大 3 岁，选 B 小 2 岁，生不逢时？

可是，雅各布叔叔却对爱因斯坦满怀信心，他的信心主要来自两方面。

一方面，苏黎世联邦工业大学是个开明、开放的名校，并因兼容并蓄、广采博收而英才辈出，其破格录取优秀学生的概率很大。

另一方面，在雅各布叔叔眼里，他的大侄子够优秀、够聪明。证据是，很有数学天赋的自己常常被一些数学题困扰，但小爱因斯坦能在几分钟内给出正确答案，这样的孩子不录取，天理难容啊！

当然，这只是叔叔一厢情愿的想法。结果如何，还得看小爱怎样、联邦工业大学如何。

校园·初恋

1895 年，秋。爱因斯坦参加了联邦工业大学的入学考试。考试科目很丰富，数学、物理、化学、图形几何学、政治史、文学史、德文、法文、生物、图画，还有作文。但爱因斯坦最终名落孙山了——靠背诵出成绩的科目，他一样都没考好。这很正常。但有两科——数学和物理，他考得十分出色，这更正常。

联邦工业大学果然是个人才汇聚的圣地。那么多学科，那么多考生，其中一个考生、仅两科的出色表现，居然没能逃过校方的法眼——著名的物理学家韦伯教授向爱因斯坦伸出了橄榄枝，表示愿意特许爱因斯坦来旁听自己的课。

韦伯是谁？1856 年，两位牛人测出了静电单位电量与电磁单位电量的比值，给麦克斯韦算出光速提供了支持，这两位牛人就是韦伯和科尔劳施。

威廉·爱德华·韦伯，德国人，19 世纪最重要的物理学家之一，在电磁学上作出多方面的贡献，他发明了 N 多功能强悍的电磁仪器，比如电流表等。他不仅是小爱的老师，还是高斯的哥们，他协助高斯提出了磁学量的绝对单位，哥俩还一起发明了第一台有线电报机。

校长赫尔岑教授给了爱因斯坦一个善意的建议：在瑞士完成中学学业，然后再来报考。还给他推荐了位于阿劳镇的阿尔高州立中学。但一听中学这个词，一片阴影立即笼罩了爱因斯坦那颗惊悸的心。刚出"虎穴"，又要入"狼窝"，路漫漫其修远兮，啥时能到头啊？但想一想将来，爱因斯坦还是仰天长啸，壮怀激烈：我去！

重返校园，这是一个明智的决定，就像当初离开德国一样明智。因为，这个学校不一样。受瑞士的著名教育家裴斯泰洛奇的影响，阿劳镇州立中学强调主动学习、自我负责、自由精神，主张激发学生的形象思维，重视培养每一个孩子的自尊心和个性，侧重引导而不是灌输，以此让学生们从亲身观察开始，逐渐过渡到直觉、概念思维、视觉想象力，最终得出自己的结论，这种学校，简直就是为爱因斯坦量身定制的！

为了方便就读，爱因斯坦寄住在温特勒先生家。这是一个大家庭，温特勒夫妇有 7 个孩子。从这时起，这个家庭就跟爱因斯坦的生活紧紧联系在了一起：女主人罗莎会被爱因斯坦称为"妈咪"，女儿玛丽将成为爱因斯坦的初恋女友，另一个女儿安娜将嫁给爱因斯坦最好的朋友贝索，儿子保罗后来娶了爱因斯坦的妹妹玛雅。温特勒先生是阿劳中学的优秀老师，他知识渊博，三观端正，讨厌军国主义和民族主义。总而言之，这是一个勤劳、善良、友好的家庭，让去国离乡的爱因斯坦重获了家的温暖。因此，在路易波尔德中学备受排挤、孤僻腼腆的爱因斯坦，到阿劳中学短短一年，就重获了自信与热情，他神采飞扬，朋友遍地。

爱因斯坦的法语学得不太好，不过，他的法语作文《我的未来计划》却让史学家们兴致盎然，这篇短文充分反映了爱因斯坦当时的状态：

"如果运气好，各门功课都不挂科，我就会去上苏黎世联邦工学院。我将在那儿待上四年，学习数学和物理。我会选修这些科学的理论部分，我想自己会成为这些领域的一名教师。"

"下面是启发我作出这项计划的理由。最主要的是，我的长处偏向于抽象思考和数学思考……我的理想也让我下了这个决心。这是十分自然的，人总是爱做自己擅长的事。何况科学职业还有一定的独立性，那正是我十分向往的。"

看得出，这个 16 岁的少年很有想法，他目标明确，对未来充满了期待。

【图 1.5】年轻的爱因斯坦

与此同时，爱因斯坦也开始了追光之旅："如果一个人以光速跟着光波跑，会怎样呢？"会看到不随时间变化的、也就是静止的光波么？他想，这种事情当然是不可能的。爱因斯坦后来说，他在中学做的这批思想实验是"非常幼稚的思想实验"，但"它们对狭义相对论产生了直接的影响"。思想实验是爱因斯坦的专长。在他漫长的科学生涯中，这种视觉化的思想实验遍地开花，"爱因斯坦列车""爱因斯坦电梯""爱因斯坦圆盘"、"爱因斯坦光盒"等，都是思想实验史上的经典之作。天马行空、无与伦比的想象力，不仅帮助他在科学世界攻城略地，也为文明史留下了不可复制的传说。

这一年，他搞定了 6 年的学业，还写了一篇物理论文《关于磁场中以太状态的研究》，虽然内容有点幼稚，但我们别忘了，这是一个中学生的作品，他迈出了伟大征程的第一步。当然，他也迈出了作为男人的第一步。

男人，自然是相对于女人而言的。这里，我们顺便八卦一下爱因斯坦的女人缘。 现在一提起爱因斯坦，人们脑海中立即就会浮现出一个乱发飞扬、目光睿智、衣衫不整的可爱老头形象。其实，年轻时的爱因斯坦，那是相当的帅。

从中学时起，帅帅的爱因斯坦同学就深受女孩子的欢迎，他也喜欢与女孩说笑，他动不动就写几行调情的“打油诗”，惹得女孩们心神荡漾。

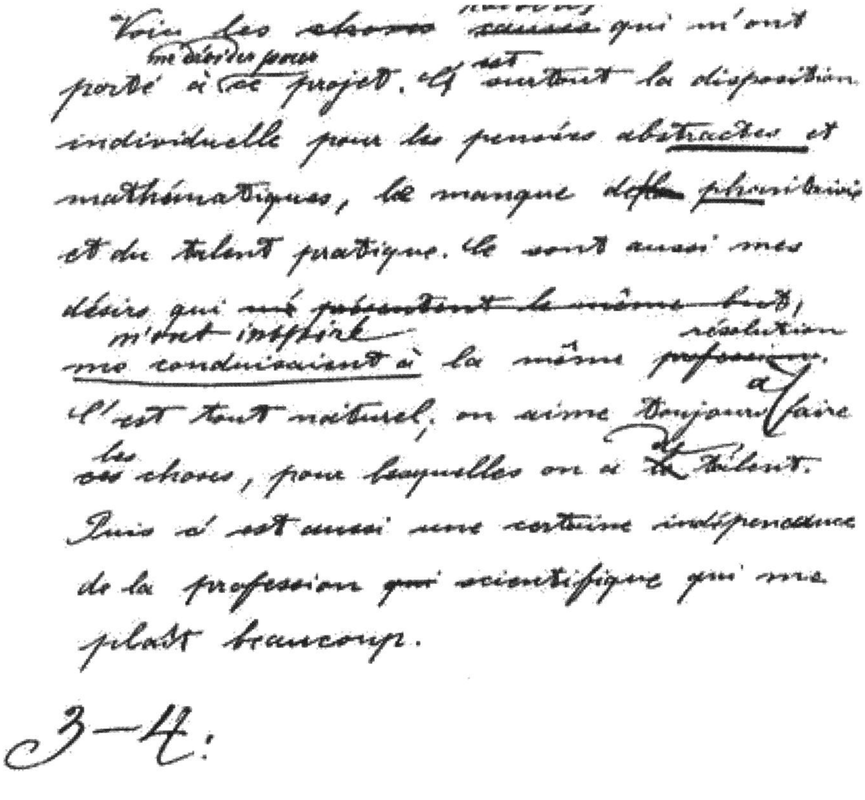
Voici les ~~choses~~ ~~causes~~ raisons qui m'ont
porté à ce projet. C'est surtout la disposition
individuelle pour les pensées abstraites et
mathématiques, le manque de la phantaisie
et du talent pratique. Ce sont aussi mes
désirs qui ~~me poussaient le même but~~,
m'ont inspiré ~~me conduisaient à~~ la même ~~profession~~ résolution.
C'est tout naturel, on aime toujours à faire
les choses, pour lesquelles on a du talent.
Puis c'est aussi une certaine indépendance
de la profession scientifique qui me
plaît beaucoup.

3-4:

【图 1.6】《我的未来计划》手稿

当然，后来也惹得他的妻子米列娃很气愤。

成年后，他更是仪表堂堂，充满自信，精力旺盛，才华横溢，加上随意的衣着，漫不经心的生活方式，以及由音乐和哲学陶冶出来的文艺范儿，这些优点集中在一起，怎不人见人爱，花见花开？

从 26 岁起，他开始挑战史上最大的权威，最终推翻了经典物理大厦，创造出了人类思想史上的伟大奇迹——大英雄也！他积极参与反战运动，在倡导和平正义的事业中留下了浓重的一笔——大侠义也！原来，美貌与智慧并重，英雄与侠义的化身，其实并不是唐伯虎，而是爱因斯坦。

爱因斯坦一生对女人很有吸引力。因为男人吸引女人的优点，爱因斯坦几乎都有。相貌、气质、智商、才华、名气、荣誉、地位，偶得其一，就够炫耀一辈子的，更何况爱因斯坦样样都有，而且样样都是如此出众！

相比而言，就是钱不太多，不过，我们知道，爱因斯坦如果想赚钱，只需出出书、挂挂名、当当顾问、搞搞代言什么的，很快就会富起来。但是，这样的致富捷径他没走。老爱不是跟钱有仇，也不是不知道钱好花，只是不喜欢不劳而获。所以，他宁愿冒着风险买股票投资，也不愿利用自己的名望挣那些唾手可得的钱。

《时代周刊》曾这样评价爱因斯坦：女人们就像小卫星绕着行星一样，在他身边转来转去。还有人说，他能打开世界上三分之一女人的心扉。

按照这样的条件来推理，爱因斯坦的感情生活应该很美满才对。可现实往往是不符合逻辑的。我们知道，爱因斯坦在朋友圈里混得风生水起，口碑极佳，几乎和他的事业一样成功，但和女人之间的关系，他却处理得似乎一团糟，简直就像他的书房。为什么要说"似乎"呢？因为对这码事，现在想盖棺定论，还挺难。

按说定论有难度不假，可也不是没法解决，比方说，找几个跟爱因斯坦有接触的女人拉拉家常，回顾回顾那段激情燃烧的岁月，应该就能搞定。她们最有发言权，是吧？但是，历史絮絮叨叨地告诉我们，世界上最遥远的距离，就是事实与假设之间的距离。对爱因斯坦的看法，这些女人的意见惊人地不一致！

虽然男女间的事情，基本原理很简单，可具体到每个人、每件事，一步赶一步地走过来，再回过头去综合分析，永远比相对论要复杂。外人是看不懂的。因为这档子事，连当事人自己都不懂。

　　爱因斯坦的女人缘暂时就八卦到这里，下面八卦一下爱因斯坦的第一个女人。

　　每个人都有一段最美好的记忆。爱因斯坦的这段记忆应该是在阿劳中学开始的。在那里，他刚刚从牢笼般的环境中逃脱出来，呼吸着自由平等的新鲜空气，享受着温馨的亲情和友情，开始了他的初恋。人生在世，还有比这更美丽的时光吗？

　　那是 1895 年到 1896 年的一年间，爱因斯坦就读于阿劳中学，寄住在温特勒家。是的，这是一个和睦美好的大家庭，温特勒夫妇和他们的 7 个儿女都十分和善、友好、热诚。

　　她叫玛丽，是位小学老师。她俊俏大方，他睿智英俊；她温柔善良，他率真热情；她喜欢弹钢琴，他喜欢拉小提琴……温馨和谐，情窦初开，互相欣赏，斯时，斯境，斯人，如果爱情的种子还不发芽，那一定是上帝搞错了。

　　芽当然发了。然而，上帝还是搞错了。一切都恰到好处，除了发生的时间。这场恋爱来得太早，翻译成现在的说法，这是一场早恋。对玛丽也许不是，但对爱因斯坦来说，一定是。想让一个 16 岁的男孩谈一场不懵懂的恋爱，实在太难。

　　这场懵懂的早恋，不仅来得很冲动，而且进行得很轰动，甚至得到了双方家长的热烈支持，尤其是爱因斯坦的母亲，她对玛丽做自己儿媳这件事儿满怀期待，这从爱因斯坦已知的第一封情书就看得出来：

亲爱的小宝贝：

　　非常感谢您令人心醉的信，亲爱的心上人，它使我无限幸福。能把这么一张小纸按在心坎上，真是妙不可言……

　　我的妈妈还根本不认识您，就已经把您锁在了她心中。我只让她看了两封您那逗人喜爱的信……

　　平时，她教她的书，他上他的学。虽见不着面，但书来信往，阅读对方的情话，成了他们最渴望、最幸福的事。到了节假日，河边、草地、田野、树林……到处都是他们的快乐天堂。他称她为"我的小天使"。

她叫他为"我亲爱的大哲学家"。

热恋至此，爱因斯坦的学习成绩竟然还在直线上升，爱情作业两不误，真是奇迹。不仅如此，他的小提琴也越拉越好，经常受到老师的表扬，甚至在当地教堂的一场音乐会上，爱因斯坦还担任了巴赫作品的第一提琴手。

然而，随着爱情的温度越升越高，玛丽却突然忐忑起来。因为情况有些变化——爱因斯坦变得心不在焉起来，看起来很困扰。他怎么了？

不是小三，而是一些物理难题。比方说：假如我能以光速运动，会看到什么？这个问题是不是很重要，玛丽不知道。但她知道，谁都冒出过怪念头，想个一天两天，新鲜新鲜也就够了。但没想到的是，爱因斯坦竟从此深陷其中。即使他们在一起时，爱因斯坦也会突然陷入沉思，沉浸在自己的世界中，这自然就冷落了玛丽。而这也是这场初恋冷却的开始。

1896年1月，爱因斯坦放弃德国国籍的申请，得到了德国政府的批准，从此，他成了一个无国籍的人，也成了一个没有宗派的人，因为，在放弃德国国籍申请中，他填的是"无宗派关系"。从童年接触科学开始，他便离宗教越来越远了。

这一年夏天，赫尔曼和雅各布的公司破产了。雅各布去一家公司当了工程师，赫尔曼则重新开张，还做发电机买卖，并且希望爱因斯坦将来也做这行。爱因斯坦觉得老爸这生意的前景堪忧，并且自己也没兴趣做工程师，更没兴趣做生意。而且为了减少损失，少年爱因斯坦还劝各位亲戚不要再资助父亲，但没成功。于是，这些钱又打了水漂。

这一年秋天，爱因斯坦顺利通过了他在阿劳中学的毕业考试。虽然他很喜欢这所学校，但并不是门门功课都喜欢，化学、法语这两科的成绩就不好，法语成绩最低，只得了3分。但其他功课都很牛，尤其是物理、数学等科目，都是5分（6分制），文史类的历史、意大利语也是5分，综合成绩全班第二。

也是在这一年，17岁的爱因斯坦移居到苏黎世，开始了他的大学生活。初恋，一下子变得遥远起来。

The second chapter

科学之光

内容：苏黎世，学习、思考，
　　　走上科学道路
时间：1896—1904

坏学生

苏黎世联邦工学院（1911 年升级为联邦理工大学）是一家技术师范学院，爱因斯坦初入这所大学时，最大的愿望就是毕业后能成为一名光荣的人民教师。这所学校虽然名字听上去不够"高大上"，但在工程、科学方面的名气却不小。这不，物理系主任韦伯先生又拉来一笔赞助，给学校盖了一幢大楼，金主就是爱因斯坦家族企业的最强竞争对手：西门子。

爱因斯坦入学时，这家正在茁壮成长的学校有 841 名学生就读。爱因斯坦读的是教育系。全系新生共 6 名。其实这个系有点儿名不副实，与教育相关不假，但范围太窄——本系只培养物理、数学教师，爱咋咋地。而这恰恰是爱因斯坦最感兴趣的科目，于是他义无反顾地将其作为主修专业。除此之外，他还选修了日晷、投影、瑞士政治制度、歌德作品选读等毫不相干的课程，作为业余爱好。

但是，爱因斯坦同学接下来的行为又让人看不懂了——对业余爱好的课程，他很少缺课；对主修专业的课程，他却很少听课。

大家都觉得这很怪异，但爱因斯坦同学却觉得这很正常。

先说物理。韦伯教授不是爱因斯坦一个人的教授，他给同学们讲授的物理课程，满足不了爱因斯坦日益增长的学习积累，不到两年，韦伯教授已经讲的和将要讲的物理知识，爱因斯坦早已烂熟于胸，再去课堂听课，简直是在浪费时间。作为一只先飞的猛禽，抓紧时间继续往前飞，才是上策。更何况，韦教授特别钟爱经典物理理论，对前沿理论不太关心，更别指望他在课堂上讲了。

爱因斯坦发现，韦教授在讲课时，自动屏蔽了亥姆霍兹之后的一切。这哪儿行？好多问题都没解决，解决了好多问题的新东西你又不讲，叫我如何说爱你？要知道，那个年代正是科学发展的崭新时期，旧理论危机乍现，新理论春光乍泄，物理学界风云际会，高手如林，科学奇珍俯拾即是，好吧，就算这璀璨群星你韦教授看不见，麦克斯韦这颗太阳你总看得见吧？他 20 多年前建立的电磁学大厦，是能与牛顿力学比肩的鸿篇巨制，优雅强悍的麦克斯韦方程组，被称为上帝的诗篇，这你也不讲，这不是逼着我自学成才么？

翘课！

于是，爱因斯坦离开了教室，他一头扎进书堆，麦克斯韦、赫兹、基尔霍夫、波尔兹曼……众多物理大师的著作让他如醉如痴。该学的东西太多太多。

自学不是问题，问题是翘课；甚至翘课也不是问题，问题是翘得太张扬。要翘，你随便找个借口，说自来水收费大叔喊我去喝茶也就翘了。但爱因斯坦不，他实话实说，搞得韦教授连个台阶都找不到，很是恼火。后来，爱因斯坦也为此付出了代价。

的确，在处理人际关系上，爱因斯坦很傻很天真。他不会察言观色，不会曲意逢迎，口中所说，即心里所想。为此，他得罪了不少人，但也因此交了不少朋友。他与人交往如此不讲究方法，是不是不懂得为人着想，没有人情味？

筹办爱因斯坦生平展览会的负责人米歇尔·沙拉说："我发现，爱因斯坦比我想象的要复杂得多。作为一位盖世绝伦的科学家，他身上表现的人情味远远超出了我们的想象。"实际上，他讥诮直爽的面具背后，是一颗率真善良的心。爱因斯坦与人相处，是随心而动，年龄、种族、地位、贫富都不是问题。平等、率直、热忱，倾情相交，坦诚以待，这就是最大的人情味。

爱因斯坦的率真，几十年如一日。他的人品、学识、个性乃至外貌都是很受人欢迎的，特招哥们儿。1896 年，与爱因斯坦同一届进入苏黎世联邦工学院的，同专业一共有 6 人，其中 3 人成了他的终身挚友，唯一的女生则成了他的老婆。

人们常常为找不到真正的朋友而遗憾，但爱因斯坦的终身挚友名单能列出一长串：格罗斯曼、哈比希特、贝索、索洛文、埃伦费斯特、埃拉特、科尔罗斯、劳厄、歌德尔……

朋友的最高境界是知己，俗话说"人生得一知己足矣"，但爱因斯坦的知己至少有 4 个（具体后文将提到）。

但这些，现在还改变不了老师对他的看法，因为没有哪个老师会喜欢翘自己课，并且不听话的学生。

还是物理课，这回是实习教授让·佩尔内，他负责实用物理。爱因斯坦对让教授的实验课不感兴趣，所以经常翘课。让教授很生气，建议爱因斯坦试试医学或法律。但爱因斯坦说，他学那两样天资更浅，还不如在物理上碰碰运气。幸亏爱因斯坦拒绝了大夫这份很有前途的职业，坚持当一名物理学家，不然人类的损失就大了。

这个不善于做实验的学生终于还是进了实验室。不过，他用自己的办法，而基本不照说明做实验。让教授跟助手抱怨："你拿他有啥法子？他总不照我说的做。"助手说："是啊。但他的结果是对的，方法也很别致。"

如果你不想守规矩，那只有两条路可走：一、强到可以改变规矩；二、受到惩罚。作为初生之牛犊，爱因斯坦为他的不拘一格埋了单。1899 年 7 月，爱因斯坦做的一个实验发生了爆炸，右手被炸伤，他以后的发型是不是跟这次爆炸有关，不得而知，我们知道的是，此后的两周里，他不能写字，也不能拉小提琴。由此可见爱因斯坦的伤势不轻。为此，爱因斯坦高度重视，亲赴卫生所包扎伤口，迅速总结经验教训：实验室太危险，还是当个理论物理学家比较稳妥。

爱因斯坦的物理直觉过人，不管是纷繁复杂的物理现象，还是艰深晦涩的物理理论，他都能迅速看到其中的物理本质。所以，他的物理成绩不是问题，问题是，他把物理课搞砸了。

物理如此，那数学怎么样？爱因斯坦发现，数学就像一棵枝叶繁茂的大树，分支太过精细庞杂，每一个细小的分支，都足以耗尽一个人的一生，作为一门基础工具，鬼知道将来在物理学里会用到哪个小枝桠！选修一支，将来恰好能为己所用，这个概率就像中彩票大奖。这还不如专研物理，用到哪一支到时候再学也不迟，所以，爱因斯坦经常旷课。数学老师闵可夫斯基教授见爱因斯坦"从不为数学操心"，很不爽，在数学论坛上给爱因斯坦起了个非常专业的昵称：懒狗。

那个时候，理论物理刚刚独立成为一门新学科，奥地利的玻尔兹曼、荷兰的洛伦兹、德国的普朗克等牛人，是第一批理论物理学教授，理论物理的发展，让数学在物理学中的地位更高、作用更大。但那时的爱因斯坦还没认识到这一点，虽然他知道数学对物理很必要，但他并不清楚数学对物理究竟有多重要，所以，他错过了在闵老师门下升级数学功力的天赐良机。

但闵老师是个真正的学者，他严谨、直爽、豁达，后来，当他看到狭义相对论时，立即把爱因斯坦逃他课的"宿怨"抛到了九霄云外，并发挥其专长，实现了狭义相对论的完美数学化。

实际上，爱因斯坦确实为数学的缺课付出了代价，如果他像格罗斯曼一样好好学习数学（当然得恰好学到黎曼几何和张量才行），那么，广义相对论说不定会早几年出炉。当然，这些都是后话了。

现在，主修专业的数学、物理都逃课，腾出的时间爱因斯坦都在干吗呢？除了自学，就是出去"混"。爱因斯坦交了几个志同道合的朋友，一起听听音乐、泡泡咖啡馆什么的，各种 Happy。

爱因斯坦、格罗斯曼、贝索、科尔罗斯、埃拉特、哈比希特……他们是利马特河畔"大都会咖啡馆"的常客。听起来这是不务正业，实际上也是不务正业。科学、哲学、文学、艺术……逮什么聊什么，看上去是在瞎聊，其实是读书学习交流会。由于这个"论坛"没有敏感词，所以不管聊哪个领域，他们都知无不言，言无不尽，指点江山，挥斥方遒，有时也吹吹牛，智慧火花竞相迸发，思想浪潮充分涌流。

当然，肚子里没有干货，是聊不起来的。知识促进交流，交流促进学习——这是一个美丽的闭环。爱因斯坦研究得最起劲儿的，当然是他一生的挚爱：物理学。玻尔兹曼、亥姆霍兹、赫兹、麦克斯韦、基尔霍夫、庞加莱……从统计力学到热力学，从电磁学到辐射理论，这一切，都让他痴迷不已。

这个小小的读书会，对爱因斯坦的一生影响深远：一方面是科学思想上的影响；另一方面是人际关系的影响。这个读书会上唯一的女性，成了他将来的妻子，另外几个则成了他的好朋友，其中，两个终生挚友不能不提。

格罗斯曼，爱因斯坦的同级生，犹太人，数学学霸，爱因斯坦逃课，他却在课堂上狂做笔记，每次要考试时，这些笔记就成了爱因斯坦的救星，这些笔记全面、清晰、实用，看看笔记就能考试过关。爱因斯坦后来对格罗斯曼的老婆夸道："他的笔记可以直接拿去发表。"格罗斯曼对爱因斯坦更是欣赏有加，他对自己的父母说："爱因斯坦迟早会成为伟人。"成功预言某人成为伟人的，古往今来恐怕这是独一份。在爱因斯坦成为伟人的人生道路上，格罗斯曼帮了不少忙。这是后话。

贝索，马赫的粉丝。贝索和爱因斯坦、格罗斯曼是校友，但不是同级生。他大爱因斯坦6岁，爱因斯坦入学时，贝索刚毕业，在当地一家工程公司当工程师。虽然年龄有一定差距，但他和爱因斯坦却成了最亲密的知心朋友。贝索善良、柔弱，够聪明，但不够专注、勤奋，办事有点抓不住重点，所以，尽管他像爱因斯坦说的那样"聪明绝顶"，却没取得什么像样的成就。一次，贝索被公司派去检查某电厂，他决定前一天晚上动身，以免延误，但他依然误了火车，反倒比计划晚到了一天。当他准备开工时，突然惊恐地发现，他忘了自己是来干吗的！爱因斯坦说贝索"是个笨手笨脚的倒霉蛋儿"。但他在贝索同学的极力推荐下，研究了马赫的著作。马赫对牛顿的绝对时空、绝对运动等诸多观点提出了质疑，就是受到了马赫思想的影响，爱因斯坦在经典物理大厦金碧辉煌的墙面下，看到了基脚的裂缝。

贝索是爱因斯坦的患难之交，他被爱因斯坦称为"思想共振器""生活分担者"。他们的友谊从"都会"咖啡馆大学到奥林比亚科学院，从伯尔尼专利局到生命的终点，始终不渝。1904年，爱因斯坦引荐贝索到伯尔尼专利局任职，他们成了同事，一起上下班，形影不离，不仅分享学问，还分享生活，无话不谈。

爱因斯坦与贝索探讨得最多的，当然是物理学问题。爱因斯坦对物理学常有深刻独到的见解，贝索对此钦佩不已。贝索经常能提出启发性的问题，让人眼前一亮，爱因斯坦十分欣赏。这就是传说中的惺惺相惜。后来贝索这样描述他同爱因斯坦的谈话："这只鹰用自己的双翼把我——麻雀——夹带到辽阔的高空。而在那里，小麻雀又向上飞了一些。"

他俩在物理问题上一次又一次的讨论与争辩，让双方获益良多，当然，善于捕捉灵感的爱因斯坦更是获益匪浅。

每个人都是一扇窗，打开每扇窗，都能看到不同的世界。

世界那么大，可以打开那么多窗去看看，自然是极好的。但你必须站在现实的土壤上去完成这一切。

爱因斯坦学生时代的物质生活是相当窘迫的。赫尔曼和雅各布的企业自从在慕尼黑失败后，就再也没成功过。新开的工厂只起到一个作用：

蚀光本钱。那时，刚上大学的爱因斯坦曾为帮不上家里的忙而自惭、自责、痛不欲生，直到他用其他事情转移注意力，才走出了精神的炼狱。

整个大学时期，爱因斯坦主要依靠几个舅舅的资助维持生活，每个月100瑞士法郎的生活费中，爱因斯坦还要挤出20法郎，支付加入瑞士国籍的费用。80法郎，要租房、要吃饭、要买书……

那间斗室，仅容一床、一桌、一椅。到处堆满了书！只有一件事可以把爱因斯坦从书海里捞出来——饥饿。

那时，他不得不走出斗室，到小巷里找家小饭馆胡乱填饱肚子。但是，更深的"饥饿"又将他拉回书海。

因为，他的头脑比肚子更饥饿。

失恋

　　不知从何时起，阿劳那个女孩的形象逐渐模糊了起来。到苏黎世联邦工学院之初，爱因斯坦就在信里告诉玛丽：咱俩不要再书来信往了。玛丽没明白，因为她还在热恋之中。虽然玛丽的性子有点反复无常，但她的爱依然热烈。

　　爱情就像海潮，要来挡不住，要走也留不住。当对方的心海不再为你泛起波澜时，任你怎么扑腾，那朵涟漪也会在你精疲力尽时消逝无踪。

　　面对玛丽的火热，感情已经沉寂下来的爱因斯坦有点儿招架不住了，他不再给玛丽回信。玛丽情急之下，写信给他妈妈科林求助，但科林也只能写封信表示安慰，帮不上什么忙。

　　爱因斯坦给玛丽的妈妈写了一封信，正式宣布他和玛丽的恋爱关系结束了："因为我的错，给这个可爱的女孩带来了太多痛苦。如果我用新的痛苦换几天快乐，那就太不值得了……我发现自己就像鸵鸟，为了不正视危险，就把头藏在沙里。"

　　玛丽和爱因斯坦的分手并不奇怪，早恋修成正果是个小概率事件。在那个年龄，不论是软件还是硬件，都在飞速升级中，说白了就是"还没定性"，尤其是见识、思想、爱好等软件，如果不能同步发展，"不兼容"是迟早的事。

　　从玛丽和爱因斯坦的通信中就可以看出，他们的兴趣点不接近，思想也不在一个层面上，所以随着交往的深入，他们越来越不合拍。这种距离单靠青春荷尔蒙没法拉近，尤其对爱因斯坦来说，他正值思想大成长、大爆发的阶段，寻求思想上的交互、激荡、共鸣，是他与人交往的第一需要，包括恋爱——要红颜，更要知己。

　　失恋让玛丽大病了一场。在她心中，爱因斯坦始终像画一样美好，她一生都相信，他们的爱情是真挚的。消沉了几年后，玛丽嫁给了一个表厂经理，但她始终都在怀念和爱因斯坦在一起的日子，那是她一生最幸福的时光。

路的另一边，爱因斯坦越走越远。在感情的拔河赛中，先放手的那个也不好过。爱因斯坦始终坦承他深爱着玛丽。后来的经历表明，爱因斯坦失去玛丽，就像高加林失去了刘巧珍，他丢掉的是一块金子。

分手后，爱因斯坦努力避免和玛丽见面，理由是，他害怕双方会感情冲动，他担心自己抵挡不住，担心她会逼得他发疯。爱因斯坦对付一切烦恼的办法，就是像鸵鸟一样，一头扎进科学的"沙堆"，用对自然的苦学深思，来引导自己走出痛苦。这是一种逃避的办法。爱因斯坦承认，这是他的错，是由于自己太轻浮，太不体谅玛丽的感情。

最忆分分秒秒，

也念日日时时。

如今甘苦两不知，

无缘早亦迟。

时间，会抹平一切，无论你面对的是什么。

虽然与玛丽分手了，但爱因斯坦始终与温特勒家保持着融洽的关系。后来，爱因斯坦的妹妹玛雅嫁给了温特勒家的次子保罗，铁哥们儿贝索娶了温特勒家的大女儿安娜，当然，这都是后话。

再次恋爱

在苏黎世联邦工学院，在大都会咖啡馆，爱因斯坦和他的朋友们指点江山、激扬文字，尽抒少年情怀。

每个朋友，都是一所大学。不管是好朋友，还是坏朋友。当然，也包括女朋友。

米列娃·玛丽奇，一个沉默寡言的塞尔维亚姑娘，爱因斯坦的同级生。她也是他们中的一员。每当爱因斯坦神采飞扬地发表学术观点时，她总是最忠实的听众。

米列娃是家中的长女，也是父亲最疼爱的孩子，雄心勃勃的父亲希望女儿能成为数学、物理学界的明星，千方百计地让她上好学校。功夫不负有心人，米列娃终于考上了苏黎世联邦工学院。考上这种学校并不出奇，出奇的是，米列娃是系花，因为全系就只有这一朵花。

那个年代，社会并不重视女性教育，所以女大学生凤毛麟角，何况还是数学和物理专业的女大学生呢！在此之前，米列娃还是萨格勒布高级中学的校花，因为那个学校只招男生，她父亲经过各种努力，学校才破格收她入学。

米列娃比爱因斯坦大 3 岁，她患有先天性髋脱位，有点跛足，肺也不太好。她的情绪很容易阴郁，这种情绪一方面来自身体的影响；另一方面，也与家族遗传的精神病史有关。米列娃的一位女性朋友这样描述她："思维敏捷、严肃认真、娇小柔弱、深色头发、其貌不扬。"但她对数学、科学的激情是绝大多数女性所没有的。

也许米列娃是第一个能和爱因斯

【图 2.1】米列娃

坦探讨物理和数学问题的女性，所以，爱因斯坦对她渐生好感。

这可以理解。人对财物，有独享欲；对乐趣，有分享欲。当你痴迷 CS 游戏，眉飞色舞地向朋友介绍时，如果对方如牛听琴般麻木不仁，或者为了配合你而敷衍应酬，你的满腔热情一定会化为悲愤，知音难寻、珍珠蒙尘之感挥之不去。但如果有朋友和你一起玩，则乐趣倍增，如果这个朋友还是个异性，那么不管 TA 玩得怎么样，只要 TA 足够喜欢，并且在恰当的时候，能对你的表现致以崇拜的眼神，那么乐趣一定倍增。

于是，爱情的分子开始在空气中弥漫。

那是上大学的第二年夏天，爱因斯坦和米列娃相约去徒步旅行。到了秋天，米列娃发现，她对爱因斯坦的感觉让她"有些惴惴不安"，这种感觉让她作出的第一反应是走——去海德堡大学蹭课。

爱因斯坦给她去了一封信，告诉她："如果有一天你感到无聊，就该给我来信了。"几周后，米列娃回信："您说有一天我感到无聊，就该给您写信，而我很听话，就一个劲儿地等这个无聊出现。然而，到现在也没等到。"

信中用的是有距离的礼貌称呼：您。但张弛有度的玩笑，隐约透出的若即若离感，给米列娃加分不少。更何况，她在信里还热情地介绍了勒纳德副教授的热运动课的内容："……得出了氧分子以 400 米 / 秒的速度运动的结论……虽然这些分子运动速度如此之快，但它们所走的路程只有一根发丝宽度的百分之一。"

说到这，就不能不感慨一下缘分了。勒纳德曾是赫兹的助手。赫兹发现光打在金属上，会产生电火花；J.J. 汤姆逊证实了光的确可以打出电子；勒纳德对这种现象进行研究，发现了一个奇特的规律：调整光的强度，也就是"亮度"，打出的电子能量不变，数量变；调整光的频率，也就是"颜色"，打出的电子数量不变，能量变，勒纳德管这叫"光电效应"，但他怎么也搞不懂这到底是为什么。后来爱因斯坦解释了这个现象，为量子力学奠定了基础。

说起来，勒纳德的实验为爱因斯坦提供了灵感，又在同一时代搞物理，都是圈里人，就算当不成好朋友，当一对谈得来的同行应该没问题吧？但很可惜，勒纳德是个狭隘的种族主义者、希特勒的狂热拥护者、纳粹德国的疯狂拥趸，或许叫鹰犬也不为过，"勒纳德"这个译名还是相当科学的。他宣扬希特勒的理论，参与和领导了对爱因斯坦等犹太科学家的攻击和迫害——他们成了仇人。这种缘分，说起来令人悲哀。

米列娃和爱因斯坦的缘分也令人感慨。不过，现在他们的故事才刚刚开始。科学上的共同爱好、思想上的同频共振，让两个人的心相互吸引。米列娃后来向她的父亲谈起爱因斯坦，米父还让米列娃捎给爱因斯坦一些烟草。

1898 年 4 月，米列娃从海德堡大学回到了苏黎世联邦工学院，搬到爱因斯坦的住处附近。这时，他们的关系已经很亲密了，尽管她还是称呼爱因斯坦为"您"。

从那时起，爱因斯坦就和米列娃经常出双入对，教室、实验室、图书馆……到处都留下了他们越靠越近的身影。

他们的同学看不懂了，爱因斯坦的朋友们更是看不惯了，因为这二位太不般配了。那时的爱因斯坦，要才华有才华，要相貌有相貌，要人缘有人缘，是一个"几乎能让任何女性一见钟情的帅小伙"，怎么会和一个其貌不扬、矮小孱弱、性格阴郁、还有点瘸的塞尔维亚女人走在一起呢？这不是自毁前程么？所以爱因斯坦的朋友们纷纷表示："如果一个女人不是完全健康，那我肯定不敢娶回家。"这里的健康，应该还包括精神方面的。

但爱因斯坦的答复是："但她有一副无比动听的嗓子。"

这叫什么理由？！

据他俩的同学说，米列娃性格忧郁，寡言少语，但爱因斯坦恰恰幽默、乐观、热情。米列娃只有和爱因斯坦在一起时，才会欢快起来，阴郁一扫而光。

于是，剧情的发展就像你猜到的那样。不管怎样，19 岁的爱因斯坦与快 23 岁的米列娃恋爱了。爱因斯坦对米列娃的称呼，也从"尊敬的小姐"变成了"亲爱的洋娃娃"。他们的爱情已经从懵懂阶段上升到了寻找共同语言阶段。在科学上的共振共鸣，并且"也都喝咖啡、吃香肠等等"，都让他们庆幸，让他们感到彼此深入到了对方的灵魂深处。

"我越来越确信，当前的动体的电动力学与实际不符，它可以更简洁地表达出来。"米列娃看得懂，玛丽不会懂。

"有个小博士当我的心肝宝贝，我是有多骄傲啊！"爱因斯坦在信里吐露了他的心声。

但他还没有意识到，这只是专业上的共同语言、相同知识层面的交流带来的愉悦，他们离那种心有灵犀的灵魂深处的和谐共振还差得远。不然，找个同行结婚，就成了通往幸福的捷径了。

朋友这一关，可以用"一副好嗓子"之类的无厘头借口应付过去，但家人这一关，就没那么好过了。

爱因斯坦的父母都不看好这场恋爱。爱因斯坦和米列娃好得一塌糊涂时，她管他叫"乔尼"，他管她叫"多莉"，十分肉麻的昵称。于是爱因斯坦的家人十分不爽地管这段恋爱叫作"多莉绯闻"。他们不爽多莉绯闻的理由有很多：米列娃不如玛丽漂亮；米列娃有残疾：身体和精神都不那么健康，她上学时，她的妹妹正饱受精神病的折磨；爱因斯坦家族不希望与农民结成亲家……都是些很现实的问题。

人不能不面对现实，父母亲替子女考虑的永远是现实问题。按照母亲科林的看法，米列娃是大姑娘时，就已经其貌不扬了，她的年龄比爱因斯坦大了将近4岁，等将来儿子成熟了，米列娃就是一个"老妖精"了，你拿什么让儿子幸福？

从现实来说，这些理由都很充分，值得认真考虑。

可是，感情的事从来不像数学那样逻辑清晰、结果明确。不落世俗的爱因斯坦更不会去考虑这些。做学问，他无比理智，不落窠臼，最后功成名就；谈恋爱，他跟着感觉走，无视世俗，最终却陷入流俗。

1899年3月，爱因斯坦挑了一张米列娃的照片，拿给老妈看。老妈盯着照片，表情冷漠，良久不语，既不赞成，也不反对。

难道是弃权票？爱因斯坦惴惴不安。

其实，他老妈是在强压不满与愤懑，试图以冷漠的态度，迫使爱因斯坦冷静下来，从而让爱情的小火苗降温，然后熄灭。

可是，事与愿违，老妈的冷漠没招来小雨点，却招来了小微风，火苗遇风，瞬间变成了火海，"爱米恋"的热情，燃烧了整个的沙漠，两人无处可逃。于是该发生的、不该发生的，都发生了。

和爱的人一起做爱做的事，时间就溜得特别快。一眨眼，4年过去了。1900年，毕业考试。

成绩证明，恋爱的确能使人的智商下降。史载，这对恋人形影不离地学习（这还怎么学习），但成绩却没有双双上升。爱因斯坦还算一帆风顺，以平均分 5.7 分的成绩拿下了全班第一，格罗斯曼以 5.6 分的平均成绩屈居第二（早知不借你笔记），米列娃却排到后面去了——当然，入学时她也没排在前面。

毕业考试成绩好是不够的，还要过一大关：毕业论文。这个时候，老师的发言权就大了，而这个老师就是被爱因斯坦同学搞得很恼火的韦伯教授。

爱同学向韦教授提议做一个实验，测量地球在以太中穿行时，不同方向的光的速度差。当时的物理学界认为，光作为一种波，必须在某种介质里传播。这种介质就是充满空间的叫作以太的东西。因为除了用来传播光，这个以太没什么别的用处，所以它也叫"光以太"。

爱因斯坦还提出了测量光以太的仪器设计方案。但韦教授反对爱同学的提议，因为这个实验已经有人做过了，连仪器设计原理都差不多，你再重新做一遍就没什么意义了。

于是爱同学又向韦教授提议，研究不同材料在导热性、导电性之间的关联，韦教授表示这个想法他也不喜欢。

最后，爱因斯坦和米列娃一起选了韦教授最擅长的领域，开展了一项纯粹的关于导热性的研究。但对这个课题，爱米二人都兴趣不大。

等研究结束，韦教授给他们二位的分数分别是：4.5、4.0，全班倒数第一和第二。好在爱因斯坦的考试分很高，虽然被论文的低分拖了后腿，但毕业总评好歹得了个 4.9 分，勉强拿到了毕业证。米列娃就惨了，低分＋低分，倒数第一。分数不够，没法毕业，只能回家复习，来年补考了。

追逐自由，挑战权威，是有代价的。当爱因斯坦拿着毕业证，走出校门，置身于滚滚红尘时，他得到了步入社会的第一个发现：最重要的问题不是追逐理想，而是填饱肚子。

关于生活

毕业了。格罗斯曼、埃拉特、科尔罗斯都留校就业了。没有哪个教授愿意留下屡屡缺课的爱因斯坦，所以刚刚光荣毕业，就已光荣失业。

1900 年 7 月，爱因斯坦揣着崭新的毕业证，与家人相约，度了一个长假。阿尔卑斯山下，瑞士卢塞恩湖和意大利边境之间，美丽的梅西塔尔村迎来了爱因斯坦一家。热烈的见面礼后，妹妹玛雅向爱因斯坦泄密：多莉绯闻在家里是个敏感话题，说多了会被删帖、封 ID！爱因斯坦不禁忐忑起来。

但丑媳妇早晚要见公婆。爱因斯坦终于鼓足勇气走进了妈妈的房间。天气情况、国际形势、股票行情、考试情况这些重要论题几句话就聊完了，最后不得不进入正题，聊聊"多莉"了。刚才还在为构建和谐社会贡献力量的母子，双边关系瞬间紧张起来，天阴了，想聊会儿国际形势已经来不及了。

【图 2.2】爱因斯坦的母亲科林

老妈切换到当初看米列娃照片时的那个表情，问道："那么，'洋娃娃'的事儿怎么办？"

爱因斯坦小心翼翼地答道："当我老婆。"

答错了，阴转暴雨。老妈再也 Hold 不住了，无助地扑在床上，像孩子一样大哭起来。她认为这桩婚事会毁了爱因斯坦。哭了一会儿，她觉得应该再努努力，拯救儿子于水火之中，于是说道："任何体面的家庭都不会要她。她要是怀了孕，你就麻烦大了！"

这些理由，在爱因斯坦看来，都不是理由，于是他激动地顶撞了母亲：

"我绝不认为我们是在非法同居！"意思是，我已认定她是自己的老婆。

整个假期，这种拉锯战常常发生。当然，也有美好的和平时期——在不谈多莉时。

在米兰被工作缠身的父亲也加入了这场大讨论，他给爱因斯坦写了一封信，决定动用缓兵之计，告诉他："妻子是一种奢饰品，你只有生活宽裕了才负担得起。"意思是，多莉的事儿先放一放，你先把事业干好再说。

经过前面的折腾，爱因斯坦的防御技已经升级到 100，凡是针对多莉的攻击，一律加倍反弹，他给米列娃的信中写道："如果是那样，妻子和妓女的区别，就是一张终身契约了。"四面楚歌的孤军奋战，似乎让他产生了某种悲壮的献祭感，他感觉自己的爱越来越深了："直到现在，我才知道我对你的爱是多么疯狂！"

小男孩乔尼，

爱使他痴迷。

一想起多莉，

抱枕不肯弃。

在爱因斯坦和米列娃心里，他们的爱是纯洁的、精神上的爱，超越了本能欲望的爱，这种彼此认同的高贵情怀，让他们的感情走向巅峰。

多莉攻防战一直持续了几个月。到 9 月份，爱因斯坦发现，父母自知没有胜算，遂无心恋战，正准备虚晃一枪，退出战斗。他对米列娃写道："没有父母，就没有我们，我正试着体谅父母，但同时不准备放弃生命中重要的东西——你，我的宝贝！"

实际上，除了多莉这件事，他在努力顺从父母的心意，对周围的人温文尔雅、笑脸相迎，有求必应地为亲友们演奏小提琴，做一个人见人爱、花见花开的好小伙。这些，温暖了妈妈受伤的心。

他甚至顺着老爸的心思，到米兰工厂去看那些新设备，了解公司的情况，以便将来接班。这些小花招，使得老爸甚是欣慰。加上这段时间生意还过得去，老爸的精神也重新抖擞起来。

虽然爱因斯坦的理想是当一名光荣的人民教师，而不是工程师，但是，当时爱因斯坦正为找工作犯愁，他投递的自荐信都石沉大海。在爱因斯坦的父亲看来，这种情况下，进入自己的工厂，当个优秀工程师，助家族企业一臂之力，也是一个不错的选择。

但爱因斯坦在这方面不愿将就，他宁愿打零工，也不愿去当工程师。事实证明，他的选择是正确的，否则，这个世界上将会多一个技术顶尖的优秀工程师，而少了一个伟大科学家。

爱因斯坦先是在苏黎世联邦观象台做了一段临时性的工作，不久就又失业了。想在瑞士有一份稳定的工作，必须拥有瑞士国籍。

爱因斯坦无奈，只好走一步看一步，他在苏黎世找了家庭教师这份没什么前途的职业先混碗饭吃。反正没立业，成家还谈不上。他这时做梦也想不到，将来有一天，瑞典皇后请他吃个饭，需要排3个月的队。

爱因斯坦找工作的全过程非常诡异，一个数学、物理天才，只是想得到一份教师的工作，却连续9年都没办成。

实际上，爱因斯坦后来也慢慢明白怎么回事了。用人单位为了更靠谱，都会向毕业生的母校打听该生的情况。看看爱因斯坦和老师的关系，结果可想而知。其实岗位不是没有，当时韦伯教授就缺两个助手，但他宁愿从工程系雇两个学生，也不肯用爱因斯坦。

为找工作、入瑞士国籍这两件事奔波的同时，爱因斯坦却没耽误科学研究。

1900年12月，爱因斯坦完成了第一篇科学论文《由毛细血管现象所得到的推论》，研究了分子间的作用力。该论文于1901年发表在欧洲顶尖的物理学刊物、莱比锡的《物理学杂志》上。从此以后，在他的求职信里，就可以附上这个成果了——当然，附上它也不管用。对于这篇论文，爱因斯坦后来说它"没有价值"，但我们会发现，在这篇论文里，他承认分子、原子的假设，这个思想，对他今后的研究，起到了重要作用。

在爱因斯坦给米列娃的信中，有"我们的分子力理论"字样，于是后来掀起了一场争论：米列娃在多大程度上帮助爱因斯坦取得了那些成果。然而，查遍他们那时的通信，也没见米列娃的信中有相关内容。米列娃自己倒是十分清楚，在给闺蜜的信中，她称自己一直是爱因斯坦的坚定支持者。

1901年2月，瑞士批准了爱因斯坦入籍瑞士的申请，得到了一个今后成为国家荣耀的公民，而爱因斯坦为此花掉了可怜的全部积蓄。

这下可以堂堂正正地找工作了。爱因斯坦一高兴，自觉按要求申请服兵役，要知道，当兵，规规矩矩令行禁止，还要拿起武器，这对追求自由、爱好和平的爱因斯坦来说，是一件多么可怕的事儿。然而，瑞士这么严谨的国家的兵，也不是你想当就当的，经检查，爱因斯坦有毛病：脚气、平足和静脉曲张，不合格——这个结局真是皆大欢喜。

4 月，爱因斯坦发出一批求职明信片，附有邮资已付的回执，但都如石沉大海，杳无回音，连一封婉拒的回执都没收到。邮资已付啊！讽刺的是，爱因斯坦成名后，有两张明信片被收信人珍藏了起来，其中一张后来进了莱顿科学史博物馆。

5 月，温特图尔城，一家职业技术学校同意爱因斯坦去当两个月的数学老师。因为原来的老师体检合格，去服兵役了。爱因斯坦喜出望外，他在一封信中写道："我是一只快活的小鸟，绝不会在郁郁寡欢中沉沦……最近我将沿施普吕根步行赴任，这样，我可以同时享受两件美事——接受新工作和徒步旅游。"

经济的压力是最大的压力。这只快活的小鸟工作漂泊不定，经济捉襟见肘，生活困顿不堪……但这些压力没有让爱因斯坦一蹶不振，相反，一些微不足道的收获，总能给他带来无尽的快乐。这份为期两个月的工作机会，让他欢欣雀跃。

他像沙漠里的仙人掌汲取稀薄近无的水分一样，拼命汲取哪怕一丁点儿的幸福，在蛮荒的天际，支撑起一个傲然挺立的奇迹。这种缩小苦难、无视世俗、放大幸福的能力，让他摆脱了世俗的纷扰和苦恼，自信地在科学世界里开疆扩土。

这期间，他和米列娃相约游览了美丽的科莫湖。分别后，爱因斯坦在给米列娃的信中提到，他刚刚读了勒纳德关于光电效应的论文，内心的喜悦和幸福无以言表，迫不及待地想要与爱人分享。几年后，爱因斯坦解释光电效应的论文出炉，为量子力学革命吹响了冲锋号。

同时，爱因斯坦还给格罗斯曼写信说，他在这期间致力于气体动力学理论的研究，思考着物质相对于以太的运动。他还撰写了一篇气体动力理论方面的论文，并交给苏黎世大学，申请博士学位，但没有被接受。

两个月很快过去了，爱因斯坦又失业了。

米列娃也不走运。1901 年 7 月底，她正准备补考，却发现自己怀孕了，这对此时的她来说，并不是好事，果然，这次考试又没通过，分数和一年前一样，满腔雄心壮志顿时化为泡影。于是她只好放弃理想，回老家生孩子去了，这个孩子就是传说中的"爱因斯坦的私生女"，后来这个孩子哪去了呢？目前不知道，反正米列娃回来结婚时，没带回来，爱因斯坦也没见过。据说是给米列娃的一位朋友领养长大了。

总而言之，米列娃这次考试失败，让她信心全无。临回老家之前，她要求爱因斯坦写信给他父亲，提出结婚计划。并且要求爱因斯坦发誓娶她。她还要求，把写给父亲的信的内容寄给她一份，好让她知道信里都说了什么。

1901年秋，经同学哈比希特推荐，爱因斯坦来到莱茵河畔的沙芙豪森小镇，在当地的一所私立寄宿中学当补习老师。这个岗位的任务是提高学生成绩，使他们毕业考试过关。爱因斯坦鉴于自己在路易波尔德中学的痛苦经历，本着"己所不欲，勿施于人"的原则，展开乐趣教育，结果与学校的教学理念相冲突，惨遭解雇。

一时间，找一份新工作，比找一个清纯的女演员还难。

那时，他父亲赫尔曼的公司也陷入了困境，身体状况也每况愈下。资本家不是那么好当的。爱因斯坦看在眼里，急在心里，但自己身为长子，连个稳定的工作都找不到，于是更加痛苦。但生活还得继续，爱因斯坦有面对一切困难的勇气。在极度困苦中，他仍然没放弃希望，甚至没失去幽默感。在给格罗斯曼的信中，他写道："上帝创造了驴子，还给了它一张厚皮呢！"

【图2.3】
爱因斯坦的父亲赫尔曼

在爱因斯坦发求职信的名人中，有莱比锡大学的化学教授奥斯特瓦尔德，他后来因稀释理论方面的贡献获得了诺贝尔化学奖。在信中，爱因斯坦拍完马屁后，恳求他提供一个职位，但与其他的信一样，依旧没有回音。十几天后，爱因斯坦再次写信："我忘了上封信是否附上了我的地址……"依然没有回音。

悉此，贫病交加的赫尔曼先生十分难过，他瞒着爱因斯坦，给奥斯特瓦尔德写信求援，恳求他能为爱因斯坦推荐一个工作，然而还是没有结果。九年后，奥教授第一个提名爱因斯坦获诺贝尔奖。历史啊，真是一锅粥。

生活，条条大路被堵死，但在崎岖小路上跌跌撞撞的爱因斯坦却依然乐观。

他安慰亲朋好友道：我最后还有一条出路，我可以拿起小提琴挨家挨户去演奏，这总可以挣几个钱吧！

好朋友贝索认为自己能帮爱因斯坦一把，他舅舅是米兰联邦工学院的数学教授，他求舅舅为自己的好朋友写一封推荐信。舅舅写了。但依然没什么用。

正当爱因斯坦陷入绝境之际，他收到了格罗斯曼的来信。

伟大的格罗斯曼，他再一次给爱因斯坦同学带来了光明！

格罗斯曼请求他的父亲，向瑞士专利局的局长福瑞德瑞希·哈勒推荐爱因斯坦。哈勒先生是个实干家，他心胸开阔，言出必行，答应帮这个忙。但需要考核，不是这块料，我可不要。

面试过程中，哈勒先生拿出几份专利申请书，让爱因斯坦当场提出意见。爱因斯坦虽然不懂工程方面的技术细节，但他对新事物敏锐的理解力和判断力帮了大忙，第一关通过。

【图2.4】
爱因斯坦与同学的合影。
左一为格罗斯曼

接下来，哈勒先生与爱因斯坦谈起了物理。哈勒先生对物理理论虽然没有过深的了解，但我们要知道，专利局的主要工作就是鉴别真伪、优劣，哈勒先生从工程师一步一步干到局长的位子，凭的就是一双慧眼。这次，他依然没看错，爱因斯坦是个人才，要了！

但是专利局目前没有空岗，所以现在爱因斯坦要做的就是：等。

在爱因斯坦看来，这个职业是一份很有前途的职业：稳定，不用为生活操心，工作之余还可以搞学术研究……另外，技术专利鉴定这个工作，必须接触各种专业技术领域，迫使人多方思考，而思考，是爱因斯坦与生俱来的挚爱。爱因斯坦给米列娃写信报喜："要是这事儿成了，我会乐疯的！"

后来，爱因斯坦来到瑞士专利局所在的伯尔尼，租了一个破旧的小屋，先在教育界混口饭吃——当家庭教师。

下面是那份当初不起眼，现在被无数人阅读的小广告：

阿尔伯特·爱因斯坦，联邦工业大学毕业。教物理，3法郎／小时，免费试听，愿者请洽。

应者寥寥，但总算勉强维持了生计。

1902年3月，爱因斯坦收到一个罗马尼亚学生莫里斯·索洛文，他是一个知识广博、兴趣广泛的家伙，爱因斯坦和他一见如故，于是，授课变成了读书、讨论和研究的聚会。而且没过多久，哈比希特也加入了这个聚会。

志同道合，赤诚相见，心心相印，畅所欲言，这是何等幸事！有的人一辈子都不曾体验过一次。

他们贫穷并幸福着，充满浪漫和激情地给这个聚会起了个名字：奥林比亚科学院。

之后，爱因斯坦的妹夫泡利·温德勒、同事米开朗基罗·温德勒的丈夫、铁哥们米歇尔·贝索先后加入这个后来名动全球的"科学院"。

马赫、康德、休谟、安培、庞加莱、斯宾诺莎、阿芬那留斯、狄更斯、塞万提斯……

哲学、物理学、数学、文学……

奥林比亚科学院无不涉猎。

思想的饥渴是人类独有的饥渴，这是高层次的饥渴。

What？你有新的想法？他有不同见解？死鬼，怎么不早说，快说出来，大家讨论讨论先！

他们畅所欲言，毫无顾忌，有时一拍即合，有时针锋相对，遇到死角，就一起研究，不搞清楚不罢休。

讨论、争论，其实是思想的激励和解放。于是，思想的翅膀越展越宽，相托相济，扶摇直上。

什么是幸福？同喜欢的人一起做喜欢的事，这就是幸福。

1902年6月16日，这是一个值得伯尔尼专利局纪念的日子。这一天，他们正式聘任爱因斯坦为三级技术员，年薪3500法郎。虽然不多，但爱因斯坦不必再为生存担忧了。

成为瑞士公务员，收入稳定了，也该考虑成家了。

爱因斯坦的同学和朋友听说他真的要娶米列娃，又反对了一下这门亲事，但强烈的责任感让他决定结婚。

1902 年 10 月，患心脏病的父亲临终前把爱因斯坦叫到房间，点头同意了爱因斯坦的婚事。此情此景，让爱因斯坦十分心酸，后来，每思及此，爱因斯坦都愧疚不已。

1903 年 1 月 6 日，在哥们的帮助下，克拉姆街 49 号 2 楼公寓被布置一新，爱因斯坦和米列娃结婚了，证婚人是索洛文和哈比希特。他们在一家小饭店举办了庆祝活动，深夜归来入洞房时，爱因斯坦发现，钥匙又忘带了，只好折腾女房东。后来，爱因斯坦的各种丢三落四，成了女房东这辈子的看家笑话。

总而言之，这场除了当事人，其他人都反对的婚姻，硬生生地钻出了梦想的嫩苗，怯生生地等待着现实的风霜。

和多数新婚夫妇一样，他们很是甜蜜了一阵子。

也和多数婚姻一样，他们只是甜蜜了一阵子。

美丽的爱情之花离不开现实的土壤。如果生活是一片干旱的沙漠，那么爱情就像沙漠中的一场雨，片刻滋润之后，便随风化去。

牛郎织女之所以不吵架，是因为他们没实现"你耕田来我织布"的诺言。再甜美的爱情也会被艰苦的生活沤出馊臭味。

爱米恋也未能免俗。

开始，他高论来她倾慕，他工作来她家务。

接着，他计算来她对数，他工作来她家务。

之后，他上班来她家务，他思考来她家务。

然后，她家务来她家务，他思考来他算数。

最后，她家务来她吃醋，他研究来他愤怒。

其实，爱因斯坦并不适合结婚，因为他像个永远长不大的孩子，虽然偶尔也生生炉子，带带孩子，但他不会过日子，心思也全没在家长里短上。每天，除了投入工作之外，他的其余时间都沉浸在物理世界里，不是独自思索、计算，就是与朋友们在一起讨论物理数学哲学什么的，很少操心家事。

　　而且，爱因斯坦的老妈也不喜欢米列娃，婆媳之间，一个尖酸，一个刻薄，一个狠辣，一个阴沉，棋逢敌手，互不相让，明争暗战，风起云涌。小爱身处其间，不胜其恼，更是一头扎进物理。

　　而米列娃则做了全职主妇，她在感情和物质上完全依赖爱因斯坦，感情纠葛、柴米油盐、琐碎家务看着不起眼，实际上非常消耗精力。

　　于是，新婚的激情渐渐被消磨殆尽，米列娃又回到阴郁之中。

　　但米列娃的阴郁，并没有遮住爱因斯坦的阳光。因为他牵挂的，是科学之光的引导，是神秘自然的召唤。

　　对爱因斯坦来说，生活的磨难不算什么，吃什么，穿什么，住在哪，他全不在意，只要能保障基本生活，他的注意力就不会在物质生活、家长里短上停留片刻。

　　作为思想的巨人，他的欢欣，他的幸福在于思想。他的纠结，他的苦难，自然也在于思想。

　　窈窕淑女，君子好逑，这不是痛苦。

　　求之不得，那就拉倒，也不是痛苦。

　　求之不得，辗转反侧，这才是痛苦。

　　对爱因斯坦物质生活的苦难，我们可以感同身受。因为我们太在意。对财物的得与失，多与寡，取或予，我们比高精度的科学仪器还要敏感。而在思想上，我们中的大多数却是麻木的。

　　不承认？

　　你说地球是宇宙中心？那就是好了，反正也不耽误我踢皮球、打太极。

　　他说这只鹿其实是一匹马？没关系，只要我有钱赚，它爱是什么是什么。

　　张三被人欺负了？那关我什么事，又没欺负我。

　　李四和王五在讨论真假对错？太无聊了，不管讨论出个什么结果，也不值一块钱。

　　你问我喜欢什么，讨厌什么？这不太好说，那得看领导喜欢什么，讨厌什么。

【图2.5】爱因斯坦与米列娃

为什么我们花了很多钱也买不来朋友？想那么多干吗，还是赚钱要紧。

哎呀，有个问题想了好久也没想明白，那就算了吧，不想就没问题了。

于是乎，我们在思想上不会痛苦。不存在的东西，怎么会痛？

但爱因斯坦会痛，他有，他在意，他难割难舍，他燃烧整个生命启动思想之舟，航行在迷宫之海，孤独地寻找接近真理的出口。

那是一个没有边界的心灵险境，那是一场没有终结的思想搏击。壁垒、暗礁、黑云，眼前突然开阔，欣喜的泪水还没来得及涌出，却因误入一个大大的死港而惊出一身冷汗。旋涡、风雨、恶浪，眼前突然一亮，幸福的彼岸清晰可见，冲刺！沸腾的热血又被冰冷坚硬的现实瞬间凝固、击碎……

孤独、焦虑、渺茫、无助、迷惘、绝望……

英雄的历程只有在其成为英雄后，才是资本、是史诗、是传奇。在成为英雄之前，那只是傻事、是教训、是笑料。

其中的痛苦，谁知道？天都不知道，只有自己知道。无人喝彩。甚至无人理睬。

然而，面对这些，爱因斯坦用一个微笑压倒了一切。

第三章

The third chapter

从技术员到教授

内容：技术员，教授，理论研究
时间：1905—1912

奇迹再现

在伯尔尼专利局 4 楼 86 号办公室，三级技术员爱因斯坦快乐地工作着。他的主要职责就是电力设备专利评估。

专利评估是个技术活儿，一个人不可能什么专业都懂，并且都懂得那么深、那么具体，所以专利评估技术人员虽然有专业划分，但他们每天面临的都是不同专业、不同分支的专利发明，很少有一项发明只涉及一个专业。更有甚者，拿来申请专利的是一些稀奇古怪的新东西，很难给他划分专业。

所以，一名优秀的专利技术员，除了要具有一定的专业基础，更重要的是要具备综合分析思考能力、专业的融会贯通能力、敏锐的眼光、专注钻研的精神……概括来说就是够聪明、有眼光、学得杂、思路广、一根筋，这简直就是为爱因斯坦量身定制的岗位。

全世界人民都知道，瑞士是钟表王国，但很少有人知道，伯尔尼是钟表之都。所以，爱因斯坦在工作中经常接到钟表类的各种专利申请。在那个时代，不要说是让全世界的时间同步，就算是两个城市之间的时间也没法同步，只能做到大概齐。而随着科学、社会的发展，时间同步这件事儿，变得越来越重要，如今，时间要是不精确同步，现代社会就玩儿不转了，如果你没意识到，脑补一下银行数据系统，卫星通信网络，地面通信网络，高速、密集运转的火车、飞机等，肯定就明白了。

当时，伯尔尼就出了很多有眼光的人士，他们纷纷研究怎么让不同城市的时间同步，这种研究甚至成了一种潮流。实际上，伯尔尼市内的时间早在 10 余年前就同步了，用的是电信号。所以，不同城市之间要想做到时间同步，思路一般也是电信号，因为电信号的传播速度是光速，而光速刚好是爱因斯坦感兴趣的。

【图 3.1】伯尔尼钟塔

有的人认为，专利局的工作给爱因斯坦创建相对论带来了灵感，比方说，在狭义相对论中，他也提到了对表。这就有点牵强了，那广义相对论又是怎么来的呢？另外，全世界那么多专利员，为什么只出了一个爱因斯坦呢？实际上，钟表同步专利之所以用电信号，是因为飞鸽传书不靠谱，成本高，电信号够快、够稳、成本低；而狭义相对论里的对表，是探讨光速的一个奇特性质：速度固定。谈光速固定，没法不谈时间、没法不对表。所以，此对表非彼对表（这些科学问题，我们会在第四章专门探讨）。不可否认的是，专利局的这份工作确实帮了爱因斯坦大忙，让他能养家，不用再为生活奔波，使他能够把有限的精力用在业余爱好上。所谓"饱暖才能思宇宙，饥寒只好问稻粱"，感谢格罗斯曼和哈勒局长。

随着时间的流逝，这位三级技术员已经能够熟练、高效、优质地完成专利技术鉴定工作了。一天的工作，爱因斯坦常常半天就能完成，剩下的时间干吗呢？当然是物理。作为一名天生的科学家，只要眼睛睁着，他的脑子就一刻也不会闲着，胡思乱想、推理探析，自己跟自己较劲，忙得很。

何况，他们的"奥林比亚科学院"还有那么多话题要讨论。在奥林比亚科学院期间，爱因斯坦和朋友们的学习、交流，对他思考问题、拓展思路、激发灵感确实有不小的影响。

小爱没机会跟物理界的学者交流，就和几个喜欢科学的热血青年混在一起。生活虽然不富裕，但每天过得充实而幸福，甚至感到"欢乐的贫困是最美妙的事"。这是真实的感觉，而不是阿Q式的自我安慰，因为，志同道合的人一起学习、探讨共同的爱好，那种美妙的感觉是其他事情替代不了的。所以，在他们的一生中，无论是贫穷还是富有，他们都把这个小圈子叫作"不朽的奥林比亚科学院"。

奥林比亚科学院研究的东西其实是个大杂烩，科学、数学、哲学、文学都搞，看斯宾诺莎、休谟、亥姆霍兹，也看马赫、毕尔生、阿芬那留斯，读安培的《科学的哲学经验》、庞加莱的《科学和假设》，也读狄更斯的《圣诞故事》、塞万提斯的《唐·吉诃德》，作为一个"科学院"，其研究内容一点也不专业，倒像是不务正业。然而，他们奔放的想象、自由的思想、平等的对话、无拘无束的交流，却是搞科研的黄金条件。因为科学是发现、突破的学问，不能平等交流、不能自由思想，而是压制异见、屈从权威，那就铲除了科学成长所需的土壤，屏蔽了科学成长所需的阳光，即使偶有理性的种子坚韧地发芽，也无法生根、壮大，更别想成林了。

即使有土壤，产生小爱这棵参天大树也不是必然的，所以，你养护了土壤，却没长出参天大树，也不是你挖掉土壤的理由。显然，爱因斯坦取得的成就和学术自由、思想自由是分不开的。

当然，无论你爱什么，也无论你有多爱，生活才是永恒的主题。为了生活，1905 年，奥林比亚科学院的两个"院士"——哈比希特和索洛文先后离开了伯尔尼，如此一来，奥林比亚科学院的核心成员就只剩小爱和贝索哥俩儿了。爱因斯坦很失落，5 月份，他给索洛文写信说："你走后，我再没交新朋友。甚至和贝索也不怎么聊了……我快到不能动弹、无所建树、只能对年轻人的革命精神发发牢骚的年纪了。"当然，这只是爱因斯坦所发的牢骚而已，事实上，朋友的离开并没有中断他们的交流——他们的交流改成了白纸黑字的通信，这样一来，倒是为今天我们研究这段历史提供了丰富可靠的史料。

同年 3 月，小爱希望哈比希特回伯尔尼，他信中说："请阁下莅临我们无比光荣的科学会议，就可使它的成员增加 50%。"不久，爱因斯坦在另一封信中写道："亲爱的哈比希特，咱俩之间现在笼罩着一种神圣的沉默，如果我用无足轻重的废话来打破它，似乎是一种亵渎……你究竟在忙乎些啥，您这头冰冻的鲸鱼，干瘪的罐装灵魂片……你为啥还不把你的博士论文发给我 ……我答应用我新写的四篇论文作为回报……"哈比希特不知道，这四篇论文将颠覆整个世界。

几个月后，小爱又写信给哈比希特，这回是劝他进专利局："你变得太一本正经了，这都是你在那万恶的牲口棚里的孤单造成的。一有机会，我就把你推荐给哈勒，准能把你安插到专利局当长工。到时候你肯来吗？考虑考虑吧，要知道，除了 8 小时工作以外，每天还有 8 小时的闲暇外加星期天……"小爱特别珍惜可以独立支配的业余时间，所以，他对专利局的工作还是相当满意的，虽然他的理想是当老师。

在工作日里，爱因斯坦通常会花半天时间完成一天的工作，然后就会陷在被他锯短了腿的那把扶手椅里胡思乱想。说"乱"想，一点儿也没冤枉他，因为他会同时考虑几个问题，当然这些胡思乱想中也包括他拿手的思想实验。所谓思想实验，也叫理想实验，就是用想象力和逻辑去搞实验。这些实验多数是现实中无法做到的，或者现实世界提供不了理想的实验条件。

当然，也有现实中能做到，但用想象力和逻辑推理解决更方便快捷，比方说，用刀可以切开猪肉，然后可以想象一下，要是不小心切到手指，手指也会被切开，所以不需要真的去做实验也可以下结论：刀可以切断手指，要小心！

我们比较熟悉的思想实验就是伽利略所做的"双球实验"，该实验是为了验证亚里士多德关于"自由落体谁重谁先落地"的说法正确与否。实际上，伽利略没有像传说中那样，去比萨斜塔扔铜球，爬那么高没什么好处，再说砸到小朋友怎么办？就算砸不到小朋友，砸到花花草草也不好呀！所以，略哥只做了个思想实验：如果真的像亚里士多德同志说的那样，重的下落比轻快，那我把重的和轻的绑在一起，会怎么样呢？怪事发生了，从逻辑上讲，会出现两种截然相反的结论：

A：重的轻的合体，当然更重，下降得一定比那个重的更快。

B：重的还打算像以前一样快，但轻的跑不快，拖了后腿，所以，速度应该比轻的快点，比重的慢点。

以老亚的预测为前提，逻辑推理毫无问题，却同时产生了两种相反的结果，所以一定是前提错了——也就是亚里士多德的说法错了！

这就是思想实验的好处，成本低，效率高，效果好，真是居家旅行，科学研究必备良药！

当然，有时候光靠想象也不行，还得拿起笔和本子写写算算，门外一有风吹草动，必须立即把本子关进抽屉，可不能辜负了领导的殷切期望啊！实际上，哈勒局长何尝不知小爱同志在干什么？只不过小爱工作也干得不错，闲暇之余搞个物理也不算什么坏事，所以也就睁一只眼闭一只眼，不闻不问了，这才是英明的机关领导嘛！

爱因斯坦搞物理，注重理论协调，善用逻辑演绎，这样得出的结论，内涵更深刻，体系更完整，理论内部更自洽。

逻辑是思维的规律，也就是说，人脑进行思维，必须遵从这个规律，才有可能得出靠谱的结论，它的基本原理很简单，但深刻理解和完美运用却是一门高深的学问，亚里士多德完善了形式逻辑学，欧几里得则将它的运用推向了成熟。我们来复习一下形式逻辑学的分析工具——"三段论"，它由大前提、小前提推出结论：

大前提：专心工作、不搞宫心计的人得不到提拔。

小前提：你专心工作，不搞宫心计。

结论：你得不到提拔。

虽然这是普遍规律，但有时也会出现奇迹：专心工作、不搞宫心计的你被提拔了！这个概率就算只有十亿分之一，作为一个科学理论，它也站不住脚。上述命题的问题出在哪儿呢？就是大前提不靠谱。

只有在大前提、小前提完全正确的情况下，才能得出完全正确的结论。所以我们要对一件事作出逻辑推理时，首先要仔细检查逻辑起点是不是靠谱。那么，怎么保证前提正确呢？欧几里得的办法是用无须证明、也没法证明的最浅显、最简单的真理作前提。比如：整体大于部分、凡是直角都相等、任意两个点可以连成一条直线等。这样的道理不证自明，我们管它叫"公理"或"公设"。

欧几里得摆出5条公理和5条公设，并用缜密的逻辑演绎，步步为营，推来导去，构建了一座辉煌的数学大厦——《几何原本》，这是数学和哲学两个学科里的双料巨著，它标志着人类第一次完成了对空间的认识，它的伟大之处不仅在于它所取得的成就，更在于它所使用的方法——公理演绎法。

从公理、定义出发，论证命题，得到定理的方法，是人类理性的一次革命。杨振宁认为，中国受《周易》影响，西方人受《几何原本》影响，这是现代科学发生在西方，而没有发生在中国的原因。

爱因斯坦就是"逻辑演绎界"里的绝顶高手，他大部分重要的理论突破，都是用这种优雅的手法实现的，其简洁的原理、严谨的逻辑、深刻的内涵、美丽的数学、惊世的结论，都令人叹为观止。

时光飞逝，1905年转眼就来到了。爱因斯坦这个三级技术员的幸福生活已经持续了两年多。混迹于公务员队伍，做着按部就班的工作，过着波澜不惊的日子，计算着看得见的前途，很容易让人接受现实，融入市井，掩埋那曾经让人心跳的斑斓梦想。然而，当年那个追光少年的梦，仍然在燃烧，并且越烧越旺，越照越亮。

如果我以光速追赶一束光，会看到振荡不前、原地踏步的电磁波吗？

不会的！麦克斯韦方程预示，光速是固定的！不管你怎么运动，也不管光源怎么运动，你测量的光速，都是 299792458 米／秒。

让这位三级技术员操心的，不止是光的速度，还有光的性质。光真是一个让人着迷的精灵，她无声无息，却神速无敌；她轻盈靓丽，却直来直去；她明朗优雅，却深奥神秘……如果你热爱自然，却没被光迷住，那只能说你没抓住重点，因为光是打开无数自然奥秘的万能钥匙。

现在，爱因斯坦拿着这把钥匙，伸向了两把锈迹斑斑的大锁。随着两声不易察觉的咔哒声，锁开了，1905 年因此而光芒万丈！

遥想 1665 年，牛顿暂别剑桥大学，回到故乡沃尔索普农村躲避瘟疫，百无聊赖之间，他埋头做了一番学术研究，1666 年，他灵感爆发，发现了万有引力定律，构建了微分学思想，构思了光学原理，在力学、数学、光学这三个领域作出了开创性、基础性的贡献，直接加速了人类科学、思想的发展进程，这两样加速了，人类的发展也就加速了。于是，1666年又被称为牛顿奇迹年。

牛顿于 1666 年的科学贡献是空前的、无人能及的。这种等级的伟大智力成果可遇不可求，何况是集中在同一年，由同一人撷取的，所以没人会奢望第二个奇迹年，哪怕是给一万年的期限。然而，幸运的人类只等了 239 年——1905 年就低调、从容地到来了。

这一年，爱因斯坦这个专利局三级技术员完成了 6 篇论文：

3 月，《关于光的产生和转化的一个试探性观点》，提出光量子概念，给出光子能量公式 $E=hv$，完美解释光电效应。

4 月，《分子大小的新测定法》，创造了一种测定分子大小和数量的新方法。

5 月，《热的分子运动论所要求的静止液体中悬浮小粒子的运动》，解释了布朗运动，终结了物质是否由分子或原子组成的争论。

5 月，《布朗运动的一些检视》，进一步充实了关于布朗运动的研究。

6 月，《论动体的电动力学》，创立狭义相对论。

9 月，《物质的惯性同它所含的能量有关吗？》，完美诠释了质能关系，得出永垂不朽的质能公式 $E=mc^2$。

这 6 篇论文，为物理学三大领域：物质结构原子论、量子论和狭义相对论奠基，还顺便为统计学等其他学科作出了卓越贡献。这 6 篇论文够得上 4 个诺贝尔奖。而狭义相对论的分量，更不是诺贝尔奖能撑得起的。因此，1905 年被称为"爱因斯坦奇迹年"，它与 239 年前的 1665 年遥相呼应，共同成为了人类发展史上的两座通天灯塔。

没有奇迹

爱因斯坦于 1905 年发表的那些论文意味着人类认识的那个世界已经作古，经典物理学大厦已被颠覆。然而，人类还没反应过来，对这些如此超前的发现，人们需要时间去认识、去适应。所以，在 1905 年，这几个超重量级的思想成果一起降临人间，居然没有引起任何轰动。

爱因斯坦知道，太革命的观念是不容易被老学究们接受的，更何况是拿给那些对他有怨气的老师看，所以他挑来挑去，在 6 篇论文里选了篇分量最轻的《分子大小的新测定法》，交给苏黎世大学，以此申请博士学位。爱因斯坦后来说，提交这份论文时，克莱纳教授嫌它太短，于是爱因斯坦又加了一句话，过关了。当然，这可能是一个玩笑。不管怎么说，这篇论文让他成了爱因斯坦博士。但博士头衔没让他实现当老师的理想，却使他在专利局的职称升了级——他被聘为二级技术员，工资也由 3500 法郎涨到了 4500 法郎。

这些惊天地泣鬼神的论文，虽然没有惊动绝大部分人类，但苍天有眼，它们引起了一个关键人物的注意：普朗克。

早在 1889 年，普朗克就接替了著名物理学家基尔霍夫的位置，成了柏林大学理论物理学教授，还兼任了新设的物理研究所所长。1892 年，普朗克被提升为正教授，成了德国顶尖大学的高级物理学家，到处都在请他兼职，其中一个重要的兼职，就是德国顶尖物理学杂志《物理学纪事》（也有译为《物理年鉴》的）的理论物理顾问，也就是德国顶尖物理论坛的理论物理版斑竹。这个顾问可不是摆设，那是真干活、真起作用的，有权决定理论物理稿件的生杀去留，"删帖""加精""置顶"一闪念的事儿。

普朗克拿到《关于光的产生和转化的一个试探性观点》时，其实内心是拒绝的。因为 1900 年，他凑出一款无敌公式，化解了黑体辐射问题的危机，却发现能量必须一份一份地传播，才能得到这款公式，公式与观测符合得天衣无缝，却与美丽优雅的热力学以及麦克斯韦的电磁学理论不兼容，这让他忍无可忍。

他的解释是，能量本身不是一份一份的，这只是一个数学技巧。他给这个现象起了个名：量份，后来又改成"量子"。每当想起量子，普朗克的内心就很煎熬，其中的细节，我们在第四章再说。而现在，爱因斯坦的这篇论文说能量本身就是一份一份的，所谓的光，就是光量子——直接无视以往的物理学基础。普朗克感觉这个步子迈得太大了，很扯淡。然而，作为一名严谨的物理学家，他认真地看了论文，发现整篇论文基础扎实，逻辑严谨，数学优美，还顺手扯下了诡异的"光电效应"的面纱，简直太完美了！所以，虽然爱因斯坦的观点反叛、出格、颠覆，但普朗克还是很负责任地允许这篇论文发表了。

这是普朗克第一次注意到爱因斯坦。小爱留给普朗克的第一印象是：这个愣头青很有才，但胆子太大，观点太偏激。直到普朗克接到《论动体的电动力学》，用普朗克的话说，这篇论文"立即引起了我极大的关注"。普朗克不光发表了这篇论文，还立即在柏林大学做了一场相对论讲演，不仅如此，他还第一个站出来支持爱因斯坦。

1906年，普朗克专门发了个"帖子"，力挺相对论。除此之外，他还给爱因斯坦写信交流，双方聊得都很开心，普朗克说，希望第二年能去伯尔尼，与爱因斯坦当面话聊。然而，由于种种原因，这个愿望没能实现，于是普朗克派他得力的助手、与爱因斯坦同岁的劳厄（诺贝尔奖获得者）专程拜访。普朗克讲相对论，劳厄没听懂，这相当正常。那时相对论刚建立，全世界也没几个人懂，所以劳厄很乐意去伯尔尼，向爱因斯坦博士当面请教。

1907年夏天，劳厄到了伯尔尼，想都没想就直奔伯尔尼大学，找爱因斯坦教授。因为在他的印象里，相对论的创建者一定是个作风严谨、风度翩翩的大学教授，但伯尔尼大学告诉他，爱因斯坦不在这里当教授，而是在伯尔尼专利局当技术员。

劳厄一听，见小爱的心情更迫切了，这个神奇的技术员究竟是什么样呢？他带着一脑袋的问号赶到了专利局，在走廊里碰到一个年轻人，那个年轻人身穿格子衬衫，衣领半竖半躺，头发乱蓬蓬，唇上一撇不加修饰的小黑胡子，在空荡荡的走廊里，梦游般地飘来飘去。劳厄左顾右盼，实在找不到别人了，只好拉住这位"潮人"问道："犀利哥，爱因斯坦博士的办公室在哪儿？"

沉醉在思考中的犀利哥猛然被劳厄拉回残酷的现实，一时不太适应，嘴里念叨着"爱因斯坦""办公室"，念叨了几遍才恍然大悟，天真的大眼睛流露出无边的歉意："对不起，在下就是。"

劳厄一听，顿时石化，但很快就会意地一笑：相对论的创立者正该如此。

两个年轻人很聊得来。劳厄和普朗克老师一样，反对爱因斯坦认为辐射是量子的说法，认为它只是描述辐射的吸收和发射的一种方法。劳厄后来回忆那场谈话的细节：小爱递给劳厄一支雪茄，劳厄感觉太难闻了，就"不慎"把它丢到了河里。这次拜访，劳厄最关心的当然是相对论。他后来写道："在我们交谈的前两个小时，他就推翻了整个力学和电动力学。"劳厄已经被爱因斯坦和他的理论迷住了，完全不知道时间都去哪儿了，一谈就是几个小时。他们的终身友谊也由此拉开序幕，接下来的 4 年间，劳厄接连发了 8 个挺相对论的"帖子"。

不管普朗克、劳厄这些支持者怎么力挺，爱因斯坦仍然没一鸣惊人。对爱因斯坦的职业感到不可思议的，不止劳厄一个，另一名来拜访爱因斯坦的青年物理学家在信里说："我惊奇地得知，您一天必须在办公室坐满 8 个钟头。"

实际上，爱因斯坦比大家想象得要忙得多。除了每周上 6 天班，他还参加了弦乐四重奏组，每周至少演奏一次，在家还要带孩子，除此之外，他还在和哈比希特兄弟一起搞机电研究，比方说 1908 年，他们就鼓捣出一款可以放大弱电流的实验设备，如果爱因斯坦的物理学成就得不到普遍认可，他很有可能成为一名工程师，发明一些东西，用于我们的日常生活。后来的事实证明，的确有这个可能，据统计，爱因斯坦一生参与的发明不少于 45 项，至少在 6 个国家拥有专利。

当然，爱因斯坦并没有放弃他的理想：当一名光荣的人民教师。1907 年，他向伯尔尼大学申请无俸讲师的职位，所谓无俸讲师，就是只讲课，不拿薪水。这是进入学术圈的第一步，很多学者都是这样开始的。这也很合理，是骡子是马，你先拉出来遛遛，行就上，不行就下，学校既完成了人力资源的考核，又不用花钱试用观察，而申请者也乐意有这样一个展示的平台，一举多得。

爱因斯坦递交的申请上附上了他已经发表的 17 篇论文，包括现代物理学的两块基石：相对论、光量子论文。按照规矩，他应该专门再写一篇没发表过的论文，作为教职论文，但有一个例外，那就是有"其他杰出贡献"的人，可以不写教职论文。

爱因斯坦虽然很勤快，但他不想为了应付求职，专门写一篇没什么实质意义的论文，他觉得自己交的论文够杰出了，所以他就没写教职论文。然而，在评委会中，只有一个教授认为小爱有"杰出贡献"，可以不写教职论文，其余教授全反对，你不写我就不同意用你。小爱觉得这件事很好笑，他当然不会写，于是学校也当然没让他通过。当老师的理想再一次破灭了。

其实，就生活来讲，在专利局当技术员并不比当老师差，但这不是爱因斯坦想要的。毕竟，在专利局搞理论物理，怎么说也是不务正业，虽然哈勒局长并不反对。

名正言顺地混迹于学术界，这才是爱因斯坦最想要的生活。有些人的梦想是金钱地位，但爱因斯坦不是，这绝不是"酸葡萄"式的虚伪，他对当个官儿之类的事儿毫无兴趣，他就是为物理而生的，上班就是搞物理，搞物理就是上班，这对他来讲就是最完美的人生。而实现这个目标的最好办法就是到一所大学当个理论物理学教授，所以他申请博士学位也好，申请无俸教师也好，都是奔着这个目标去来的。虽然都失败了，但他并不气馁，相反，他还会一直努力争取。

虽然暂未成功，但爱因斯坦的工作已经引起了普朗克、维恩等大腕儿的关注，互动还很频繁，蹿红、进圈子是迟早的事儿，然而，经过几番折腾以后，眼看就要成功了，爱因斯坦却突然不那么想去大学了，他对格罗斯曼说，想去当个中学老师，这样搞科研的条件更宽松。

小爱是个行动派，干了不一定说，但说了一定会干，正好他看见苏黎世某高中的招聘广告，要招一个"数学和画法几何教师"，他立即递交了申请，并声明买一送一：自己还能教物理。申请书附上了他所有的论文。然而，在 21 名选手中，小爱连决赛都没入围，在预赛就被淘汰出局。

照这个规律，申请当小学老师就更没希望了。所以小爱决定放下骄傲，吃吃回头草，写了一篇教职论文，这篇论文不是应景之作，它是光量子论文的进一步探讨，但内容并不重要，重要的是，他想按规矩办事，好让评委会可以在不承认他有"杰出贡献"的情况下，合法地通过他的申请。1908年夏天，他成功地站到了学术圈边缘，成为了一名光荣的无俸讲师，离混进圈子，只有一步之遥了。

但是，这份工作不仅没有增加爱因斯坦的收入，反而增加了他的负担——不仅要讲课，而且还没工资拿，显然很吃亏，但这是通往目标的唯一通道，至少目前是。所以，爱因斯坦在完成专利局的工作后，还要为上课操心，每周的周四、周六早7点，他都要去讲课。实际上，课能讲下去也是一种幸福。最初，小爱的课只有三个人捧场——贝索和他的两个同事。一直到当年的冬天，才来了一个新面孔——斯特恩。但到了第二年夏天，就只剩斯特恩同学了，这课已经没法上了。于是，小爱老师决定停课。几年后，当世界各种著名机构排队邀请爱因斯坦讲演，各种大厅、走廊挤得水泄不通的时候，斯特恩同学可以说，这家伙当年只为我一个人上课。

爱因斯坦大学毕业9年了，为现代物理奠基的工作也已经完成4年了，并且得到普朗克等业界大师赏识也已经两年多了，却连学术圈都混不进去，这件事说起来确实很奇葩，但真相已经浮出水面：他"遭到了联邦工学院教授们的冷遇"，这是爱因斯坦的一个"竞争对手"阿德勒说的。

这位阿德勒也算是爱因斯坦的贵人了，他是苏黎世大学物理教授克莱纳的助手。克莱纳是爱因斯坦的博导，也是他申请博士、无俸讲师的支持者，另外，克莱纳还一直四处游说，想要在苏黎世大学设一个理论物理学教职，后来，这个申请在1908年被批准，但这个教职设在他的手下，是个副教授职位。而在克莱纳心中有两个候选人：阿德勒和爱因斯坦。

阿德勒和爱因斯坦一样，是联邦工学院的老相识，这家伙喜欢搞政治，心思不在物理上。1908年6月的一天，小爱一早就去找阿德勒，讨论谁去上岗。讨论的结果是，小爱更适合干这行。阿德勒为爱因斯坦鸣不平，认为联邦工学院的人对爱因斯坦不公，甚至"恶意诽谤"。的确，联邦工学院的韦伯等老师心眼小了点，学生逃课，可能情商也不够高，惹老师不高兴了，那你不让他留校，或者头两三年给他点儿颜色看看也就可以了，但你一报复就是 9 年多，并且还没有收手的意思，这就太说不过去了。更何况有真本事的人，你压得了一时，压不了一世，何必呢！

于是，阿德勒在苏黎世大学宣称："如果咱们大学能得到爱因斯坦，任命我就是荒谬的。"这就是宣布退出竞争了。于是，克莱纳只剩下一个候选人。作为一名很负责任的教授，克莱纳专门跑去伯尔尼，试听爱因斯坦的课。爱因斯坦没准备，一紧张，课上得不怎么样，于是克莱纳"发帖"评论：小爱老师只顾唱独角戏，当老师还差得远。

这一评论不要紧，搞得德国教育界差不多都知道小爱不适合当老师。小爱对克莱纳很恼火，还写信谴责他口无遮拦。公平地讲，克莱纳的评价是客观的，那堂课上得确实不怎么样。但克莱纳是个真正的学者，他知道爱因斯坦是个人才——虽然没预料到爱因斯坦是个可以和牛顿比肩的大人物，后来，他又给了爱因斯坦一次机会，他给小爱写信说，你只要能展现出一定的教学能力，就可以来上班。

小爱回信说，这回我去苏黎世物理学会做一次"正式的讲演"。这次讲得很好，克莱纳满意了，表示小爱很快就可以上岗，然后克莱纳把他的推荐信交给了苏黎世大学，称小爱同志当属最重要的理论物理学家之一。

1909 年 3 月很快就到了，学校很正式地搞了一次秘密投票，共 11 票，其中赞成 10 票，弃权 1 票。爱因斯坦可以当教授了。然而，学校给这个职位的工资还不如当技术员高，你让其他教授怎么看？低人一等？所以爱因斯坦表示不去。于是，学校把工资提高到一个比较合理的程度，爱因斯坦这才向专利局辞了职，正式迈进了学术圈。这下再搞物理，就不是不务正业了。

以爱因斯坦的智商和能力——毕业 9 年多，为现代物理两大支柱理论奠基 5 年后，才勉强走进学术圈，可见情商有多重要！在人类社会，即使你创造了奇迹，没人承认，也不算奇迹，你必须有让人承认的平台、能力和运气才行。明珠只有闪现在人们欣赏的目光里时，它才是明珠，才具有明珠的价值。隐藏在深海的贝壳里，它只是一团硌肉的异物——就像人脚上的鸡眼，如果那颗明珠的运气不好，被掩埋在地下的岩浆吞没了，那对于人类来说，它就没有存在过。人类社会，没有奇迹。

真正的开始

1909年夏秋之交，爱因斯坦应邀出席在萨尔茨堡举行的自然研究者年会，这个年会的层次很高，是德语区最重要的科学会议，参加会议的有100多位科学家，可谓群星闪耀。会议的议程包括相对论和光的量子性。大会本来想让爱因斯坦把这两个问题都谈谈，但爱因斯坦觉得，量子的问题比较急，因为他也担心麦克斯韦的方程被量子捣毁，那可是有史以来最优美的方程啊！这个担心不是没来由的，因为普朗克把量子归入热力学和电磁学框架下的尝试屡战屡败。

在这个年会上，爱因斯坦终于和普朗克见面了。第三天下午，轮到爱因斯坦讲演了，他的观念让科学家们内心很崩溃："光是波动说和发射论的某种融合。"他说，光既像波，又像粒，"辐射同时表现这两种特性，不该认为二者不兼容。"他还预言，把光的波动说和微粒说结合起来，将引起一场深刻变革，它将破坏物理学的根基：确定论和因果律。这是波粒二象性的首次阐述。直到14年后，德布罗意关于波粒二象性的论文才发表。物理界承认波粒二象性则是更久以后的事。爱因斯坦的物理思想之超前，由此可见。物理学天才泡利评论，这是"理论物理学史上的里程碑"。

当爱因斯坦回到苏黎世，在苏黎世大学任副教授时，隔壁母校那些小心眼的老师作何感想不得而知。不过，爱因斯坦却没那么多想法，他和数学教授胡尔维茨交上了朋友。当年，老胡也是常被小爱逃课的老师之一，所以，小爱毕业后，想去胡老师手下任职时，被胡老师一口回绝。

胡老师爱好音乐，周日喜欢在家举办音乐会，小爱也是个音乐爱好者，有空就去。一次，老胡的宝贝女儿被一道数学题难住了，小爱从老胡那儿听说后，下午专门去帮小胡搞定了这道难题。这说明爱因斯坦不光情商提高了，讲课水平也提高了。

不过，他不拘一格的形象让同学们很困惑。常听他课的坦纳同学回忆："他上衣是破的，裤腿是短的，还坐着上课，搞得我们将信将疑。"虽然爱因斯坦讲课不拿讲义，只拿一张写满字的卡片，但他思路清晰，善于推理，逻辑性强，学生们听着听着，就欣赏起来。他还改掉了"唱独角戏"的坏习惯，跟学生们热烈互动，还允许学生们打断他，像朋友那样平等交流。

慢慢地，学生们看出来了，这位怪老师不一般。坦纳同学举例说，一次去爱因斯坦的住处聊物理，爱老师拿出普朗克的论文让大家一起欣赏，但爱老师指出，这里面肯定有错误。学生们一听兴奋起来，都想找出那个错误在哪儿，但看了半天，又一阵验算，没错啊！最后，爱因斯坦指着一处数据说，如果是这样，那么某某就会如何，那就是荒谬的。原来，在物理论文里，不管多复杂的数学方程，爱因斯坦都能一眼看出它背后的物理意义。这个能力，只能说是天生的。

然而，这个为物理而生的老师对物理实验却有心理阴影。1910 年，大家看爱因斯坦老师物理教得不错，就有人想让他去指导实验室工作，爱老师感到很恐怖，他不碰实验仪器很久了，因为"担心它会爆炸"。大家只好作罢。

1910 年 3 月，布拉格大学提着小铲子来挖苏黎世大学的墙脚了，他们写信给爱因斯坦，赤裸裸地说：快到我们这里来，正教授哦，待遇更好！这的确是个不小的诱惑，布拉格大学层次比苏黎世大学高，于是，爱因斯坦给母亲写信说："我可能会到一个更大的大学当正教授，工资也能涨不少。"

他的学生们不知从哪听说爱老师要走，就联名写了封请愿书，让主管部门"尽你们所能"留住他，并把他们的爱老师夸得像朵花："他才能惊人，能把最难懂的问题讲得很好懂，我们都喜欢上他的课。"

于是，两个学校开始想方设法地争夺这位曾经求职无门的老师。苏黎世把他的工资涨了 1000 法郎，达到 5500 法郎。布拉格大学把他定为首选，并向维也纳教育部递交报告，普朗克这时又添了一把火，写了一封热情洋溢的推荐信，推荐信里对爱因斯坦的评价，可以看出普老师的眼光真不是盖的，他说相对论"在胆识上可能超出了思辨科学到目前为止已取得的一切成就……给我们对世界的认识带来了一场革命，只有哥白尼带来的革命可与之比肩……与之相比，非欧几何只算小儿科。"这是普老师在不承认光量子贡献的情况下所作出的评价，如果他认识到了，评价还会更高。

然而，搞笑的是，维也纳教育部对布拉格大学的报告、物理泰斗普朗克的推荐都不感冒，因为爱因斯坦是犹太人，不是奥地利人，所以教育部把奥地利人古斯塔夫·尧曼列为了一号人选，爱因斯坦只排第二。赤裸裸的种族歧视有没有？

不过，更搞笑的是，当古斯塔夫发现自己一号人选的名额不是实至名归的，就不爽起来，他气愤地说，既然爱老师因为业绩更大被列为了首选，那么，我才不会去一所只知道赶时髦、不论是非的学校呢！

一号人选古老师甩袖而去，二号人选爱老师也没那么顺利入职，因为他宣布没有宗教信仰，但当时的奥匈帝国政府要求全民信教，并且必须加入奥匈帝国国籍才能在帝国工作，你啥教也不信，就不要来俺们奥匈帝国了！这时爱因斯坦的情商已经提高了不少，他答应在信仰栏里填上"犹太教"，也答应加入奥匈帝国的国籍，但有个条件，他要双国籍，也就是保留瑞士国籍。这样，大家就都满意了。

1911 年 1 月，爱因斯坦被布拉格大学授予理论物理学教授，是正的哦，不光学界地位明显提高，工资也翻了一番，可谓名利双收。

这年春天，德国著名物理学家、热力学第三定律的提出者能斯特来到布鲁塞尔，经朋友介绍认识了一位热爱科学的老板索尔维。索尔维梦想当科学家，但没成功，却发明了制造苏打的新方法，后来，他用这个专利办了个厂子，一不留神就发了财。但经营天才索老板并没忘记自己的科学梦，他喜欢和科学家在一起聊科学。能斯特立即表示，土豪我们做朋友吧，咱可以召集一些物理大牛，来探讨科学的前沿问题啊！索尔维闻言甚是欢喜。两人一拍即合，传说中的索尔维会议就这样开起来了。

1911 年 10 月，第一次索尔维会议在布鲁塞尔胜利召开，与会者名单上都是像庞加莱、洛伦兹、普朗克、爱因斯坦、卢瑟福这些如雷贯耳的名字。洛伦兹当选为索尔维会议的主席，他德高望重，学识渊博，口才讨喜，还会几门外语，深受拥戴。会议认真讨论了包括量子在内的既定议题，虽然没有直接解决量子困惑，但科学家们再也无法回避量子了。

你信，或者不信，量子就在那里，它已经站在了科学的最前沿。

小爱戏称这是一场"巫师盛会"。这次会议虽然没有给量子论一个明确的结果，但它对后来事件的影响是深远的、巨大的。此后，物理学界发生的重大事件将时不时地跟索尔维会议扯上关系。

虽然卢瑟福那时已经大名鼎鼎，但在那个会议上，他只是个醒目的男 N 号。回到曼彻斯特大学后，他的同事给他介绍了一位年轻人：尼尔斯·玻尔。卢瑟福向玻尔转播了索尔维会议的实况，找不着主攻方向的玻尔听得如醉如痴，由此，他的生命轨迹画出一道优美有力的弧线——玻尔转向量子力学那片广阔而神秘的彼岸，然后，璀璨的光芒照亮了整个夜空。

这次大会配备了两名书记员，其中一个是身世显赫的莫里斯·德布罗意公爵，他很高兴来这个国际物理大腕云集的会上跑龙套，还把他 19 岁的弟弟路易·德布罗意带到了布鲁塞尔，每天散会后，莫里斯就向弟弟转播大会实况。大会闭幕后，他还把会议记录带回家给弟弟看，路易看后，扔掉了选修的历史书，换成了物理书。后来，他为量子论带来了第一缕阳光。

在这次索尔维会议上，爱因斯坦入围"八强成员"。他带来的是"论比热容问题的现状"。这是他 1906 年的研究成果，是继光电效应之后的又一场漂亮仗。

什么是"比热"？18 世纪，苏格兰物理学家布莱克发现，相同质量的不同物质上升到相同温度，所需的热量不同，于是，他提出了"比热容量"的概念，昵称"比热"。说白了，就是 1 千克物质，升高 1℃ 需要多少焦耳热量。这个值就是那个物质的比热。每种物质都有自己的比热。

1819 年，法国化学家杜隆和物理学家帕蒂给各种固体加热，从得到的数据堆里，他俩发现一个规律：物质的原子量乘以比热，积是个常数！这说明什么？说明所有简单物体的原子，都具有相同的比热！这意味这什么？意味着只要你测出物质的比热，就知道了它的原子量！

虽然又是个经验定律。但这是个很好用的经验定律。不过，这个定律用着用着就不好用了。因为有些比较轻的家伙，原子热就比其他物质小一点点。

1872 年，小爱的老师韦伯一通实验发现，物质降温到一定程度，比热也会降低。现象，很简单，但规律，韦伯搞了十几年也没搞清楚。后来，韦伯老师在课堂上提到这个问题，那节课，小爱恰好没什么事干，于是没旷课。

1906 年的某天，爱因斯坦忽然想起这码事，于是，他把量子引入公式，推测道：只要温度够低，所有固体的比热将随温度的下降而显著下降。爱因斯坦对固体比热的解释引起了能斯特的注意。因为能斯特为了检验第三定律有多靠谱，搞了个艰苦的工作：低温比热实验。他埋头苦干了三四年，直到 1910 年 2 月，实验结果才见了光。

能斯特把实验结果拿来与爱因斯坦的理论一对照，符合得竟是极好的！他点评道："我相信，没有任何一个人，经过长期实践，获得了对理论的可靠验证后，当他再来解释这些结果时，会不被量子论的强大逻辑力量所折服，因为它一下子就澄清了所有基本问题。"爱因斯坦的这个成果，又给量子论提供了一个有力的支持，同时，还给量子论拉来了一个同盟：能斯特。

在索尔维会议上，爱因斯坦把比热问题放到量子问题的大背景下来讨论，引起了洛伦兹、普朗克、庞加莱等一大波大腕的质疑，他回应道：必须搞好波和粒的关系，我们需要麦克斯韦方程，也得承认量子假说。但他的意见并没有得到大多数人的重视。

第一次索尔维会议并没给爱因斯坦留下什么好印象，因为他发现，面对物理学危机，大家大部分时间都在为美丽的旧世界哀叹，而不是解决问题，"就像在耶路撒冷废墟上的哀歌"。

婚姻与爱情

米列娃没有实现成为一个好学者的理想，上学时，她跟爱因斯坦谈恋爱，影响了学习（奇怪的是，又谈恋爱、又和好朋友混的爱因斯坦学习还不错），两次考试失败，没能拿到文凭，成了一名典型的早恋、未婚先孕、学业半途而废的无知少女。

婚后，她一方面觉得嫁给爱因斯坦这个"喜欢空想的人"，做一个庸俗的家庭主妇太委屈了；另一方面，她又十分恐惧失去爱因斯坦。虽然她明知道，爱因斯坦不会是个好丈夫，如果让他在物理和家庭之间选择，他必然会毫不犹豫地选择物理。这样一来，米列娃就越来越纠结。

更何况，爱因斯坦还挺多情，换一个词就是花心。这无疑使米列娃更加愤懑。

给他们婚姻带来第一道裂痕的，是一段老掉牙的剧情。

那是在 1899 年夏，爱因斯坦全家去旅游，在苏黎世的天堂旅馆认识了一个叫安娜·施密德的女孩，她是这家旅馆老板的小姨子。

其时，爱因斯坦和她并没有发生什么让人脸红心跳的事，连打情骂俏都没有过。但根据米列娃后来的反应，估计眉来眼去总是有的。

他们之间最亲密的接触就是临别时，她请爱因斯坦在她的相簿上题词，而爱因斯坦顺手写了一首诙谐的情诗：

淑女窈窕，

说啥是好？

万念牵心，

或亲秀唇。

若恼唐突，

且慢啼哭。

还我一吻，

就当报复。

署名：你调皮捣蛋的朋友。

这是一个玩笑，但这个玩笑敢不敢再暧昧一点儿啊大哥？简直就是明目张胆的勾引！爱因斯坦打小就爱干这种事，给姑娘写个调皮的情诗什么的，这次的出发点也没什么特别。

10年后，也就是1909年年初，安娜从报纸上看到"爱因斯坦即将任苏黎世大学教师"的消息后，欢乐地给爱因斯坦寄了一张贺卡，爱因斯坦一看，欢乐地回了信，并欢迎她来苏黎世。安娜马上给爱因斯坦回了信。有10年前的美好回忆垫底，信中难免言语亲密。这下不得了了，米列娃截取了这封信，还给安娜的丈夫写了一封措辞严厉的信，谎称自己和爱因斯坦对安娜"有些不适宜的信"感到屈辱，并将原信退回。

这让爱因斯坦十分难堪，为了避免事态恶化，爱因斯坦给安娜的丈夫写了封信进行解释，并保证自己不会做有损他们幸福的事，还请他不要怨恨安娜。

虽然定了风波，但这件事却成了爱因斯坦的终身伤痛，多年后他仍耿耿于怀，米列娃过激的行为或许是出于保护自己的本能反应，但这被爱因斯坦看成是"一种罕见的丑陋"。

不可避免地，他们的感情裂缝越来越大。可以想见，米列娃的抱怨声夹杂在锅碗瓢盆的撞击声中，偶尔，沉思中的爱因斯坦冷不丁就会听见幽幽的一句："你还爱我吗？"而他一转头，看到的是一双怨愤的眼睛。战争升级，双方都心力交瘁。

如果说，对爱因斯坦与安娜通信，米列娃的过激反应还可以理解的话，那么，爱因斯坦与男同事交往，米列娃的愤怒就不好解释了。她给朋友写信诉苦。同时，她还担心爱因斯坦名气大了以后，对她会更冷漠。于是，她愈发阴郁、愤懑，对爱因斯坦的约束、牵绊、抱怨也越来越多，而这又促使爱因斯坦越来越想躲着她，真是个恶性循环啊！

后来，爱因斯坦把更多的时间投入到物理研究上，似乎只有在物理世界，他才能得到安宁与幸福。

1909年10月，爱因斯坦正式到苏黎世大学就职。当他们的家搬回苏黎世时，米列娃的情绪好多了，这是他们相识、恋爱的地方，两人的感情也缓和了下来，一个月后，米列娃怀孕了。

对于爱因斯坦来说，苏黎世也是个值得留恋的城市，因为这里有他的好朋友——格罗斯曼在他们的母校苏黎世联邦工学院当数学教授。哥俩好，常见面，不管是生活、事业，还是搞学问，他们都聊得来。他乡遇故知，可是人生四大喜之一啊！

搬来苏黎世，他们还有一个惊喜：那个爱搞政治的朋友阿德勒竟然是他们的邻居，大家都住在同一所公寓里，真是无巧不成书。阿德勒和爱因斯坦常到公寓楼顶的天台聊哲学、物理。爱因斯坦认为，阿德勒搞政治浪费了他的才华，建议他回归学术界，将来接替自己在苏黎世大学当副教授。爱因斯坦一直坚信自己早晚会在更好的大学任教。阿德勒却志不在此，但他十分佩服爱因斯坦的才华，"我越来越认识到，我对他的评价是公正的"。他发现，爱因斯坦在思想上不受他人左右，显示出其内心的强大。

不论何时，爱因斯坦的目标和斗志丝毫未曾动摇。不管是在和米列娃冷战时，还是在带孩子时，小爱总会把一大半心思用在物理上。一些到过爱因斯坦家的来访者，都描述过爱因斯坦带着孩子沉浸在物理世界中的情景。

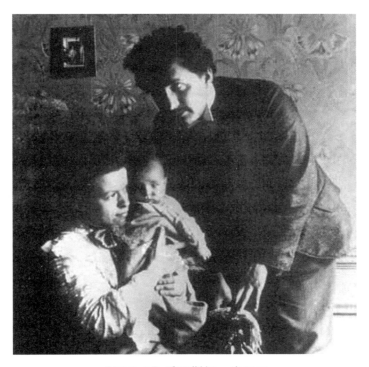

【图3.2】爱因斯坦一家三口

有位来访的学生这样描述："他坐在书房里，面前是一堆写满了数学公式的稿纸。他的左手抱着他的小儿子，右手却在奋笔疾书。他的长子在玩积木，不时向父亲提出一些怪问题。'唔，我一会儿就好'，爱因斯坦总是这样回答。后来，他干脆把两个孩子交给我照管一会儿，脱身后他便伏在桌上不停地写。"

另一位来访者写道："他正在那里沉思，一只手不停地摇着摇篮，孩子就躺在摇篮里。他嘴边叼着一支劣质香烟，另一只手中有本打开着的书，炉子冒着浓烟。这种生活环境，他受得了么？"

他无须承受，因为此时，他的心思不在这个世界，那个用逻辑和想象力构建的物理世界里，无论是清新优美，还是风云际会，都是宁静和干净的。

当布拉格大学成功挖走爱因斯坦时，米列娃又陷入了阴郁。她不喜欢布拉格。

搬家之前，爱因斯坦带着米列娃拜访了洛伦兹，爱因斯坦和洛伦兹相见恨晚、相谈甚欢，人家聊科学，米列娃却插不上话，曾经的共同语言哪儿去了？

1911年，爱因斯坦带领全家从苏黎世来到布拉格，到德国大学任教。乔迁之喜给米列娃带来的却是深深的痛苦，她不喜欢到陌生的环境生活，她怀念苏黎世的味道。

那时，爱因斯坦已经声名鹊起。米列娃想起自己曾经的梦想，心情越发抑郁，爱因斯坦到各种科学会议上讲演，米列娃表示："我很想去听听，亲眼去看看那些大人物。"10月份，爱因斯坦在外接到米列娃的信："我们似乎分别了很久，你还会认得我么？"落款是"你的老D"，D是多莉的简称。但对将近36岁的她来说，已经需要在前面加一个"老"字了。即使是小3岁多的爱因斯坦，这时改叫老爱也毫无违和感了。

1911年11月4日，索尔维会议期间，销量75万份的巴黎《新闻报》在头版上刊登了一则居里夫人与郎之万的八卦：《爱情故事：居里夫人与郎之万教授》。

郎之万是居里夫人的丈夫皮埃尔·居里的学生，那时，皮埃尔已经去世，而郎之万也与自己的妻子感情不和。据说，郎之万与居里夫人在某寓所幽会，郎之万的老婆派人偷了他们的情书，刊登在小报上。

这条八卦一出，立即引爆了一个巨大的绯闻礼花弹，一时间，郎之万和师母的花边新闻满天飞，搞得居里夫人和郎之万"鸭梨山大"，严重地影响了他们的生活和工作，后来甚至连门都不敢出了。而这时，居里夫人又接到了她获得诺贝尔化学奖的消息，瑞典科学院写信建议，这节骨眼儿上，暂时先别来领奖了。但居里夫人很镇定：我的科学工作与私生活无关。索尔维会议结束后不久，她就去领了奖。

正当全社会密切关注这段韵事，纷纷站在道德的制高点声讨批评时，老爱站出来发表了自己的看法：如果他们相爱，谁也管不着。没等居里夫人说谢谢，老爱补了一刀：居里夫人不具备那样的吸引力……不知居里夫人作何感想。

这个老爱竟然还有心思为别人的幸福操心，家里那位都越来越难相处了。他们的朋友弗兰克第一次在布拉格见到米列娃时，就感到她精神有问题，似乎是精神分裂。爱因斯坦也知道，她的家族有"精神分裂的遗传倾向"。

1912 年，爱因斯坦去了趟柏林。这趟出行，挖空了爱米婚姻危楼的墙脚。

在柏林，爱因斯坦见到了他的表姐艾尔莎，其实也可以是堂姐。因为两人的父亲是嫡堂兄弟，两人的母亲则是亲姐妹。艾尔莎大爱因斯坦3 岁，他们是小时候的玩伴，这次重逢时，艾尔莎离婚了，跟父母同住，带着女儿马戈特和伊尔莎。

从那时的审美观来说，艾尔莎要比米列娃好看些，但世俗气也更浓一些。爱因斯坦对米列娃避之唯恐不及，但他并非对女人没有兴趣。到柏林后，他先是跟艾尔莎的妹妹调了几次情，后来感到，还是艾尔莎更适合自己。

实际上，他可以在离开米列娃之后，找个年轻点儿、漂亮点儿的女人调情。但多年来不幸福的婚姻粉碎了他对家的浪漫幻想。现在，他需要的是多年来没有的支持、关爱和慰藉。而这些，一个平庸、俗气的女人就可以做到。艾尔莎愿意也能够提供这一切。

爱因斯坦从柏林回到布拉格后，艾尔莎立即写了一封信到他的办公室，并且建议两人保持秘密联系——摆明了是要搞婚外恋的节奏啊！而爱因斯坦的心早就不在米列娃身上了，所以他愿意配合这个秘密联系。

于是，二人开始书来信往，搞起了异地恋。

但恋了一阵子后，爱因斯坦觉得不妥，他写了两封信，想了结这段感情，"如果我们放任感情，只能产生混乱和不幸"。

而这时，米列娃对布拉格越来越不满，这里的人虚伪，环境也差，煤烟太重，PM2.5值太高……丈夫也不好，只关心科学，对家里不管不顾。她给好友写信抱怨："他不知疲倦地搞研究，他纯粹就是为它们而活着的……在他眼里，我们不重要，处于次要地位。"

是的，她想回苏黎世了。

不论你的理想有多崇高，不管你的才华有多绚丽，也无论你的思想有多高远，立身于世，你首先要面对的还是生活。谋生、求偶、繁衍、栖息……动物生存要做的事，人类一样也不能少。

然而，爱因斯坦的平凡日子过得并不算好。这正应了那句话：你的精力花在哪里，收获就在哪里。他的心思都在物理上，自然就冷落了家人，性格本就阴郁的米列娃对他产生愤懑也就在情理之中了。还没取得成功时，米列娃嫌他"只会空想"，成功后，米列娃又怕他飞得太高，离自己太远……两人情商都不高，感情也就越来越糟。

到1912年，他们的婚姻已经持续了9年，在这9年时间里，有6年，爱因斯坦除了搞物理之外，一直在都在为当老师的理想奔波，另外3年时间，是他们感情破裂、走向谷底的3年。

就是在这样的生活环境下，爱因斯坦每年都会写五六篇论文和大量评论，1905年他更是创造了奇迹年，为现代物理的两大支柱——相对论和量子论奠基，颠覆了人类对于世界的认知。这一年对人类科学、思想的影响是如此巨大、深远，除了彻底改变了物理学，为造福后世的诸多技术奠定基础以外，对哲学、艺术等领域也产生了深远影响，比如我们熟悉的时空穿越小说、电影、电视剧等，其思想源泉都在于此。

为了纪念1905这个奇迹年，联合国教科文组织把100年后的2005年定为"国际物理年"，这一年也是爱因斯坦逝世50周年。德国、英国等国家则直接把这一年命名为"爱因斯坦年"。爱因斯坦年的活动之一，就是在美国当地时间4月18日，让光信号从爱因斯坦工作过的普林斯顿发出，通过各种形式在全球进行接力传递，从而让光信号周游地球（这个活动被命名为"物理照耀世界"）。

那么，1905 年的这几篇论文到底都说了些什么呢？爱因斯坦揭示的世界，究竟怎样颠覆了我们对世界的经验认知？接下来，我们就走进神奇的物理世界，体验一场思维上的探险、思想上的盛宴。

（附赠） ▶ 第四章

The fourth chapter

狭义相对论及其他

一、世界是什么

分子、原子和量子

世界是什么——是啥构成了我们的世界？

这个问题看似吃饱了撑的，实际上，这个问题的研究成果，一直是人类科学发展的根基。

自古以来，人类对这个问题给出了千万种答案，列一堆比较有代表性的：

佛：是浮云（凡所有相，皆是虚妄）。

老子：是虚无（天下万物生于有，有生于无。有无相生）。

泰勒斯：是水（答案开始明确了，但是好像有点……）。

毕达哥拉斯：是数（够明确，但太抽象）。

留基伯和德谟克利特：是原子（这个嘛……）。

中国古代人民：金木水火土（天有五行，水火金木土，分时化育，以成万物。清晰而又具体）。

看到上面那些答案，我们会很文艺地认为，原子的答案最靠谱。但是，站在公正、客观的角度讲，也就是说考虑到他们得出结论时所处的时代环境，这些答案并没有优劣之分！因为在当时，没有可靠的观测手段，甚至没有可靠的逻辑基础，所有的这些答案，都只是假设，当然，也可以叫"胡猜"，起点不同的哲学思辨，听上去都很有"自己的一套"道理。

都是猜，都有各自的道理，我们怎么判断哪个靠谱？拼爹拼胸还是拼下限？靠嘴皮子灵、靠拳头硬，只能得到你想要的答案，却得不到靠谱的答案。想靠谱，没有别的路子，只能用科学的办法去验证。

那么，什么才叫科学呢？这个问题要详细论述，写一本书也不够，我们只能举个例子，简单了解一个科学理论的必备条件。比方说：细菌感染伤害人体。这个理论必须同时具备如下条件才能成立：

第一，理论描述和现象一致：感染致伤口化脓、人体发烧、死亡等。

第二，可实验，并且实验结果可重复（向在细菌实验室身亡的小白鼠默哀）。

第三，有统计数据支持：感染某种细菌，死亡率是多少等。

第四，有运行机制：细菌怎样感染人体，如何对人体造成伤害等。

第五，理论可以解释现象：细菌为什么可以伤害人体，为什么有时感染同一种细菌造成的危害程度不同等。

就算以上五个条件都具备了，也不能说靠谱，比方说，很可能不是细菌感染，也可能是病毒感染。所以，还要具备以下条件：

第六，理论主体可观测：你说有，但怎么也观测不到，间接证据也没有，那不行。

第七，可根据理论作出明确的预测：某种细菌感染多长时间，会造成怎样的伤害，死亡率是多少等。物理理论要作出更精确的预测，比方说 2000 年以后的某个时刻月亮在哪里，时间可以精确到秒，位置可以精确到厘米。如果某个理论声称是真理，说起来条条是道，但打死也不肯作出明确预言，那都是下定决心忽悠人的。

第八，提供可验证的观测方案，比如"将多少、哪种细菌个体，通过哪种方法、使小白鼠感染多长时间、死亡率达到多少"之类，预测结果要与观测结果一致，如果不一致，立即修改理论，修改不了，理论将自动被观测推翻。

第九，具有可证伪性，也就是说，你提出的命题一定要具有可以被推翻的可能。根据万有引力定律：苹果一定会向下掉。这就是可证伪的——你只要找到一只向上飞的苹果，并且该苹果向上飞的现象可重复、独立验证，那么牛顿定律就被推翻。 为什么一定要有可证伪性？因为得到一个经得起验证的确切结论不容易，但得到一个不能被推翻的"真理"太容易了，只要动用小学语文技巧就够了：罪犯也有好的一面；乌鸦可能不全是黑的；肯定有鬼，只是没法观测到；艾滋病毒对有的人可能无害；火箭发射可能会出事……那么，根据这些"真理"，罪犯该不该受到惩罚？你将看到的下一只乌鸦是什么颜色？该不该相信鬼？艾滋病毒对你到底有没有害？火箭到底射不射？你得不出结论。如果把这种东西叫作科学，那么，人类只能停留在农耕文明耍嘴皮子的阶段了，古代一度流行的诡辩术就是例子。

以上条件全部具备的理论，才能成为一个被主流科学界接受的科学理论。有了这个科学理论作为基础，我们就知道怎么对付那些细菌了，受点伤、感个冒就死的概率也大大降低了。

科学不会把任何一个科学理论称为"真理"，因为所有的科学理论都在不停地接受检验，一旦发现与实际不符，就立即认栽，从头再来，比谁都认真地找出到底错在哪，而一旦找到原因，改得比谁都快，这就是有自知之明的科学——知道自己代表不了真理的科学。所以说，用科学方法得到的不一定是真理，而是有用的、待检验的成果，但想接近真理，还是要靠科学方法。

说这么多，就是让我们有这样的心理准备：科学理论不是那么好创建的。同时，也让我们清楚：为什么有的科学理论被推翻了，它仍然叫科学理论，并且还很实用（比如牛顿力学已被证伪，但仍然可以把人送上月亮），而有的理论怎么也推不翻，讲道理天下第一，看实效毫无作用（特征是：事前什么都预测不了，事后什么都解释得通，包括事前为何解释不了）。

爱因斯坦当然明白这一点。他要建立一个物理理论，解决现有的理论矛盾。

现有的理论体系，曾经是那样的辉煌：牛顿总结了伽利略等大师的发现，集经典物理之大成，构建起了牛顿力学体系，一统天上地下，小至沙粒、苹果，大至太阳、月亮，近至灰尘，远至星辰，都乖乖服从管制。从那时一直到19世纪，面对浩瀚宇宙，人类信心空前。因为根据牛顿力学，人们不仅能解释看到的现象，还能预言没看到的东西。

1781年，英国作曲家、音乐家、天文学家兼恒星天文学之父赫歇耳爵士发现了太阳系第七颗行星——天王星。但20年后，人们发现天王星行踪诡异，忽快忽慢。天文学家百思不得其解，只好用牛顿定律算了一下，运算结果是——天王星轨道外还有一颗新星！1845年，英国数学家亚当斯、法国数学家勒威耶各自算出了新星的数据，预言那颗新星将在1846年9月28日的夜空出现，果然，在彼时的那片夜空，海王星如约而至——第八大行星就这样被发现了。海王星的出现，已经超出了发现一颗新星的意义，因为它是根据计算、科学预言而发现的行星，彰显了牛顿力学的强悍威力！这个档次的成就，在人类几千年的发展史上，是空前的。

到了 19 世纪，麦克斯韦电磁学也横空出世了。美丽优雅的麦克斯韦方程组，让光、电、磁这些变幻莫测、异象万端的神秘精灵乖乖地进入运算框架之中，其威力不逊于牛顿力学。

后来，在众多牛人的努力下，热力学的大厦也拔地而起，与牛顿、麦克斯韦的理论一起，耸立成挺拔巍峨的物理殿堂，一统天下。可以说，人类的知识从来没有像这时一样，可以把控已知自然的规律。这一切让物理学在人们心中达到了近乎完美的程度。以至于到了 1874 年，16 岁的普朗克来到慕尼黑大学表示要搞物理时，约利教授遗憾地告诉他："少年，你来晚了。物理学已经完成……只剩些修修补补的杂活儿了。"

"物理学已经完成了"是个包袱，每隔一段时间，就会有一个德高望重的信徒拿出来抖一抖，然后坐等若干年后的一阵爆笑。普朗克的另一位导师基尔霍夫说也过："物理学已经无所作为，往后无非就是在已知规律的小数点后面加上几个数字而已。"但是，把这个包袱抖得最戏剧化的，应该是英国著名物理学家威廉·汤姆逊（开尔文男爵）了。

1900 年，在英国皇家学会上，开尔文男爵发表演讲，说道："动力理论认定，热和光是运动的两种方式，现在，它美丽而晴朗的天空却被两朵乌云笼罩了……""美丽而晴朗的天空"，当然是指当时的物理学。"两朵乌云"，一朵是指迈克尔逊—莫雷实验（以下简称 MM 实验）得到了光速不变的结论，否定了以太漂移说；另一朵是指气体比热、分子光谱的实测结果与"能量均分说"不符，尤其是黑体辐射的"紫外灾变"。开尔文对当时的物理学也是信心十足，演讲的最后，他表示：相信人们在 20 世纪初就可以驱散这两朵乌云，让物理天空重新晴朗起来。

然而，让所有人抓狂的是，云确实被驱散了，但是，天也塌了。

而掀翻经典物理天空的，不是别人，正是我们的主人公、正在伯尔尼专利局胡思乱想的三级技术员爱因斯坦。是的，在 20 世纪物理学翻天覆地的革命中，爱因斯坦是主帅、是教父。

云开两朵，各表一团儿。

先说说有科幻大片气质的"紫外灾变"。人类在烧制陶瓷时，发现了一件怪事：不管什么材料、什么颜色，加热到一定温度时，都会变成统一的颜色：樱桃红、橘红、橙黄、黄白……后来人们才知道，加热到更高温度，会变蓝。如图4.1所示的光谱，随着温度升高，光谱线向蓝端偏移。

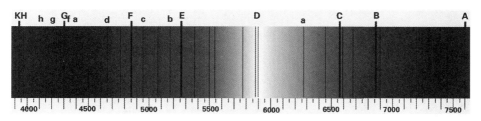

【图 4.1】光谱分布

1859年，德国物理学家基尔霍夫开始研究温度与颜色的关系，他想找出其中的规律。因为温度、颜色的变化，本质上是辐射的吸收和释放，所以，为了便于研究，他提出了一个完美吸收和辐射的模型，叫作"黑体"：想象一个空心球，壁上开个小孔。辐射进入小孔，就有去无回——它只能在空腔内壁来回反射，直到被吸收殆尽。所以，任何时候看这个小孔，它都是"全黑"的。这个小孔，就叫"黑体"（见图4.2）。

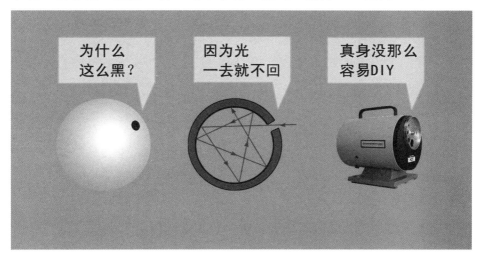

【图 4.2】黑体原理及实体示意图

黑体模型的吸收率和发射率都是1，作为一个标准，任何材料的发射率和吸收率都可以拿来对比研究。但是在此之前，必须找到一个公式：可以描述任何一个温度下，黑体发射出的单色辐射的分布情况。比方说，在 30℃ 的温度下，黑体发出的波长为 0.5 纳米、1 纳米、3 千米的辐射量各是多少。量最大的那个波长，叫"峰值波长"。

1893 年，德国物理学家维恩发现了一个规律，温度越高，峰值波长越短。波长越短，离光谱的蓝端越近，这就是温度与颜色关系的秘密。维恩告诉我们：峰值波长乘以黑体温度，得出的结果永远是个常数。你把温度提高一倍，峰值波长就会降一半。也就是说，温度乘以 2，则峰值波长除以 2。有了这个公式和这个常数，你只要知道温度，就能算出颜色。反之，知道颜色，也能算出温度。这就是维恩位移定律。有了这个定律，我们只要在地球上测出织女星光的波长，就能算出她的体温！

1896 年，维恩在分子运动假设的基础上，给出一个公式，经过汉诺威大学的帕邢的实验验证，确认这个公式与"黑体辐射短波中能量分布"的数据相符。这个公式让维恩获得了 1911 年的诺贝尔物理学奖。

1898 年，卢默尔和库尔玻姆、普林舍姆合作，终于把黑体模型变成了实体，这个电加热的黑体，可以达到 1500℃ 的高温。于是，他们迫不及待地搞起了黑体辐射的"测绘"——测量波长能量分布，绘制坐标图（见图 4.3）。

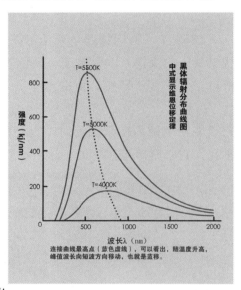

【图 4.3】
黑体辐射波长、强度分布情况

1899 年 2 月 3 日，卢默尔在德国物理学会的会议上报告了研究成果：理论预测与实验数据大致相符，但是，在红外区域，还有点不太对劲儿。

1899 年 11 月，他们的报告显示：在长波范围，维恩理论预测的强度总是偏高。

1900 年 9 月，德国著名物理学家普朗克的朋友鲁本斯证实：在远红外线一端，维恩定律无效。

后来，英国物理学家瑞利男爵出手，扔掉了分子假设，以麦克斯韦电磁学的波为基础，也得出了一个公式，成功地描述了长波上的黑体辐射规律。然而，这个公式告诉我们，当波长趋于 0 时，黑体将释放出无穷大的能量！如果是这样，我们还要太阳干吗？用短波刺激黑体，能源就取之不尽用之不竭了！

这两个噩耗让物理学家们哭笑不得：维恩从分子假设——也就是粒子的角度出发，得到的公式搞定了短波，却在长波上丢盔卸甲；瑞利从波的角度出发，摆平了长波，却在短波上铩羽而归。

这就好像你定制一双鞋，由两个顶级设计师亲手制作，左脚的那只舒适无比，右脚的那只无比舒适，可悲催的是，它俩不是一双，而是两个单只！改成一双行不行？对不起，左脚那只是尊贵俏丽的高跟鞋，右脚那只是休闲憨实的登山靴！二者不兼容！这不恶作剧吗？！

面对这场恶作剧，爱因斯坦的朋友埃伦费斯特给它起了个骇人听闻的名字："紫外灾变"。实际上，它引发的事，比这个名字更加骇人听闻。

1900 年 10 月，普朗克凑出一条公式，经过鲁本斯的验证，公式预言与实验数据完美相符，没有死角！可怕的紫外灾变消失了！然而，普朗克却满怀忧郁。因为这个无比厉害的公式是个怪胎，它和热力学、电磁学都不兼容！仿佛天生就是来踢馆的，可是你也不看看，你要踢的是什么馆，热力学定律、麦克斯韦方程组，是那样的优雅、坚实和温暖，它们在各自的领地君临天下，仗律执章。变幻莫测的能量生息，神秘奇异的力场演化，莫不宾服臣顺，令行禁止。这是人类几千年智慧的大爆发才建立起来的宫殿啊！这条公式成立的代价，就是把这两座宫殿夷为平地！它到底是什么怪物？

为了找到它的物理意义，普朗克用黑体模型来模拟、推导，发现了一个令人毛骨悚然的结果：你必须把能量分成若干相等的小段，变成"一份一份"的能量单元，才能得到那个强悍的黑体辐射公式。普朗克管这些能量单元叫作"量份"。他还得到一个公式：

$E=h\nu$

E 是能量，h 是个常数：6.626×10^{-27} 尔格·秒；ν 是频率。也就是说，能量等于一个奇怪的常数乘以频率，这叫啥道理？

能量不仅和频率连了体，它还变成了一份一份的！普朗克被吓到了：每一份能量都是这个常数乘以频率。这意味着，无论你怎么分，一份能量只能分到 $1h\nu$ 为止，不能再小了。这绝对颠覆了我们对世界的认知！

不管是牛顿的理论，还是麦克斯韦的理论，也不管是能量，还是距离，都是连续的，比方说把 20℃ 的水烧开，水温一定经历了 20—100 之间的任何一个数字，画成坐标，它的上升线是连续的、平滑的，不可能从 21.5555℃ 直接跳到 21.5557℃，而不经过 21.5556℃，是吧？

但现在，普朗克的公式邪魅地宣布：能量就是一份一份的，在一份里，没有中间值！要么你就推翻我，不然，你就必须承认，能量不是无限连续的，它必须有个最小单位，分成有限的份数进行传递！

这就像我们去菜市场买东西，无论怎么讨价还价，无论买的东西有多少，你最少得付 1 分钱，你不可能付 0.5 分钱，因为没有这个面值。你可以不付钱，实施抢劫或乞讨，但只要你是付钱的，你所付的总钱数，无论多少，一定是 1 分钱的整数倍。

普朗克推不翻这条公式，又没法对美丽的热力学、电磁学下手，快被折磨疯了。后来，他安慰自己：这个公式只是一种数学技巧，没啥物理意义。能量本身不是一份一份的，只不过交换能量必须用量份的形式罢了。就好比你一瓶一瓶地买水，但并不代表水本身就是一瓶一瓶的。

1900 年 12 月 14 日，普朗克在德国物理学会上报告了他的新发现，他把一份能量叫作"能量子"，后来，他又改称它为"量子"。

一个震撼了整个 20 世纪，到现在也余震未消的庞然大物就这样悄然诞生了。在此后的日子里，普朗克一直试图回避量子。是的，没人相信世界是"量子化"的。5 年后，普朗克还在跟自己纠结不休，但一个年轻人却慧眼识珠，第一个接受了量子。而普朗克呢，虽然不肯接受量子，却慧眼识珠地接受了这个年轻人——阿尔伯特·爱因斯坦。

爱因斯坦坚信，自然规律应该是简洁、优雅、统一的："逻辑简单的东西，当然不一定就是物理上真实的东西。但是，物理上真实的东西一定是逻辑上简单的东西，也就是说，它在基础上具有统一性。"想想看，如果星星遵守一套规律，石头遵守另一套规律，那这个世界的设计也太差了。所以，他一生都在寻找那个万物法则，为此，他不惜推翻一切障碍。

现在，他正在给好朋友哈比希特写信："你为啥还不把你的博士论文寄给我呢……我答应以四篇论文作为回报。第一篇讲的是辐射和光的能量特征，是非常革命性的……；第二篇……测定原子的实际大小；第三篇证明悬浮在液体中的 1/1000 毫米级的物体，必定做因热运动引起的无规则运动；第四篇还在草创，是动体的电动力学，它修正了时空理论……"哈比希特还没意识到，爱因斯坦用来换他博士论文的这些论文，将彻底颠覆世界。

但在爱因斯坦眼里，只有第一篇才算是"革命性的"。1901年，他在写给米列娃的信里说他正在思考"光电效应"。说起光电效应，话又长了。

光，可以说是人们发现自然规律的钥匙，尤其是现代物理，光就是灵魂。

牛顿奠定了光学基础，他认为光是一种粒子。后来，托马斯·杨、菲涅耳等人通过实验、公式证明，光是一种波，但基础不牢。

后来，麦克斯韦方程显示：光是电磁波的一种。赫兹证实了电磁波，夯实了光波的理论和实验基础，这样一来，光的波动说变得毋庸置疑。但赫兹的实验还有个现象，他让振荡器发出电磁波，然后，在共振器的两个小金属球之间，看见了电火花，赫兹还没来得及给出解释，就英年早逝了。

1899年，J. J. 汤姆逊通过实验证实，那两个小金属球之间的光电流与阴极射线一样，都是电子流。于是，人们意识到，那些电子流是光"打"出来的。

1902年，赫兹曾经的助手勒纳德对这个现象进行了研究，发现了一个奇特现象：

调整光的强度，也就是"亮度"。按照常理，光的强度增加，也就是能量增加了，它打出的电子的能量也应该增加才对。可是，实验的结果刚好相反：电子增加的不是能量，而是数量！

调整光的频率，也就是"颜色"。按照常理，提高频率就是振动得更频繁，应该打出更多数量的电子才对。可是，实验给出的结果又刚好相反：电子增加的不是数量，而是能量！

勒纳德彻底懵了。

随后，各实验室也纷纷发现光电效应的诡异现象：

首先，黄、红之类的低频光，一个电子也打不出来，无论它的强度有多大；而紫外线这样的高频光，再微弱，也能打出电子来！

其次，不同的金属要打出电子，要求的频率下限（波长上限）不同，比方说铯，波长低于 6520 纳米的光才能打出电子，而钠要求波长低于 5400 才肯出电子。

再次，每一种频率的光，打出的电子能量都有个上限。

最后，光射到金属上，电子要么马上蹦出来，要么死也不出来，它绝不会等会儿再出来！

整个物理学界也懵了，现有理论解释不了这种奇葩现象！

小爱的目光扫过普朗克的黑体辐射无敌公式。他发现，如果把光看成量子，这个问题就可以解释了。所以，在第一篇论文《关于光的产生和转化的一个试探性的观点》中，他解释了难倒众生的光电效应。

但他不太满意普朗克的公式，它是为了描述黑体辐射凑出来的，物理意义不明晰。于是爱因斯坦决定在脑子里用实体模型推导一遍，推来导去，就导出了光的量子。因为出发点不一样，所以此量子已非彼量子。普朗克的量子，可以解释为把能量划分成一份一份地来交换，而爱因斯坦的量子是光本身，也就是说，你分或不分，它都是量子。小爱叫它"光量子"，后来改叫"光子"，也就是说，他把光本身量子化了。

于是，小爱同志也得出了一款黑体辐射公式，同样好用，但与普朗克的出发点略有不同，不过，在"E=hv"上没得说，都是"一份能量以 hv 为单位存在"。至此，小爱从理论上支持了量子，不仅给光的波动说予以沉重一击，还用这个理论彻底搞定了黑体辐射和光电效应。

普朗克用钥匙打开了量子大厦的门锁，却在门口徘徊不前，不停叨咕：这儿没门。而爱因斯坦却推开这扇门，一脚踏了进去。

按照小爱的理论，光电效应立马就失去了全部的神秘感：光量子的频率决定能量。一个光量子的能量，只能一次性地传给一个电子。如果单个光量子的能量不够，它就没法把电子打出来。这就是为什么低频光无法打出电子。而且，不同的金属付出电子，对光的频率下限要求不同，那是因为，它们抓住电子的力量不一样，抓得紧的，电子当然需要更大能量才能逃脱。提高光的频率，光量子能量就更大。电子获得更大能量，当然跑得更快，所以高频光打出的电子能量更大。增加光的强度，就是增加了光量子的数量。数量更多的光量子，当然能打出更多的电子。

是不是很简单？所谓的光电效应，其实就是粒子世界的"富豪相亲大会"。每一种金属都是一个相亲会，入场资格的起点不同；电子就是拜金女，它的能量就是综合得分；光量子就是富豪，不论年龄体貌和物种，它的能量就是资产。

这是相当纯粹、相当公平的钱色交易。

第一，不同的相亲会（金属）档次不同。既然叫"富豪相亲会"，那么，不论什么档次，对富豪的资产都有个最低的要求。比方说，铯富豪相亲会，资产最低1亿才有相亲资格，银富豪相亲会，资产最低2亿才有相亲资格。你想参加铯富豪相亲会，但是你的资产只有9000万，所以你没资格相亲，就算你找100位资产9千万的人一起来，也没有相亲资格，一个美女也带不走，但是如果你付得起入场费，可以入场当观众，喷血围观、舞人浪、热场子（引起分子共振导致热效应）。这就是为什么再多的低频光也打不出电子。

第二，相亲会对拜金女的相貌、三围、气质、文化、性格等都进行了准确的评分，明码标价，你想带走高分美女，必须拥有更高的资产才行。比方说，50分的，只配1亿资产以上的富豪；70分的，少于2亿资产休想带走；80分的，只跟4亿资产以上的富豪走。这就是高频光为什么能打出高能量的电子。反过来说，你如果只有2亿资产，那么，你最多只能带走70分的美女。这就是每种频率的光，打出的电子能量都有个上限的原因。

第三，这是相亲大会，不是菜市场买肉，所以，你有再多资产，也只能带走一位美女。你资产多，只能带走更高分的美女，而不能带走更多的美女。这就是为什么增加频率只能提高电子的能量，却无法增加数量。

第四，拜金女资源足够多，有多少美女被带走，关键要看来了多少具备资格的富豪。但是，根据第二条，来了再多富豪，如果都是不超过2亿资产的，也只能带走70分以下的那些美女，高于这个分数的，一个也带不走。你也不能和别人凑钱带走一个高分的，这些美女虽然拜金，但并不变态。这就是为什么增加光的强度，只能增加电子的数量，而不能提高能量。

爱因斯坦只用几个简单的字符，就囊括了上面一大堆条条款款。

$(1/2)mv^2=hv-p$

$(1/2)mv^2$，就是打出电子能量的上限，也就是大富豪你所能带出的美女的最高分值。hv，大家都很熟，一个量子的能量，也就是你持有的总资产。p，取得资格的资产底线。小爱鼓捣出来的一个"功函数"，用来计算不同金属所要求的频率下限。

让无数物理学家如坠云雾的光电效应，被这个简洁的公式一把扯去了神秘的面纱。诡异莫测的黑体辐射疑案，终于真相大白。物理学进入量子时代的号角吹响了。经典物理的根基被撼动，那座看起来巍峨坚固、神圣不可侵犯的殿堂，在这位 26 岁小公务员的冲击下，变得岌岌可危。

小爱承认，"光的波动说是十分卓越的，别的理论似乎很难取而代之"。但是——小爱在"但是"后面，提出了一个比粒子更具颠覆性的看法："不应当忘记，光学观测都同'时间平均值'有关，而不是同'瞬时值'有关。"从这篇论文的题目和内容都可以看出，小爱写这篇论文的目标不是解释光电现象，而是揭示光的量子性。解释光电效应，只是拿来证明自己理论的观测证据。

他的看法是：我们之所以认为光是波，那是因为，我们以前所观测的都是光在一段时间内的平均状态，"波动"是平均结果。而观测光的瞬时情况，它应该是粒子态的。小爱还给这个不招人待见的看法起了个名："一元二体认识"。这就是"光亦波亦粒"的源起。虽然它离"波粒二象性"还有一段距离，但在当时，这已经足够石破天惊了。

叛逆得如此夸张决绝的，不是神人就是神经病人。把光变回粒，就够所有人喝一壶的了。你还把它弄个雌雄同体，那就不止是调戏物理界了，简直就是在挑逗上帝！

因此，小爱同志的观点得到当时物理学家的一致反对。在反对的人堆里，普朗克显得格外醒目。他最早看到小爱的论文，第一个站出来反对，他认为，小爱这是"在思辨中迷失了方向"。不要说接受小爱的"一元二体认识"，就算是自己鼓捣出来的量子，他还一个劲儿地加以条件限制，极力把它推进经典物理的地盘呢！

公平地说，普朗克绝不是一个保守的人，最有力的证据就是，他第一个接受了极具颠覆性的相对论——这个见识远远超越了庞加莱和洛伦兹。而他之所以对量子拒之千里，对"一元二体"更是痛心疾首，是因为它们的颠覆性超出了普朗克观念更新的承受极限。所以，小爱的论文虽然是普氏量子得到的第一个有力支持，但普朗克根本不领情，就算是在推荐小爱当普鲁士科学院院士时，他还是站在为小爱开脱的角度指出："小爱在现代物理所涉及的重要问题中，几乎都作出了'令人瞩目的'贡献，当然，他也可能会出错，比如光量子假说。但是，我们不能对他求全责备……"由此可见，爱因斯坦当时迈出的这一步，需要何等的眼光和勇气！

这篇论文完成于 1905 年 3 月。等到 4 月，他又完成了《分子大小的新测定法》。那时，原子、分子还只是充满争议的假设，随着汤姆逊等人的实验，物质结构的粒子性逐渐显现，原子说逐渐被接受。相当一部分人相信它的存在，也有相当一部分人怀疑它的存在，只把它作为一种工具来使用，有的甚至不屑使用这个工具。不信当然有不信的道理，因为作为一个科学理论，原子说缺少关键的东西：没有观测证据，间接的也没有。

小爱同志早就相信，世界是由物质微粒构成的。这些微粒，不管你叫它原子还是分子，都无所谓。关键在于它们都是一粒一粒的，你是你，我是我，可以拥抱，但不连体——不是连续的。每个微粒都有自己的能量，这些能量的综合作用，表现在宏观事物上，就是我们日常所见的能量形态，这个思想在当时也是相当超前的。

小爱不仅相信原子、分子的存在，还要测量它们的大小！看都看不到，怎么测？小爱的目光落到液体都有的一个性质上——黏性。液体的成分、浓度不同，黏性也不同。他想象糖分子慢慢扩散，穿过水分子，并据此得出两个方程，每个方程都有两个未知变量：糖分子的大小、数量。用实验数据求出这两个变量就 OK 了。这篇论文后来经过修改，得到了一个理想的准确结果。在他这一年发表的 6 篇论文中，这一篇分量应该是最轻的了，他选来选去，把这篇论文交给了苏黎世大学，申请博士学位。在爱因斯坦看来，只有得到博士学位，才能实现他当人民教师的伟大理想。搞笑的是，博士没申请成功，但这篇论文成了他被引用次数最多、实际应用最多的论文，什么水泥业、奶制品等各种风马牛不相及的领域都用得着。

完成分子大小测定论文的 11 天后，已经到 5 月份了，他又鼓捣出一篇论文，用来证明原子、分子的存在。具体做法是，用分子、原子说解释了"布朗运动"。

热爱玩水的军医布朗先生是英国植物学家。1827 年，他用显微镜观察水里的微粒，惊奇地发现，在看起来无比平静的水里，微粒们不是老老实实地悬浮着不动，而是勤奋地搞全民健身运动！并且运动路线一点也不规则。它们一个劲儿地折腾什么？布朗搞不懂。于是，微粒在液体里瞎折腾的现象，被叫作"布朗运动"，记录在案，坐等高人破解。

布朗一定不会想到，这一等，就是 78 年。他更不会想到，杀这只鸡用的不是牛刀，而是屠龙刀！

在 5 月份的论文里，小爱说，研究布朗运动，就是要找到证据，证实原子存在或不存在。原理是先假设水分子以及构成水分子的原子存在，把它们看作微小的圆球，那么，按照热分子运动理论，观测悬浮颗粒的运动，就可以用数学手段精确地测定小球的大小。如果做不到，那就说明，不能把水看作小球的集合，也就是说，原子不存在。

他做到了。在论文里，小爱创立了相关数学定律，成功统计了在一定体积的液体中，分子的数量和质量，准确描述了布朗运动，还给出了完美的解释：是分子（原子）的热运动，不停地撞击悬浮在其中的微粒，使它们不停地瞎折腾。

这个结论不仅证明了原子的存在，终结了两千年来关于原子存在与否的争论，还顺便为现代统计力学作了基础性的重大贡献。小爱在论文里声明，他写这篇论文并不是为了解释布朗运动是咋回事，而是借此证明分子的存在，并对分子运动进行统计分析。这篇论文还提出一个预测：在 17℃ 的水中，一个直径 1/1000 毫米的颗粒，1 分钟平均走 6 微米。几个月后，这个预言被德国实验物理学家亨利·塞登托普夫证实。

小爱解释布朗运动所创立的统计方法，可以用来描述和预测那些信息庞杂、变化微妙的复杂事物，比方说，模拟空气污染物的行为，或者股票市场涨落走势等。

后来，佩兰在物理学领域验证了爱因斯坦的理论，斯维德伯格在化学领域验证了爱因斯坦的理论，他俩因此分别获得了 1926 年的诺贝尔物理学奖和化学奖。验证同一个结论的两个实验，分别获得不同领域的诺贝尔奖，这在诺奖历史上应该是绝无仅有的，足见这个理论的重要性。

热力学和统计物理学的奠基人之一、多年来不遗余力捍卫原子论的著名科学家玻尔兹曼可以宣告胜利了，但他已身心俱疲，于 1906 年自杀身亡。

时间、空间、能量

那么，第二朵云又是怎么回事？

就是"以太理论"的困难，指的就是 MM 实验的困惑，光速不变和以太之死带来的恐慌。

光速不变和以太之死有这么可怕吗？有的。牛顿理论的美丽、优雅、强悍，让人们不得不相信，自然规律都在其框架之中，因此，人们都企图以牛顿的理论为基础，来构建一切物理理论——这个想法是再自然不过的了。

我们知道，麦克斯韦电磁论在电磁领域的功力，丝毫不逊于牛顿理论在力学上的功力，也是一个令人叹为观止、毋庸置疑的理论，但是，这两个完美的理论有矛盾，不兼容——根据麦克斯韦的理论，射电或光波的速度是固定的。但是根据牛顿的理论，运动是相对的，速度也是相对的。不存在一个绝对静止的标准。

要理解这些，我们得先研究一下空间和时间。

你以为自己躺在床上看手机，就没运动么？你以为这间屋子所囊括的区域，是属于你的空间么？错了！地球以 465 米 / 秒的速度自转，以 30 千米 / 秒的速度绕太阳公转，并跟着太阳以 220 千米 / 秒的速度绕银河转，又在银河系的带领下以 600 千米 / 秒的速度向仙女座方向狂奔……

如果你看完这段话用时 1 分钟，那么，刚才你以为属于自己的那份"空间"已经离你 5.4 万千米了。所以，即使你躺着"一动不动"，每天也至少"被旅行"7776 万千米——完全免费哟！为啥要说"至少"呢？因为这还没算银河系所在的星系团共同飞行的距离！

在宇宙里，所有事物都是真正的流浪者。我们都没有故乡。所以，不存在一个静止的唯一标准。

现在来看速度。不论是在一列 100 千米时速的火车上，还是在站台上，我们都可以照常做运动，比方说玩皮球。我们会发现，不管车上车下，球都不会改变运动方式，该怎么飞就怎么飞，该怎么跳就怎么跳，一样服从牛顿定律。

现在，我在火车上，你在站台，我把球举起来，松手。会发生什么呢？只要地面够平，球都会直上直下地跳，落在相同的位置。我们把球第一次落地，叫作"一大大"，第二次落地就叫"二大大"。再看看，这两个"大大"发生的时间和空间。

我在火车上，会看见乒乓球直上直下地弹跳，在一秒钟前后，两次撞到车厢的同一处，也就是说，在相隔约1秒钟的时间里，这两次"大大"是在同一位置，也就是同一空间发生的。

而你在站台会看见，球落在一个点上弹起来时，会随着火车前进的方向，划出一道抛物线，落在30米外的另一个点上。因为火车在这1秒钟走了这么远。也就是说，同样在相隔一秒钟的时间里，两次"大大"发生的空间不同（相隔30米）！

同一个实验，两个不同的观测结果。只因为观测者的位置不同。我们没法判断哪个更准，车上车下都对！

球的速度也是这样，如果我在车上，朝火车前进的方向扔球，我在车上观察，球速是40千米/小时，那么，你在站台上看这个球的速度就是"车速+球速"，结果是140千米/小时。

由此可见，没有绝对的空间位置，也没有绝对的速度，空间位置和速度都需要通过参照物来确定。你说火车的时速是100千米，那是以地面为参照物的相对速度。如果对面也开来一列时速100千米的火车，这两列火车的相对速度就是200千米/小时。

现在，该看看时间了。自古以来，时间都是绝对的：恒定、一维、一去不返。时间是刚性的，它不会忽快忽慢，对任何人、任何事物都一视同仁。全宇宙都在度过同一种时间。时间和空间是完全分开、完全独立的。

上面说的空间、时间、运动的观念，是牛顿定律的基本认识。作为基本定律，应该普遍适用才对。对光也应该一样。

现在，麦克斯韦所向披靡的方程显示：光速是固定的。

那么，问题就来了：

第一，既然静止、运动、速度等这些东西都是相对的，都是根据参照物而定的，那么，只要有运动的物体，就不存在绝对静止的东西。

第二，你说光速固定，那它是相对啥东西"固定"的呢？没有"静止"的参照物，你咋"固定"？

矛盾了不是？

这个矛盾，是根子上的。这两根撑起物理天空的擎天柱，二者必有一错，无论谁错，物理的天都会塌。所以，物理学家为了修订这个BUG，打了个大补丁——以太。

在宇宙中，有一种看不见、摸不着的东西，它无处不在，甚至连"空虚的"真空中也有。它不是液体、不是固体、也不是气体，它是连续的、均匀的。万物都可以在其中自由穿行，就像它不存在一样。它是谁？为了谁？它就是以太，只为了承载和传递光、电、磁等不可捉摸的东西。所以它也叫"光以太"。

对物理学家来说，光以太还有一个更主要的任务：它无处不在，可以充当那个固定的参照物，好让光速相对于它，实现"固定"的伟大目标。

这下好了，相对于不同的观察者，光速不同；但相对于以太，光速固定。一举解决了牛顿和麦克斯韦的矛盾。接下来，就是找出证据，让牛顿和麦克斯韦握个手、拍个照，世界就和平了。

为啥非要找证据呢？如前文所述，一个理论如果没有确凿的实验证据支持，它就没法被科学承认。

怎么找证据呢？就是光在以太中穿行时，从不同方向测一下它们的速度。

1887年，美国物理学家迈克尔逊和莫雷上场了，他们要干的事就是找证据。

迈克尔逊一生只干一件事：光速的精密测量。他一直是光速测定的国际中心人物。测不同方向的光速差可没那么容易。光速符号是 c，c=299792458 米 / 秒（约 30 万千米 / 秒），狙击步枪的子弹出膛初速度才 1 千米 / 秒，你骑在子弹上测光速，和你站在地面上测光速，速度差基本可以忽略不计。

但迈克尔逊的办法很简单，就是利用地球公转的速度。地球公转的速度是 30 千米 / 秒。虽然这与光速相比仍然微不足道，但这个速度足以测出"差异"了。

根据以太理论，以太充满空间、静止不动。那么地球在公转时，就应该有"以太风"存在。就好比你在空气不流动（没有风）的日子里，骑上单车，就有风了，蹬得越快，风越大。30千米/秒，这就是"以太风"的速度。因为光在以太中的速度是固定的，所以，当地球在以太中溜达时，你在地球上发出两束光，一束朝着地球公转的方向，一束垂直于地球公转的方向，那么，在地球上测这两束光的速度，应该相差30千米/秒，是吧？所以，只要测出速度差，以太就成立，结果就皆大欢喜。

这是一个既精细又困难的实验。迈克尔逊和莫雷的办法是，把一束光分成两束，一束沿着地球公转方向，一束与之垂直，这两束光都用镜子反射回来，重新汇成一束。因为光有波动性，而波搅在一起会互相干涉，造成干涉条纹（玩玩水就知道了）。两束光有没有速度差，用干涉条纹算一下就知道了。这时，物理学家对光的条纹认识已经足够深刻了，至少用来算光速差是毫无问题——如果有光速差的话。

然而，无论他们怎么测，条纹都显示：光速是不变的！

任何人第一次听到这个消息的第一反应都是：没测准吧？是的，当时所有物理学家，包括迈克尔逊和莫雷都不信。他们本来是来找以太的，测出那个差，找到以太，让牛顿和麦克斯韦握手言和，就可以完美收工了。现在倒好，以太没找到，光速还不变，牛顿和麦克斯韦成了冤家对头，这还得了！

于是，他们各种测，测了一年，精度达到亿分之一，光速还是铁打不变，雷打也不变。

此后，人们想尽了办法测光速，精度、手段都远超之前，但光速就是不变。这样一来，以太就死了。

1907年，迈克尔逊因"发明光学干涉仪并使用其进行光谱学和基本度量学研究"成为美国历史上第一位诺贝尔奖得主。这次实验史称以太漂移实验，也叫"迈克尔逊—莫雷实验"，为了好记，我们用一个迷人的名字：MM实验。

但以太之死带来了第二朵乌云。

让一个莫名的光速把优雅辉煌的物理大厦毁于一旦，物理学家当然是不甘心的。荷兰物理学家洛伦兹、爱尔兰物理学家斐兹杰惹各自提出一个假设：以太还在，但物体在以太中运动时，会沿着运动方向发生轻微收缩，物理实验设备也一样，这个收缩，正好抵消了光速变化的效应，所以不是光速没变，是这个收缩让你没法测出变化。

爱因斯坦对这种解释感到沮丧，这种不遗余力、不择手段的修补，更像是掩耳盗铃式的自我安慰。小爱相信，自然规律应该是简洁的，不应该根据自己的判断，预设一些符合经验的条条框框。既然麦克斯韦的理论预测光速不变，而实测也是光速不变，理论与实践完美符合，为什么我们不能接受它？

那个在小爱脑海中搞了 10 年的思想实验，越发清晰起来：如果我以光速去追赶一束光，不会看到一个振荡不前的电磁波，它应该和我坐在窗前时观测到的一样。"物理定律在所有匀速直线运动的参考系中都应该相同。"这句话非常接近 300 年前一位物理巨人的结论。这个物理巨人就是伽利略。当时的人们不信地球也是运动的，"不然我们为啥感觉不到呢？"1632 年，伽利略提出了"相对性原理"，指出"力学定律在一切匀速直线参照系中都相同"，并提供了证据：

伽利略号航母飞快、匀速、平稳地航行在波澜不惊的大海上，咱们随略哥七拐八拐走进航母深处的一间密室，把门窗一关，外面的世界瞬间与我们无关。

密室地板正中画了一根双向箭头，箭头两端各放一块纸板，分别写着"船头""船尾"；箭头旁放一只鱼缸，里面养一条一天到晚游泳的鱼；鱼缸上方挂一只漏水的袋子，向缸里滴水；空中小姐小蚊、小蝇飞来飞去。

伽利略：现在，咱俩观察一下这些东西，来判断船是走还是停，哪边是船头。不管你怎么观察，也不管你做什么力学实验，都没法判断船是走还是停，当然也没法判断哪边是船尾……猜不出是正常的，因为运动是相对的。像伽利略说的这种匀速直线运动的事物，就叫惯性参照系，简称"惯性系"。你在任何惯性系，都可以把自己看成"静止"的，这就是我们感觉不到地球运动，还以为日月星辰都围着地球转的原因。当然，你把地球看成静止的，去观测其他物体运动也是对的。

力学定律在任何惯性系中都是相同的，这就是相对性原理。既然运动是相对的，那么，一个参考系想知道另一个参考系上的运动状态，又该怎么办？伽利略给出了一个变换公式，用这个公式，你就可以在自己的参考系内，算出另一个参考系上的运动状态，这就是伽利略变换，它是牛顿力学的重要基石，反映了经典力学的时空观。

伽利略变换是建立在相对运动、相对速度的基础上的。现在，光速不变，成了个"绝对值"，伽利略变换就不灵了，牛顿力学的基础也就不牢靠了。

为了挽救以太，以洛伦兹为代表的一批牛人绞尽脑汁。

1879年，针对地球人试图测量光速变化这个事，伟大的麦克斯韦指出，这个相当难测，因为它是一个非常微小的值：（v^2/c^2）。v是仪器运动速度，c是光速，算一下就知道这个值是有多小了。

1887年起，以MM实验为代表的寻找以太的实验宣告失败，测得光速不变。

1887年，德国物理学家福格特为了解决"不可压缩的弹性媒质传播波的多普勒效应"，提出了一个近似于后来洛伦兹变换式的构造形式。其后，英国物理学家拉莫尔发表了这个变换式的完整形式。

1888年到1889年，英国物理学家亥维赛推导出一个公式因子：$\sqrt{1-v^2/c^2}$，但包括他自己在内，没人理解其重要意义。

1889年，斐兹杰惹提出长度收缩假设，来解释MM实验。

1892年，洛伦兹也独立地提出了收缩假设，根据这个假设，推导出长度收缩公式。

1904年，洛伦兹发表了变换式的正确形式。

1905年，爱因斯坦根据自己的相对论原理，也推导出这一公式。

1905年，庞加莱对这个变换式进行改写，变成现在的样子，还将其命名为"洛伦兹变换式"。

这里面有两个重点：

（1）洛伦兹变换式中，所含的洛伦兹因子，是狭义相对论公式的核心因子。

（2）这个因子，洛伦兹是根据长度收缩假设推导出来的，爱因斯坦是根据狭义相对论的两个基本原理推导出来的。虽然样子很像，但出发点完全不同。

我们知道，爱因斯坦搞物理，注重理论协调，善用逻辑推理，是逻辑推导、公理演绎的顶级高手，作为顶级高手，他不仅熟稔使用逻辑，更善于找到靠谱的逻辑起点，也就是"公理""公设"。于是，小爱从浩瀚的世界里，挑出了两样东西，作为他开拓新世界的基础：

（1）真空中的光速不变。

（2）物理定律在所有惯性参考系中都相同。

这就是狭义相对论的两条基本原理。

第一条原理是从经过验证的麦克斯韦方程得来，简称"光速不变原理"；第二条原理是基于对自然规律简洁优美的基本假设，不管是力学还是光学定律，它们在惯性参考系都应该是相同的。物理定律比力学定律范围更广，也就是比伽利略提出的那条相对性原理眼界更宽，更具普遍性，这条原理简称"相对性原理"。

这两条原理似乎是矛盾的。因为速度＝距离÷时间，按照相对性原理，你在站台朝火车发出一道光，同时火车以 15 万千米／秒的速度迎着光驶来，那么，在一定的时间里，火车与光的距离在按照什么速度缩短呢？显然是（30+15）万千米／秒，瞧，光速变了吧，这就是矛盾。

小爱很苦恼，他决定先把这个问题放一放。世界那么大，天气这么好，我想去贝索家看看。到了贝索家，爱因斯坦聊起了这个问题，聊着聊着，提到了时间的绝对性问题，爱因斯坦突然灵光一闪，他终于找到了问题出在哪里：时间。

如果不把时间看成是绝对不变的，这个矛盾就不存在了。时间绝对不变，并且宇宙万物共有，这是人为的定义。要知道，我们只有在事物发展变化中，也就是运动中感受时间，它与物质的运动是紧密相关的，那么，运动速度变化时，时间凭什么不变？

我们来想象一下，如果世间万物都被"冻结"了，连分子、原子这些东西也不运动了，那么，时间也就被"冻结"了。再大胆想象一下：把宇宙分成三块，一块完全冻结，一块像平时一样，这两块的时间就是一个停止，一个照常，那么，第三块宇宙半冻不冻，减慢运动速度，它的时间就和另外两块都不同。所以，时间是相对的！

时间成了一个可变量，怎么定义"同时"呢？我们可以利用光速不变原理：

现在又是思想实验时间：铁轨上有 3 个点：A、B 和它们的中间点 M，你正对着 M 在站台上，我坐在火车上的红心位置。火车向 B 点飞驰，当我坐的位置到达 M 时，你看到两道闪电"同时"击中 A 和 B。因为你与 A、B 两点的距离都一样，两道闪电的光速度也一样，因此它们会同时射到你的眼睛里，你可以判断，这两件事是"同时"发生的。

但是，火车上的我就不这么看了，因为在光传到我眼里的过程中，我正随着火车向B点飞奔，所以，B点的光必然先传到我眼里，所以从我的角度看，是B先闪了一下，然后A才闪了一下。也就是说，在你看来同时发生的事情，在我看来不是同时发生的！

根据相对性原理，你不能说，这是火车在跑，而站台是静止的，因为在我看来，火车就是静止的，我在上面拍皮球，和你在站台上拍皮球，运动规律都一样。

这个思想实验就是著名的"爱因斯坦列车"思想实验，我们简称"爱车"实验。后来，它又衍生出多款变种，但原理相同。比方说，还是上面那张图，我和嫦娥分别坐在"爱车"头尾深情对视，在爱车中间，红心变成一盏灯，你还是在站台上观测，当灯到达M时，触动开关，灯亮了一下，灯光以固定速度向四周扩散，我和嫦娥处在同一个参考系，物理定律就像坐在卧室一样，所以灯光一定是"同时"到达我俩。而对你来说，灯光闪后，它以固定速度向四周扩散，但车在向前飞奔，所以车尾的嫦娥在迎着发光点运动，而车头的我在背着发光点运动，所以光先照到车尾的嫦娥，后到达车头的我。

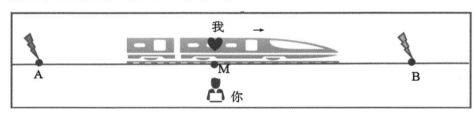

【图 4.4】爱因斯坦列车

不同的参考系，对我"同时"的事，对你就不是"同时"了。

这个观念，对我们这些看惯了各种时间穿越电影的人来说，可以接受，但在当时，这是激进得荒谬的结论。量子力学的主要创建者之一、德国著名物理学家海森堡评价："这是对物理基础的改变，它出人意料、激进而彻底，须由一个富有勇气和革命精神的年轻天才来完成。"

200多年前，牛顿在伟大的《自然哲学的数学原理》第一章写道：

"绝对的、真实的和数学的时间，由其特性决定，自身均匀地流逝，与一切外在事物无关。"

"绝对空间，其自身特性与一切外在事物无关，处处均匀，永不移动。"

这一时空观后来成了地球人都承认的时空观。但现在，它被一个思想实验推翻了。但爱因斯坦并没有就此止步，随后他又进一步表明，如果时间是相对的，那么，空间也好，距离也好，都是相对的。为此，爱因斯坦做了另一个思想实验：测量"爱车"长度。

有两种方法来量车的长度：

（1）拿一把尺，与车一起做运动，量一下。因为尺与车一起运动，在同一参考系，所以量的结果和静止测量是一样的。

（2）我和嫦娥分别坐在车头和车尾，搞一个危险动作，在铁轨上对应头、尾端点的位置"同时"标一个点，然后用尺量这两点之间的距离就得出车的长度。这其实就相当于先把笔放在纸上，标出笔的两个端点，然后用尺量两点的距离，就得到笔的长度。虽然麻烦，但结果是一样的。

那么，方法（1）和方法（2）量出的长度一样吗？当然不一样！

因为根据前面的实验，车上两个人认为是"同时"做的事，在站台上的你看来，却不是同时发生的。你看到的是：我先点一下，车走了一点点，嫦娥才点了一下——这两点之间的距离比车短！

而在我们看来，我们的确是"同时"点的，那一瞬间，"爱车"头尾的端点正对着这两点，它们的距离和车长度相等！

这说明，在你看来，相对于你运动的列车变短了！相对运动的物体变短现象，叫作"尺缩效应"。

我们还是用"爱车"来做实验。现在，嫦娥让车的地板 A 点发出一粒光子，垂直射向车顶 B 点。我俩在车上观测，由于车在做匀速直线运动，所以对我们来说，我们的参考系是静止的，光子从 A 垂直射向 B。但对你来说，光子从 A 出发飞向 B 的路上，列车已经向前走了一段路程，所以，它到达 B 所走的是一条斜线。根据勾股定理，我们知道，斜线距离更长。

根据光速不变原理，光速对车上、车下任何参考系来说，都是一样的。你看到光走了更远的距离，这说明，对你来说，车上的时间变慢了！相对运动的参考系的时间变慢现象，叫"钟慢效应"。

以后的实验会证明，这不是测量的数学偏差问题，而是运动导致的物理结果。于是小爱得出结论：没有绝对的"同时性"，时间是相对的，空间也是相对的。

后来，爱因斯坦将这个结论及推导过程写进了论文，这篇论文就是《论动体的电动力学》（以后简称《论动》），这篇论文于 1905 年 6 月 30 日发表在《物理学纪事》上，这是狭义相对论的出生证，也是物理革命的宣言。

二、颠覆世界

新世界

爱因斯坦在《论动》第 3 节中，根据"两条基本原理"独立推导出"洛伦兹变换"方程的正确形式，这组方程不仅出发点、推导过程与洛伦兹不同，最终形式也不同，现在通用的是爱氏方程。由此方程推导出的诸多石破天惊的结论，把我们从经典物理温暖的被窝里拽出来，扔到了一个陌生、神秘却又更加绚丽广阔的新世界。

时间膨胀就是一个特别拉风的结论，这是《论动》第 4 节推导出的结论。速度不同的物体，其时间流逝也不同。所谓时间膨胀，就是运动能把时间拉长、变慢，速度越快，时间流逝就越慢。

那么，一直运动是不是就能活得久一些呢？在某种意义上说，是的。但是，必须高速运动才行，这里的所谓高速，可不是坐个动车、飞机什么的就叫高速，而是要接近光速才能见效。

对于时间膨胀，有一个著名的反驳叫作"双生子佯谬"：有两个孪生兄弟，大双和小双。大双坐飞船去半人马座参加跳马比赛，小双留在地球上等消息。大双的飞船很快加速到近光速 v，然后匀速直线飞行，半年后，他到达半人马座，发现那里不能跳马，于是迅速调头，还是加速到 v 匀速返回，快到地球时，他又紧急减速、降落在小双面前，会怎么样呢？

正方：近光速时，时间膨胀效应明显，若 v = 0.9999c ，则 T=70.71 τ 。也就是说，大双感觉飞了 1 年，小双却在地球上等了 70 年，所以这时，大双 38 岁，小双却已 108 岁了。

反方： 运动是相对的，双方都感觉自己比对方年轻，这就是悖论，所以，时间膨胀效应不是真实的物理效应。

正方：反方忽略了飞船启动、调头、减速这三个过程。相对性原理指的是惯性参照系，而这三个过程不属于惯性系，这时，两者的相对运动状态不是对称的，所以，运动对他们的影响也是不同的。

直到目前，这个悖论还有人在争论，但哲学上的争论有时是无穷无尽的，所以，判断是非还得靠实验和观测。

后来，人们还真找到了观测对象——短命粒子。

粒子的寿命长短相差特别夸张：质子的寿命在 10 万亿亿年以上，比太阳系的寿命——110 亿年还长，太阳系老死那天，质子还在吃奶。

而人类已知的 300 多种基本粒子中，多数是短命鬼，诞生的瞬间就已夭折：π^+（π^-）介子的寿命大致为一亿分之一秒。而 π^0 介子、η 介子的寿命更短，分别是 0.84×10^{-16}（10 的负 16 次方）秒和 3×10^{-19} 秒，比 π^+（π^-）介子短 8 ～ 11 个数量级！这还不算最短，"共振态粒子"只能活一千万亿亿分之一秒左右（10^{-28} 秒）。

寿命太长的等不起，太短的观测不到，所以人们选了缪子（μ 子），它多产生于 10 千米高空以上，只能活 2.2 微秒，时间这么短，就算以 $0.999c$ 的速度冲向地面，按经典理论计算，也只能跑 660 米，根本到不了地面；按相对论计算，它的寿命会延长 22 倍，22×660 米，能跑 14.5 千米，因此，我们才可以在地面观察到缪子——这就是观测证据。1966 年，物理学家在实验中测得，高速运动的缪子的平均寿命，比静止的缪子的平均寿命长——这是实验证据。

1971 年，海弗尔和凯汀做了个实验，把铯原子钟放在飞机上，向东、西两个方向各绕地球一周后返回，与地面上的钟比较读数，发现，东飞钟慢了 59 毫微秒，西飞钟快了 273 毫微秒。扣除广义相对论的引力使时间变慢的因素，实验的结果符合狭义相对论的预言，精确度接近 10%（见下表）。

环球飞行原子钟实验结果与理论预言对照表

$\Delta\gamma$（飞行原子钟读数减去地面钟读数，以 10^{-9} 为单位）				
			向东航行	向西航行
实验结果	四只原子钟编号	120	−57	+277
		361	−74	+284
		408	−55	+266
		447	−51	+266
与方程预言比较	平均值		−59±10	+273±7
	引力效应		144±14	179±18
	运动学效应		−184±18	96±10
	总的净效应		−40±23	275±21

数据显示的结果与狭义相对论的预言值符合得很好。

1996 年，英国国家物理实验室为庆祝海弗尔—凯汀实验 25 周年，用精确度更高的铯原子钟又做了一次实验，飞机上的钟与实验室的钟相差 39.0±2 纳秒，理论预言是 39.8 纳秒。1 秒 =10 亿毫微秒。1 毫微秒 =0.000000001 秒。

这就是说，你坐波音 787 在伦敦和华盛顿之间飞一个来回，能年轻 39×0.000000001=0.000000039 秒。想年轻 1 秒，就要飞 1÷0.000000039=25641026 个来回。一个来回的机票钱就算 10000 元人民币，年轻这 1 秒也要花费 256410260000 元，不算零头是 2564 亿元人民币。一个来回按 14 小时算，一共要飞 358974359 个小时，也就是 40978 年。这回，你知道靠运动延长寿命是有多不容易了吧？何况时间膨胀是相对于其他参考系而言的。高速运动者本身所感受的时间还是跟以前一样，因为你在你的参考系里是静止的。

假设你以 0.99999c 的速度飞离地球，那么，你的一天相当于地球的 250 天。50 年后，你返回地球，那时，地球已经过了 12500 年，而你不会感觉自己多活了 12450 年，因为你飞行的这 50 年，从心理感觉、生理活动、环境变化等一切方面来看，你都只过了 50 年。也就是说，利用高速运动，你用 50 年的时间，来到了 12500 年之后的地球，这就是所谓的"穿越"。

2010 年，美籍华裔科学家詹姆斯·周钦文率队完成了在地面上验证相对论的实验，他们鼓捣的铝原子钟每 37 亿年误差不超过 1 秒，这个精度用不着高速飞行，也能测出时间的变化。

实验一：两台铝原子钟，把其中一台升高 33 厘米，升高后的钟比另一台快，每 79 年快 900 亿分之一秒。这一实验验证了广义相对论有关引力越大，时间越慢的理论。

实验二：用磁场让对铝原子钟内的铝原子快速往复运动，结果显示，运动中的铝原子钟所示的时间慢于静止铝原子钟。这一实验验证了狭义相对论有关速度越快，时间越慢的理论。

相对论的钟慢效应在我们的生活中也有应用，比如 GPS 技术，如果不考虑钟慢效应，GPS 就无法精确定位。虽然这个效应特别微小，但不校正会怎么样呢？美国华盛顿大学圣路易斯分校的克利福德·威尔算了一笔账：GPS 卫星每小时的行程是 1.4 万千米，根据狭义相对论，星载时钟每天要比地球上的钟慢 7 微秒；GPS 卫星离地面约 2 万千米左右，受到的引力约为地面的 1/4，根据广义相对论，星载时钟每天要比地球上的钟快 45 微秒。二者冲减后的结果：星载卫星每天比地球上的钟快 38 微秒。这 38 微秒会给卫星定位每天增大 11 千米的误差，如果卫星上的时钟不根据相对论补偿这个差，以使它与地面上的时钟"同步"，那这个定位就会越来越不靠谱。而要使导弹、飞机等飞行器定位误差控制在 3 米之内，GPS 的计时精度必须达到十亿分之一秒才行；对核潜艇进行导航，时间测量精度如果没达到百万分之一秒，误差就会在 300 米以上。

质能关系

《论动》发表后，爱因斯坦又做了一个大胆推论，他把相对性原理和麦克斯韦方程结合起来，做了一个思想实验：想象一个静止的物体，向相反方向发出两个脉冲，在一个运动参考系中，一个观察者来观测脉冲的性质。由此，推导出一个公式，用来八卦速度和质量的暧昧关系。

其实，早在 20 年前，J. J. 汤姆逊就在实验中发现，电子的质量和速度的关系不正常，质速绯闻悄然传开。后来，亥维赛还给出一个公式来扒质速绯闻。但是，这个公式私下用用还凑合，因为形式不正确，并且没有理论根据，拿到台面上来说，搞不好会被质速告毁谤。因为质量在大家心里，一直是诚实守信的，牛顿说："质量是一个常量。"它是威武不能屈、贫贱不能移的，你凭什么说它跟速度有一腿？

爱因斯坦拿相对性原理和麦克斯韦方程当后盾，推导出来的方程显示，他俩本来就应该有一腿，人家是上帝他老人家指腹为婚，自打出生就是夫妻，只不过没在人间请客吃饭，所以愚蠢的人类被瞒了几千年。

$$m = \frac{m_0}{\sqrt{1 - \frac{v^2}{c^2}}}$$

这就是"质速公式"。它告诉我们，速度越快，质量越大，妇唱夫随。把这两口子的关系图画出来瞧瞧，和谐着呢：

顺着那条白线，我们发现，质量的确随速度增加，不过，在速度达到 0.7 倍光速以前，质量好像不太情愿增加，当速度过了 0.7 倍光速以后，质量才开始卖力增加，当速度超过 0.95 倍光速时，质量开始急速、成倍地增加，反正速度越靠近光速，质量就增加得越快，这样，让质量每加一点点速，需要消耗成倍的能量——想达到光速，那条线就与光速线平行了，这就意味着，要消耗无穷大的能量才能达到光速。无穷大的能量存在吗？不存在，所以任何有质量的物质，都无法达到光速。

这些结论，已经在粒子加速器中验证过了，理论与测量完美吻合。

其实，这条曲线可以用来表示时间膨胀、长度收缩效应。看图就知道，速度在 0.4 倍光速以下时，效应太微弱了，这就是靠坐飞机延寿 1 秒都那么难的原因。

爆料了隐藏得这么深的隐私，爱因斯坦该满足了吧？不，作为一名"侦探"，他深知一个对宇宙隐私没有兴趣的娱记不是一名优秀的物理学家！爱因斯坦的目光又转向动能，动能是速度和质量的合体。

想想恐龙是怎么灭绝的？是一块质量比较大的陨石，飞速撞到地球上，造成了当时地球霸主的灭顶之灾。这块陨石虽然不小，但也没喜马拉雅山大啊，为什么喜马拉雅山压在地球上，一点事都没有，一块陨石砸到地球上，就受不了了呢？关键问题就在"砸"上，这是需要速度的，如果喜马拉雅山也像陨石那样快地砸到地球上，恐怕灭绝的就不止是恐龙了。

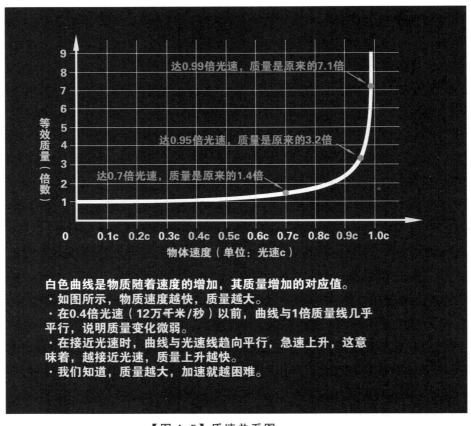

【图 4.5】质速关系图

哦，原来速度越快，威力越大。那么，就算陨石速度快，大概也就18 千米／秒左右，虽然比子弹快十几倍，但跟光速比起来，简直连零头都算不上。那么，为什么每时每刻都有阳光砸到半个地球上，地球却一点事也没有，反而因此欣欣向荣呢？

那是因为，光没有质量！可见，动能既离不开速度，也离不开质量，必须质速合体！

动能公式早就有了：$E=(1/2)\cdot mv^2$

E 是动能，m 是质量，v 是速度。能量和质量、速度的关系也密切得很呢！

八卦速度和能量关系，有了动能公式；八卦速度和质量关系，有了质速公式。

那么，质量和能量，有没有八卦的可能？小爱说，有的，因为在动能公式里，速度早就把质量和能量扯在一起了！

爱因斯坦用这俩公式推来导去，一个美丽的精灵突然跃然纸上：

$E=mc^2$

质量和能量，哦不，质量原来就是能量变的！

这就是著名的质能关系公式。这个公式及推导过程收录于爱因斯坦的另一篇论文，这篇论文只有三页，题目很烂："物质的惯性同它所含的能量有关吗？"于 1905 年 9 月 27 日寄达《物理学纪事》。

上帝的又一个秘密被揭开了：质量和能量可以相互转换！

也就是说，质量可以是能量，能量也可以是质量。再说明白一点，质量是能量储存的一种形式，或者存在的一种形式，就像水蒸气可以成为冰一样。任何刚理解这个公式的人，都惊得瞠目结舌。

能量是物质运动的一种度量。换句话说，能量就是物质的运动。物质的运动有很多种，所以能量就以很多种形态存在：光、电、磁、热、振动、爆炸、各种力等。想当年，来自 6 个国家的不同领域的 10 余位科学家从各个角度，各自独立地发现了同一个定律，能量守恒。这些科学家包括：德国的迈尔、莫尔、霍耳兹曼，法国的卡诺、伊伦、塞甘，英国的焦耳、格罗夫，瑞士的赫斯，俄国的盖斯，丹麦的柯耳丁……这个定律叫能量守恒定律，意思是能量既不会消灭，也不会创生，它只会从这样转化成那样，或者从这里转移到那里，不管怎么转化和转移，能量的总量不变。

能量的转换、转移无处不在，这个世界，包括我们，都是能量转换的结果。

植物通过光合作用，把光能变成化学能，储存起来，动物吃了植物，转换成自己生存所需的能量……我把你的手机举起来，那么，举手机的力就转化成手机的势能，我一松手，你的手机下落，势能转化为动能，手机落地，动能释放。

阳光普照，水受热蒸发（光转为热、动能、势能），遇冷气凝聚，雨滴落地（热转移给冷空气、势能变动能），汇溪成河（势能变动能），拦河建坝水位上升（蓄成势能），发电（势能变动能、动能变电能），电用来发光、热等，还可以转为机械力，举起你的手机……

在爱因斯坦之前，质量和能量是两个完全不同的概念。如果把 0.5 吨炮弹和 1 吨鸡蛋摆在我们面前，让我们判断哪个能量更大，我们会根据它们的成分、结构、功能来判断，而不会从质量上来考虑，所有人都会毫不犹豫地认为 0.5 吨炮弹能量更大。然而，爱因斯坦之后，我们知道，如果把二者的质量全转化为能量，那么，1 吨鸡蛋的能量比 0.5 吨炸弹的能量大 2 倍！

太疯狂了！看论文逻辑多么严谨，看公式多么缜密优雅，但它的结论靠谱吗？别担心，爱因斯坦习惯性地在论文结尾写上了验证办法：或许，以能量极易变化的物质（比如镭）可验证之。

物理学家们当然要验证，也不会只用这一种办法验证。但无论怎么验证，都推不翻质能公式！

我们来看氘聚合成氦 4 后，一场质量失踪案。

氘原子核含质子、中子各 1 个，氦 4 原子核含质子、中子各 2 个。

根据小学算术，2 个氘原子核可以拼成 1 个氦 4 原子核。氦 4 原子核的质量应该是多少呢？当然是等于 2 个氘原子核了！

然而，实际上，2 个氘原子核聚合成 1 个氦 4 核后，质量丢了一点，少了 0.0302 个原子质量单位！质量去哪儿了？

质能关系式给出了答案：原子核不管是结婚（聚变），还是离婚（裂变），都得交手续费——释放出巨大能量才行：氘合体，聚成 1 克氦 4，手续费约 2.7×10^{12} 焦耳的原子能。

1 克有多少呢？把 1 张 A4 纸裁成 8 份，其中一份差不多就是 1 克。

生成这一点点氦 4，所损失的那一丢丢质量，转换成了 2.7×10^{12} 焦耳能量！而这些能量，能供 100 瓦的灯亮 800 多年（从李清照时代开灯，一直可以亮到现在）。这些能量可以把满客的 30 万辆捷达车在 1 分钟内举高 60 米。

一颗葡萄干的质量如果全部转化为能量，可满足纽约一天的能量需求！

所以这件案子的真相是，质量没失踪，它变成能量跑了。把聚变释放的能量代入质能关系式，换算成质量，刚好等于失去的质量。

一千克物质完全等价于：

21.48076431 千吨 TNT 当量，

或 21470501160000 卡路里，

或 24965421632 千瓦时，

或 89875517873681764 焦耳。

爱因斯坦用一个简洁优美的公式，指出质能同源，此消彼长，把质量守恒、能量守恒定律，统一成质能守恒定律，把人类对世界的认识提升到了新的高度。如今，质能关系式公式跻身史上最美的 10 个公式之一，它已经不止是一款物理公式，它是爱因斯坦的象征，是物理的象征，甚至是科学、智慧的象征。

四维时空

狭义相对论以前，时间和空间的关系就是没关系。

狭义相对论以后，我们随口就能说出"时空"这个词，这是一个优美的概念，从爱因斯坦写给朋友的信中，我们可以清楚地看到，他对狭义相对论的概括，就是"时间和空间的变革"。

爱因斯坦的老师闵可夫斯基理解了狭义相对论之后，立即被其优美的思想吸引，他放下了手头的工作，一心扑在这位"从不为数学操心"的"懒狗"的发现上，最让他着迷的是神奇的时间、空间关系，这对绝对的、概念性的东西，竟然实实在在地随物质运动而变化，而且是一起变化，突然，他灵光一闪：如果把时间作为空间的另一维来处理，可以让这个理论变得更简洁优美。

于是在1907年，他建立了闵可夫斯基时空。原来独立自主的时间、空间，统一成了四维时空。1908年9月，闵老师在讲演中，宣称小爱的思想将影响深远："从现在起，孤立的空间和时间注定要销声匿迹，只有二者的融合体才能继续存在下去。"

这个本来对小爱同学不爽的老师，在领悟了狭义相对论后，深刻洞察到了其思想的深远意义，便立即为相对论摇旗呐喊。才华横溢、坦诚率真的闵老师对狭义相对论的数学化，让这一伟大理论更优美、更简洁、让时空关系更明确。

1909年，45岁的闵可夫斯基因急性阑尾炎病危（那时医疗技术与现在没法比），他临终悲叹道："在相对论发展的关键时期死掉，真是太遗憾了。"的确，如果闵可夫斯基再活10年，就可以参与广义相对论的创立。

了解相对论，必须了解四维时空，这是基础。那么，我们能想象四维时空吗？能用语言形容吗？没人敢说"能"，但几乎人人都想试试，不过，不管怎么试，我们都只能做类比。

我们能感知的空间是三维的：长、宽、高。时间对应事物发展顺序，而空间则对应事物的存在位置，二者是两回事，人类一直这样认为。人只能跨越空间，而不能穿越时间，所以才把空间、时间割裂成两个概念——如同把雷电割裂成雷公电母。

其实，发展顺序和存在位置都是运动的产物，时空是统一的，此消彼长。为了更好地理解时空，我们先把时间放在一边，体会一下跨空间维度的感觉。

从一维空间开始。

所谓一维空间，就是一条线。假设一维空间有个智慧生命，叫阿细。由于一维空间只有长度，没有厚度和宽度，因此，阿细的意识只有前和后，没有上下左右。

任何东西切入他的一维空间，他只能"看见"一个点，而点的变化很有限：出现、消失、逼近、离开、变色，没了。

但这个世界对阿细来说，也足够丰富了，因为前后都没有尽头，点的背后有什么，是阿细探索宇宙的全部想象空间。

在二维空间生活的主角叫阿扁，他的世界有长、宽，没有厚度（就是一个平面）。别看只多了一维，它的开阔也是一维世界无法比拟的，二维世界包含无数个一维世界，而一维世界只是二维世界的"切片"。多一维，就多无限可能。

任何物体切入二维世界，阿扁看见的都是线和点，比一维世界丰富多了：远、近、长、短、弯、直、平、斜、断、连、出现、消失、交叉……世界真大啊！前后左右都没有尽头，那些线的背后，藏有多少秘密？二维世界，寥廓浩淼！

等等，这是什么？竟然还有一维生命！一维世界太小了，这可怎么活哟！阿扁在阿细的前后都拦了一个点——不能吃的点。阿细的无限世界瞬间被堵死，他蹲小号了，他的构造、思维，都是一维的，一维生物只能前后移动，就算你告诉他，世界上还有其他方位，他也理解不了。左右？我能吃吗？能吃我吗？你说这是方位词？别开玩笑了，哪个方位？世界只有前后啊！

方位这东西，如果感觉不到，怎么说也没人理解得了，阿细只好一把将阿细拖进二维空间：Look，这就是左右！

无数倍的开阔让阿细眩晕惊悸，这一眼的信息量，多过了他一辈子的记忆，信息阻塞让他"当机"了好一会儿，好不容易处理了缓存，他看见了雄阔的阿扁，脱口而出：God！

是的，多一维，阿扁作为阿细的上帝就绰绰有余。

阿扁带着阿细，来到一条封闭的线圈外，介绍道：这是我家。说完，他扯住线头一拉，线圈开了，他又拉着阿细从两个线头之间走进去，一带线头，门关了。屋里还有一保险柜，用了两道线圈。这一切，对二维生物来说，是私密的、保险的，二维生物会被线挡在圈外。

然而，这在三维世界的你看来，毫无私密、保险可言，因为不管阿扁在他的平面世界绕多少道线圈，圈里的东西对你来讲还是一目了然，阿扁对世界的理解，让你觉得又可笑又可怜，而你的世界仅仅比阿扁多了一维。

你知道用语言告诉阿扁"上下"是讲不清楚的。你于是一把将阿扁和阿细从他们所谓的"私密空间"里捞出来。

噢！呀！啊！广阔，真是广阔啊！

God！阿扁叫你。

从低维理解高维，实在太难。阿扁替阿细着急，我们替阿扁阿细着急，谁替我们着急？

只有我们自己，现在我们就来跟自己较较劲，来理解下"四维时空"。

其实，四维时空比四维空间好理解一些，毕竟，我们认识时间这么多年了。其实四维时空并不神秘，自古以来我们就不自觉地用到了四维时空：大王，我刚才在山腰泉眼旁发现一姑娘。这里的山腰泉眼就属于三维空间的位置，可以用三维坐标中的一个点 A 来表示。有了这个位置是不是就意味着可以找到姑娘？当然不是，只有姑娘在那儿的时间，你在那才能找到她，"刚才"就是个时间点，这个时间点和前面的空间点 A 重合，她就在那儿，不重合，她就不在那儿。瞧，这事儿古人都懂。

我们约会，如果只约空间点，不约时间点，不管空间点掌握得有多准，见面的机会也很渺茫，时间长河那么多点，怎么会那么巧不约就遇见？你约我明天下午三点整在阿什卡咖啡馆见，这就是在约定一个四维时空的点。

只是以前我们还没意识到时空是一体的。所谓四维时空，就是空间三维和时间一维的组合。

说起来容易，但两个不同的度量，不好往一起捏，比方说，1 米 +1 斤 +1 次 = 多少？这没法算。必须找出内在联系，才可以把它们捏在一起。

时间、空间都是运动的产物，有运动，就有速度：

时间 × 速度 = 距离。

距离就是空间尺度。如此一来，时间很自然地跟空间结为了一体。

那么，这个速度以何为准呢？楼市上涨的速度？股票下跌的速度？街道飙车的速度？都不靠谱——凭什么呀？

人家时间可是恒定的、快速的、单向的、无法超越的……怎么听起来这么耳熟？

没错，光速。唯有光速，才有这个特质。

就算它有特质，也不一定"光速 = 时间速度"吧？还是那句：凭什么啊？

凭公式。

根据狭义相对论公式，当速度达到光速时，时间停止。这就是说，达到光速，就追上了时间的脚步，也就是"光速 = 时间速度"。

于是，闵老师把第四维写成"ict"。

光速 c 乘以时间 t，就是空间距离，可以与空间坐标合为一体了。那个 i 又是什么？闵老师认为，时间是单向的，而空间不是，为了区别之，在时间轴的 ct 前加了个虚数"i"。时间维可以和任意空间维组成"时空"：

一维空间 + 时间维 = 二维时空。画成坐标，空间维一根 x 轴，时间维是 ict 轴。

在 x 轴上取一个线段 AB，它含有 2 点 1 线。它随时间运动，轨迹是一个平面，这个平面有 4 点，4 线，1 面。

所以，一个空间维 + 时间维可以构成二维平面，只不过，带时间维的平面是运动的，任取一个时间点的切片，都是一根线。如图 4.6 所示。

二维空间 + 时间维 = 三维时空。二维空间用坐标表示，是一根 x 轴、一根 y 轴，加上时间维 ict，就是三维时空。

在 x、y 轴坐标上任取一个平面 ABCD，它有 4 点，4 线，1 面。面随时间运动，轨迹是一个立方体，立方体有 8 点，12 线，6 面。

三维时空的立方体是运动的。任取一个时间点，其切片都是一个平面。如图 4.7 所示。

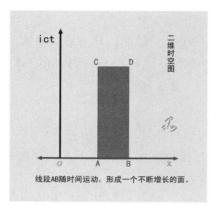

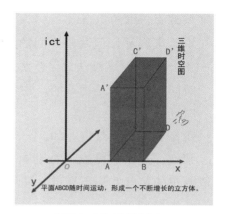

【图 4.6】二维时空　　　　　　　　【图 4.7】三维时空

点运动成线，线运动成面，面运动成立体，这是最基本的几何概念。现在重点来了，立体运动又是什么呢？

三维空间 + 时间维 = 四维时空。

画成坐标，空间三维由 x、y、z 三根轴表示，加上时间维 ict。立方体运动，就成了它：

它有 16 点、32 线、24 面。它叫超立方体。换个角度看：

它到底是什么样子？反正，它的切片是三维的，也就是说，随便一个时间点的切片，都是一个立方体。

我们的三维空间，只是四维时空的一个切片。我们眼前的这个切片，叫作"现在"。过去的切片已经离我们而去。

如果你能同时看到一个立方体的过去、现在和将来，你就看见了超立方体。（如图 4.8、图 4.9 所示）

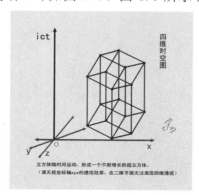

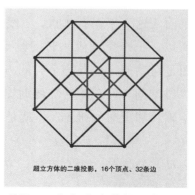

【图 4.8】四维时空图　　　　　　　【图 4.9】超立方体的二维投影

问题是，我们没有这个功能，只能利用坐标去推测，以求理解。为了让画面清爽些，我们跟着闵老师，把空间维的三个轴砍掉两个，用一根轴代表三维空间，另一根轴代表时间，一款时尚版的时空图就简约地出现在我们眼前。现在，我们去看看时空图里的"爱车"是个啥样子。

根据四维时空观，任何物质都随时间运动，所以，一个粒子在任何时刻，都只能处于唯一的位置，在四维时空中，它一生的全过程就是一条连续的曲线——也就是它的"世界线"。

三维空间"静止"的"爱车"，在四维空间是随时间以光速运动的，所以，四维时空里的"爱车"就是一个由无数三维爱车连续叠加的"长条"。这个"长条"就是"爱车"的"世界线"。构成"爱车"的每一个粒子，都有自己的"世界线"，"爱车"的世界线其实就是这些粒子世界线的集合。从这条世界线中，拿出"现在"这个切片，就是我们眼前的"爱车"。如图4.10所示。

"爱车"在三维空间开动了，以0.1倍光速行驶，于是，"爱车"在随时间运动的同时，在空间也运动了一段距离，所以，在四维时空图里，我们看到，"爱车"的世界线倾斜了一点。如图4.11所示。

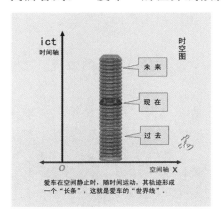

【图4.10】静止爱车的世界线

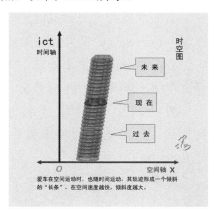

【图4.11】 运动爱车的世界线

世界线的状态就是事物随时间流逝的变化。

你往湖里扔石头，会泛起美丽的涟漪，而且涟漪会以石头的入水点为中心，随着时间向四周扩散，把这个过程用四维时空图画出来，就成了一个圆锥体（见图4.12）。

现在，重点来了，宇宙中的任何事件，它的影响或者信息都会随时间扩散，就像声音传播那样，越来越广，也越来越弱。

那么，这些影响、信息的传播速度是多少呢？狭义相对论认为，信息和有静质量的事物，都不会超过光速。那么，我们就用太阳光的世界线来体会事件信息世界线。

我们没法描述四维的东西，所以，还是用三维视感的图——又是一个圆锥体。所以，事件传播的世界线，叫作"光锥"（见图 4.13）。

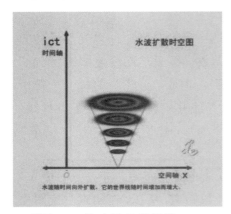

【图 4.12】水波的世界线

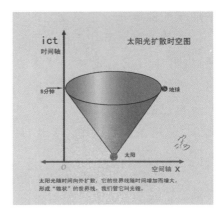

【图 4.13】太阳光的世界线

阳光需要约 8 分钟到达地球，在时空图里，光锥的边界在大约 8 分钟后，到达地球的世界线开始影响地球。

宇宙中，无论大事小情，事件发生后，影响信息就开始散播，速度有快有慢，但再快不能超光速。

图 4.14 中，事件正在朝将来扩散，所以这是"将来光锥"。事件发生后，只影响它的将来光锥以内的范围。

那么，事件是怎么发生的呢？当然是受过去事件的综合影响而发生的。过去事件的"将来"光锥相互叠加，就是"现在"事件的初始条件——过去光锥。过去、现在光锥组合在一起，就是一个事件的时空全貌：一个沙漏的形状，时间，真的很奇妙。

这是闵老师研究狭义相对论后得

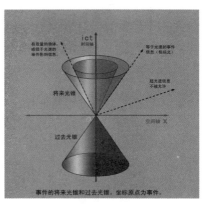

【图 4.14】
事件的将来光锥和过去光锥

出的深刻认识。

　　世间万物是相互作用的，大到星系运转，小到露珠滑落，都是在其他事件的综合影响下发生的。一个事件是过去事件的结果，也是将来事件的影响因素。用时空图表现出来，就是无数光锥的大集合。

　　由于光速的限制以及时间的单向性，所有事件都只受其过去光锥以内事物的影响，并只影响将来光锥以内的事物。这意味着，我们的宇宙是"定域"的——以往的事件是"因"，以有限的速度影响有限的区域，促成将来事件的"果"。

　　据此，如果我们掌握了某一时刻所有事件的状态，那么，按照事物发展的定律，就可以得出宇宙将来的结果，这就是因果律。"因"确定了，"果"也就确定了，这就是拉普拉斯决定论。

　　爱因斯坦和牛顿的时空观不一样，但在因果律上达成了共识。

　　只要知道星星现在在哪儿，就能算出它将来去哪儿，人们有这个自信，因为无数次观测、实验、实践，都验证了因果律的可靠性。所以，爱因斯坦不会想到，在不久的将来，因果律会受到前所未有的挑战。

光障 VS 中微子

真空中的光速是 299792458 米／秒。相对论规定，宇宙中的信息以及任何有质量的物质，都不能超过这个速度。光速是速度无法逾越的屏障，简称光障。

前面说过，质量会随着速度的增加而增加，当质量的运动速度接近光速时，质量会成倍暴涨，想给它加速，所需的能量也跟着暴涨，要达到光速，需要的能量是无穷大。而无穷大是不存在的，这就是光障存在的原因。

宇宙有了速度极限。制定极限规则的是一名三级技术员。大家当然不信。宇宙那么大，我非要找个超光速给你看看。后来，人们通过各种手段，推理、观测、思想实验甚至是假设，找到了一些超光速的东西：相速度（光波的相速度会超过光的传播速度）。

这个"相"是指波的"相位"。见过彩带舞吧？不管彩带本身往哪儿去，是螺旋或者波浪，它都从手柄产生，向末梢移动，这就是它的相位移动，这个速度就是"相速度"。相速度不管超过彩带本身的速度多少，也永远不会超过彩带末梢，因为到这里，相位就结束了。

这就像电钻，电钻一开，钻头的螺纹运动速度比钻头速度快多了，但无论螺纹项速度怎么快，它也超不过钻头两端，因为到那里，螺纹就结束了。

所以，光波的相速度能不能超过光，答案就很明显了。

有人说，我原地转一圈，遥远的星系也就相对我转了一圈，远远超过了光速，然而，这一圈他白转了，因为那些遥远星系，没有因为这一圈发生质量、能量或信息传递。

天文学家观测电波星系、类星体等极远星体时，常"观测"到超光速运动，这一点也不稀奇，因为这只是一种光学现象，是"视觉"上的超光速效应，属于一种光学错觉。

快子是德国物理学家索末菲提出的超光速粒子，它是一种假想粒子。我们所在的世界上的所有粒子都叫慢子，光速是极限。而快子世界的速度的最低极限是光速，这个世界所有事物的速度必须超光速，想慢到最低极限光速，必须消耗无穷大的能量。快子世界与我们互为镜像。

2011年的全球年度十大新闻中，有一个新闻让几乎全球都关注了一把相对论：中微子超光速——2011年9月27日，《自然》发表一篇论文说，欧洲核子研究中心发现了超光速运动的中微子。

这个超光速的消息来源，看上去十分靠谱——英国科学周刊《自然》——世界最有名望的科学杂志之一。而欧洲核子研究中心（CERN）则是世界最大的粒子物理学实验室，约3000名全职员工，80多个国家500多个大学的6500多位科学精英在此做试验，全球粒子物理学界的一半权威人物都在这儿。

这两个机构太靠谱了，于是，人们的目光瞬间被中微子吸引。再加上许多媒体对于相对论的科普，于是物理界炸开了锅。

但三个多月后，也就是2012年2月22日，美国著名期刊《科学》杂志网站报道，中微子超光速的结果是由于GPS信号接收器与电脑之间的光缆连接松动，造成了60纳秒的延时。一个接头松了，就把世界逗了，可谓科学大乌龙。

那个接头插紧后，中微子就再也没超过光速了。2012年4月2日，中微子超光速确定有误，实验团队的两位领导辞职。美国福克斯新闻网报道这事儿时，标题是"爱因斯坦可高枕无忧"："现在爱因斯坦在九泉之下可以松一口气了。"2012年6月13日，物理学家们再一次确认，中微子超光速实验失误。

实际上，在建立狭义相对论以后，爱因斯坦也没松口气，因为，他对这个理论还不满意，所以他还在继续深入研究，当然这是后话了。

家·人·宇宙

内容："一战"期间的经历

时间：1912—1918

从苏黎世到柏林

刚刚经历了物理世界的探险，我们可以体会到，世界的本质离我们的感觉、经验太远，理解起来不容易，接受起来更不容易——即使是100多年后的我们，虽然享受着这些认识带来的成果，看着各种穿越剧，接受着各种科普成果，理解起来依然没那么容易。可想而知，当初揭示它们时，需要何等的智慧和勇气。

狭义相对论创建之初，不要说外行人，就算是物理学家，也难以理解和接受。别人不说，洛伦兹、庞加莱这些顶级大腕就是最好的例子。所以那时，曾有"世界上只有12个人理解相对论"的说法。

狭义相对论被物理学界接受后，为了让求知若渴的人们了解相对论，《科学美国人》杂志发起了征文比赛，征求相对论最容易理解的解释论文，奖金5000美金。那个时候美金的购买力大约是现在的24倍，一个工人每天挣5美金就算是高薪了，所以当时的5000美元大概相当于今天的12万美元、73万元人民币，可谓是一个奖金丰厚、充满诱惑的大奖。所以虽然懂相对论的很少，但参赛者达数百名之多，其中还包括爱因斯坦的不少朋友。但爱因斯坦没去凑这个热闹，有人问老爱为何不参赛，他笑道："我认为不能获胜。"实际上，他后来写的科普书《狭义与广义相对论浅说》还是比较好懂的。

"相对论"不是爱因斯坦命名的，他不喜欢这个名字，因为名不副实，但既然叫开了，也就只好遂了众意。如果让爱因斯坦起名，他宁愿叫"不变论"，因为它的基本原理"物理定律对所有惯性系都相同，光速不变"强调的是"不变"。所以，那些把相对论概括为"一切都是相对的"的人，不是不懂，就是在曲解。

狭义相对论拨开了以太之死的乌云，在物理界正为它的颠覆性而纠结时，爱因斯坦却已经发起了新的挑战。这次挑战没有任何现实需要，完全是他本人出于对优雅、简洁的自然规律的追求，更是因为他不满于狭义相对论的局限：

首先，物理定律对所有惯性（匀速直线运动）系都相同，那么，非惯性系谁来管？物理定律应该对所有运动状态都相同。不管哪种运动状态，都应该可以描述和预测，这才算找到了大自然的根本规律。大自然的规律应该是简洁的、优雅的、普遍的，而不应该是一堆各不相同的定律的拼凑混搭。

其次，狭义相对论不包括引力。描述空间、时间、运动、质量，却不描述引力，就相当于穿了一套考究的上衣，却不穿裤子一样。

这些问题就像当年的追光之问一样，在爱因斯坦的脑海里兴风作浪，挥之不去。从产生追光之问到建立狭义相对论，爱因斯坦用了10年时间，那么，从审视狭义相对论的局限到突破这个局限，把相对论推广到任何运动状态，包括引力，还需要花费多少光阴呢？

1907年的一天，爱因斯坦像平时一样坐在伯尔尼专利局的椅子上胡思乱想，突然，一幅画面映入脑海：坠楼。一个自由下落的人是感觉不到自己的重量的，引力哪儿去了？他抓住这个灵感，做起了思想实验：把人放在一个密封舱里（就当它是电梯好了），如果电梯自由下落，那么，人会感到失重，把电梯放在远离引力的太空里，感觉是一样的。如果在太空中让电梯加速运动呢？乘过电梯的人都知道，电梯加速时，里面的物体将感受到"重力"。这样一来，人在密封舱里，根本分不清自己是在引力场中下坠，还是漂浮在太空中。加速、引力，二者是等效的！通过这个思想实验，爱因斯坦把惯性质量和引力质量联系了起来，这就是等效原理的雏形。其中细节，我们在第六章再聊。

爱因斯坦把等效原理的发现称为"一生中最幸福的思想"。

为了把这个最幸福的思想落实成一个新的理论体系，爱因斯坦开始了新的跋涉、冲刺。但此时，他的家庭生活却不能给他提供这样的环境和条件。

有人认为，爱因斯坦情商不高、不合群，处理不好夫妻关系也在情理之中。这种说法有一定道理，但也不尽然。夫妻关系是需要双方维护的，就算在比较极端的情况下——一方特别不好，一方特别好，特别好的那方也要为自己的眼光和性格负责——你为何非要和TA在一起呢？

爱因斯坦和米列娃也是这样，两人感情破裂的因素很多，外人很难评论谁是谁非。但他们不适合在一起，是亲友们在婚前就公认的事实。

这对两人来说都是不幸的。从最终结果上来看，这门亲事，也许从一开始就是个错误。

从爱因斯坦交的朋友来看，他的情商并不那么低。他穷或是不穷、有名或是没名，他的朋友都在那里，他走到哪儿都能交到不错的朋友，像贝索、格罗斯曼、劳厄、哈比希特这种终身挚友，还真不是在发达之后交的。另一位挚友埃伦费斯特也是偶然成为朋友的。

埃伦费斯特是玻尔兹曼的学生，是一个优秀的数学家、物理学家，更是一名优秀的老师，他认真负责、循循善诱，能把最深奥的问题用最浅显的方式表达出来，除此之外，他还经常利用自己在物理圈的人脉，组织讨论组和互助会，邀请物理界的顶尖人物来讨论、讲演，让他的学生受益匪浅。

见面之前，老爱和埃老师只是写信讨论过引力和辐射的问题。1912年，埃伦费斯特由于在圣彼得堡大学工作不顺心，想到欧洲找个新工作，在找工作的时候路过布拉格，爱因斯坦就邀请他到家里住一住，这样讨论起来比写信方便。埃伦费斯特的周记显示：2月的一个星期五，老爱携米列娃冒雨在车站等候，见面之后，他们先去了一家咖啡厅，三人聊了下各大城市的环境、天气什么的，米列娃就离开了，于是爱因斯坦和埃伦费斯特的话题就转向了科学。在去往老爱办公室的路上，两人讨论了统计力学的各方面。

埃伦费斯特平时沉默寡言，但他和老爱一见如故，很聊得来，他在日记中写道："我们将成为朋友，这真让人幸福。"

然而，米列娃却不幸福，她对爱因斯坦很有意见，并且越来越不喜欢布拉格，她始终认为，只有在苏黎世才能找到幸福，她常常因为这个想法跟老爱争吵，久而久之，爱因斯坦也动摇了——他打算回苏黎世，于是他建议埃伦费斯特接替他在布拉格大学的位置，但埃老师比老爱还拗，他已经放弃了犹太教，不愿承认自己有宗教信仰，所以，他不能入奥匈帝国的职。

眼看埃老师就要跟自己一样找不到工作，老爱只能干着急，幸好，莱顿大学的洛伦兹老先生宣布退休，指定优秀教师埃伦费斯特来接任，这才皆大欢喜。以后，老爱差不多每年都要去莱顿大学，直到1933年埃伦费斯特自杀。

苏黎世联邦工学院在 1911 年 6 月升级了，新版本叫"苏黎世联邦理工大学"，以后简称"苏工大"。光名字和硬件升级当然不够，名校最终凭的是名师，升级老师才是最重要的，1911 年 11 月份，大概是光棍节那天，苏工大的邀请函寄到了爱因斯坦手里。此前，乌得勒支大学（以下简称"乌大"）也在挖布拉格的墙脚。各种诱惑搞得老爱渐渐按捺不住。他权衡了一下，还是去苏黎世比较遂大家的意，于是，婉拒了乌大。不过，接下来发生的事有点意思。

苏工大希望请来爱因斯坦，但一些教育官员反对，理由是，这所学校设理论物理教授太奢华了，实验室不够用啊！再说，爱老师课讲得也不怎么样——看来当初克莱纳教授给的差评的效用还健在。

关键时刻，老爱的另一位朋友挺身而出：苍格尔。苍格尔在苏黎世大学研究医学，也是有身份的人。他写信告诉瑞士高层，我们需要理论物理学家，而理论物理学家不需要实验室，所以老爱若来任职，既满足了我们的需要，又不占实验室。爱老师的课适合那些善于思考的人听，而不适合那些靠死记硬背来应付考试的人听。

苍格尔在阵前冲锋，老爱在幕后耍了个心眼儿：乌大被老爱婉拒后，准备聘二号人选德拜，这时，老爱给乌大写了一封信，请乌大答应他一个"奇怪请求"。因为苏工大最初想聘请爱因斯坦，是因为担心他去乌大，如果你们现在聘了德拜，苏工大就没那么热情了，所以请乌大暂缓聘任德拜。目的很清楚，是要让苏工大以为，乌大的位子还给老爱留着呢，你再不聘，人就给抢走了。

瑞士教育部门还要求有推荐信才行，这个当然不是问题，居里夫人和庞加莱各写了一封。要说这苏黎世的学校也算是奇葩了，像爱因斯坦这样的人物，几次求职都失败，就连学校主动邀请时，也是一步一道坎，估计爱因斯坦也是醉了。

1912 年 7 月，在多方的努力之下，老爱一家如愿以偿地回到了苏黎世。米列娃很激动，她希望这里能让自己的精神好起来，并且找回曾经的家庭幸福。老爱也很高兴，他在寄给朋友的明信片上写道：我们两个老家伙和两个小熊宝对此都很高兴。

老爱从布拉格离职后，当地媒体对此很关注，有的报纸认为，是反犹主义让老爱选择了离开。老爱一看，这都哪儿跟哪儿啊，于是写了个声明，表明自己的离开与民族、宗教这些东西无关，他的继任者弗兰克也是个犹太人，这就最好的证明。

在苏黎世，爱因斯坦一家确实没理由不幸福，在一个风景优美的地方，他们买了一套六间房的大房子，格罗斯曼、苍格尔、胡尔维茨等朋友常来拜访。还有，那个一提老爱就气不打一处来的韦伯教授也去世了，对此，老爱不厚道地写道"那也是快事一桩"。

为了让米列娃重拾幸福，胡尔维茨家的星期天音乐会都会邀请米列娃一家，并且米列娃喜欢的舒曼成了音乐会的保留节目，这种关照可谓无微不至。然而，米列娃却越来越抑郁，身体也越来越差，还得了风湿，本来就不好的腿脚越来越不听使唤了。到后来，她基本上不怎么出门了。

1913 年 2 月，胡老师专门为米列娃办了一场舒曼音乐会，但那时，身心上的双重病痛已经让她濒临崩溃，家人、朋友的关照基本都没用了。同样的，她和老爱的感情也已经没法回头了。

就在这个节骨眼儿上，一封信飘到老爱手里——写信人是艾尔莎。自从上次老爱决定两人不能再联系后，他俩真的一年多没联系了。

艾尔莎这次写信也是迫不得已，因为有三件大事要办：祝老爱 34 岁生日快乐、要老爱一张照片、请老爱推荐一本讲相对论的书。瞧，都是正经事，无论要办好哪一件，最佳选择都是给老爱写信。

但老爱感觉这些事很难办，就回信道：外行看不懂相对论的，所以你要的那本书不存在，想知道相对论，就来我这里，咱俩散步时，我讲给你听（不带米列娃，她会嫉妒的），照片有啥看的，见个面不是更好？

几天后，他又写了一封信，告诉艾尔莎，已经照了一张照片，让摄影师寄过去了。还顺便写道，推广相对论的工作很辛苦，米列娃是他沉重的十字架。又问道，夏天你会在柏林吗，如果在，我愿意去一趟。

命运有时候就是这样古怪。还没等老爱去呢，4 个柏林来客——普朗克夫妻和能斯特夫妻已经华丽丽地站在老爱面前了。

柏林是当时世界科学的中心，高人云集，据说，当时世界上懂相对论的 12 个人里，有 8 个在柏林，去掉爱因斯坦本人，全世界其他地方就剩 3 个了。所以，那个年代，想要打探科学发展的最新动态，看柏林啥动态就差不多了。现在，科学上最大的"动态"跑到苏黎世来躲猫猫了，柏林方面自然心痒痒。

普朗克和能斯特惦记老爱很久了，在1911年的第一次索尔维会议上跟老爱见面后，他们就开始打听让老爱去柏林工作的可能性。他们做了一番准备，觉得可以了，就在1913年7月11日赶到苏黎世，跟爱因斯坦面谈。

有朋自远方来，不亦乐乎！何况，两位高朋带来了柏林对他的一片深情：

（1）高荣誉。你将被选为普鲁士科学院院士。这个荣誉有多大呢？说明你是世界一流的科学家。如果你答应了，你就是这个顶级科学院最年轻的院士。

（2）高薪水。一般的科学家得到院士的荣誉就已经屁颠屁颠的了，但老爱你去了，科学院还给工资，并且"相当丰厚"，1200马克。

（3）高职位。科学院新建了一个物理研究所，你去了就是所长。虽然是所长，如果你不愿意管事儿，也可以当甩手掌柜，只要你肯掌柜就好。

（4）高职称。如果你愿意，可以做柏林洪堡大学的教授，这可是大师云集的地方，但如果你去，比大师还牛，课怎么讲、讲不讲都看你心情，而且没有教学任务，也没有研究任务。

当然柏林方面开出这么诱人的条件也是有要求的，就是你得重新入德国国籍，不过，既然你那么喜欢瑞士，也可以同时保留瑞士国籍。

柏林方面也是够拼的，这哪是什么职务邀请，简直就是赤裸裸的诱惑啊——只要把你挖来，我啥都豁得出去，这眼光、这手笔，难怪他们是世界科学的中心呢！

这个待遇，多少人一生求之不得，包括当年求职无门的爱因斯坦。按照教父科莱昂的说法，这是一个无法拒绝的条件。

然而，老爱却表示，这需要认真考虑。这绝不是矫情。

首先，米列娃就不会同意，因为那时，种族仇视还是普遍现象，她讨厌德国，德国人也讨厌塞尔维亚人，更重要的是，爱因斯坦的母亲科林、妹妹玛雅都住在柏林，她们和米列娃互相讨厌，尤其是科林。

其次，脑残皇帝威廉二世统治下的德国，给爱因斯坦幼小的心灵造成过阴影，面积还不小，以至于十几岁的他，千方百计地放弃了德国国籍。

然而，柏林是科学之都，科学是老爱的生命，如果去了，他就进入了科学之都的心脏——普鲁士科学院，掌管柏林威廉皇帝物理研究所，还是柏林洪堡大学的教授，收入倍儿高，而且想干吗干吗，名利双收不说，还得了世人得不到的自在，有比这更适合爱因斯坦的条件了么？再说，老妈、玛雅都在那儿，当然，还有艾尔莎。

所以，老爱很纠结，他向苦口婆心"勾搭"他的普朗克、能斯特提出了一个恶作剧似的意见：我得考虑几个小时，你们先去这个比较大的城市旅旅游，然后哥几个车站见，如果那时我手里拿着红玫瑰，就表示我同意去；如果是白玫瑰，那就是不去。

于是，普朗克夫妇和能斯特夫妇就在附近的山里坐缆车逛了逛，满眼都是红玫瑰和白玫瑰。

到了车站，普朗克和能斯特都笑了，因为他们看见爱因斯坦手里拿着红玫瑰。

普朗克回柏林要做一件事，就是想办法让爱因斯坦能够当选普鲁士科学院院士。因为这玩意儿领导说了不算，必须一大波大师都承认你是大师并且投票通过才行，这也是当上普鲁士科学院院士的荣耀所在。普朗克起草了一封推荐信，找了能斯特等认可老爱的重量级人物签了字。普朗克在信里评价爱因斯坦道："在现代物理学如此丰富的重要问题中，爱因斯坦几乎对每一个都有重大贡献。"这个评价不可谓不高，然而，普朗克仍然不接受爱因斯坦的光量子理论："有时他可能思辨过头，比如他的光量子假说。"

实际上，给一堆荣誉很高的职位，而且还有那么好的待遇，一般人早乐疯了。但爱因斯坦却压力山大，光吃草、不挤奶，不是他的风格，光喝奶、连草都不长，那就更不行了，无功不受禄嘛，所以，老爱决定去柏林以后，忐忑地对朋友说："德国人把我当成一只母鸡，但我不知道自己是否还能下蛋。"——推广相对论的挑战，是成是败，他心里没底。

除此之外，他还对埃伦费斯特说："接受这份闲职，是因为讲课让我紧张。"他后来跟苍格尔说："她（艾尔莎）是我去柏林的主要原因。"跟朋友们提起这件事，他总是喜欢幽默几句，不过，对自己的偶像洛伦兹，爱因斯坦终于一本正经地说了心里话："我抵挡不住这个诱惑，那样一来，我就可以摆脱一切责任，全身心地投入沉思默想之中。"是的，去柏林，生活无忧，名利双收，最重要的是，胡思乱想成了他的全部工作，全身心地投入相对论的推广，对他来说至关重要。

当然，他也给艾尔莎写了信，告诉她这个消息的同时，还热情地表示："不久我们就可以在一起了，让我们共同欢呼吧！"艾尔莎对这事儿当然是热情之至，她甚至去拜访了柏林威廉皇帝化学研究所的哈伯所长，想给爱因斯坦先攒点人脉。之后两人更是书来信往，不亦乐乎。但同时老爱也告诉艾尔莎，别指望自己抛妻弃子来娶她，只有在不伤害米列娃的情况下，"咱俩才能过得愉快"。

爱因斯坦不止是这样说，他也在试着做——努力搞好家庭关系。1913 年暑假，他和居里夫人相约，双方带家人一起徒步旅行，目标是12 年前他与米列娃激情浪漫的科莫湖，那里充满他们美好的回忆。由于爱德华病了，米列娃要照看几天。于是，爱因斯坦和居里夫人以及居里夫人的两个女儿先行一步，快到科莫湖时，米列娃加入了队伍。孩子们也玩得蛮开心，在居里夫人一家看来，米列娃和爱因斯坦也是和睦的。旅行的最后一天，米列娃带着孩子们去受洗，成了天主教徒，老爱虽不怎么反感，但也有点茫然，他对胡尔维茨说："好吧，这对我来说都一样。"

是的，这场旅游对他们的夫妻关系来说，也是一样，没起什么作用。

著名传记作家布伦达·马多克斯说："看来爱因斯坦的确是一个不靠谱的丈夫，一个深感内疚的不称职的父亲，一个喜欢交际的帅哥，一个出色的小提琴手和不错的驴友——或者说，一个典型的 20 世纪初的中欧男人……他的妻子米列娃则成了一个喋喋不休的只知道指责和抱怨的漫画式人物，不是郁郁寡欢，就是妒火中烧；与此同时，她还要和婆婆展开殊死搏斗，因为婆婆是犹太人，而她却不是。"

柏林的舞台还没搭好，老爱身边的大戏却已经开幕，妈妈科林、妹妹玛雅、妻子米列娃、表姐艾尔莎，四个女人风云际会，台前幕后高招频出，人物关系错综复杂，宫斗剧情跌宕起伏，爱因斯坦还是老套路，任她们弱水三千卷起千堆雪，我只取一瓢饮：科学。

老爱的目标很明确：揭开宇宙的神秘面纱，让物理定律更加优雅。他在考虑量子，要计算磁场中旋转的电子，还要把相对论推广到可以搞定引力、搞定所有运动状态的程度。但这些工程的规模过于宏大，需要考虑的问题太多，还没有经验可以借鉴，所以，就算是天才老爱，也被搞得疲惫不堪。

艾尔莎的目标也很明确，那就是嫁给爱因斯坦。她搞定老爱的手段，并不比老爱搞定相对论的手段少。

米列娃的目标更明确，那就是不去柏林。她讨厌所有柏林人，尤其是婆婆和小姑子，当然还有那个虎视眈眈的表姐。

然而，爱因斯坦去柏林的脚步已经不可阻挡。所以，1913 年圣诞节，米列娃来到柏林，在市中心偏西挑了一所宽敞的新房子。

1914 年 4 月，爱因斯坦搬到了柏林。米列娃没有随行，因为爱德华得了中耳炎，所以米列娃带他去阿尔卑斯山度假疗养了。离开苏黎世前夕，胡尔维茨为老爱和米列娃开了一场告别音乐会，把米列娃喜欢的舒曼作为主打曲目，但米列娃在角落独坐不语。

4 月底，米列娃来到柏林。她看什么都不爽，包括爱因斯坦本人和他的成就，并且敌视任何亲近爱因斯坦的人——包括她的婆婆、小姑子和老爱的哥们儿。

不过，米列娃也不是跟全世界都结仇，她和一个人的关系就亲近得很：萨格勒布的弗拉基米尔·瓦理查克，一名数学教授，他曾反对过老爱用狭义相对论对旋转圆盘的解释。米列娃和瓦老师关系暧昧，老爱洞若观火，他在信中对苍格尔说，不能恨他俩任何一个，这事儿"只能让我更痛苦地感到孤独"。

不管怎么样，这两口子已经势同水火。想起对方都很痛苦，更别提见面了。后来，米列娃带着两个孩子搬到了哈伯家。这样一来，可怜的哈伯便担起了马大姐的责任，成了"爱米怨"的调解人。感情早就破裂了，现在又搞成这样，没法在一起，那就分了吧？可米列娃不，她并不打算恢复这段感情，但准备不惜一切代价捍卫这场婚姻。

爱因斯坦气急败坏，好吧，你不离是吧？那就看招！他向米列娃提出了一份霸王条款 ABCD：

A. 你挑水来，你浇园；你洗衣来，你做饭。

（1）管理好我的衣物；

（2）按时在我房间安排好我的一日三餐；

（3）必须保持我书房和卧室的整洁，任何人不能碰我的书桌。

B. 除了公开的夫妻名义，你我没有任何关系。

（1）你无权要求我在家里和你坐在一起；

（2）你不能要我和你一起出门或旅行。

C. 双边关系三项原则。

（1）不要期待我的任何亲密举动，不能给我任何指责；

（2）我和你说话，你必须立即答话，让你闭嘴，你必须立即闭嘴；

（3）如果我让你离开卧室或书房，你必须马上消失，不许顶嘴。

D. 不能当着孩子的面用语言或动作贬低我。

你能做到，那就不离。你要认清形势，统一思想，明确义务，放弃权利……不过，我可以保证，我会用恰当的态度对你，就像对待一个陌生女人那样。

这……

万万没想到的是，米列娃竟然同意了！但她要分居，估计在一起没法遵守那些霸王条款。这种情况，正式分开是双方喜闻乐见的事。在哈伯的见证下，他们拟定了爱米分居协议，老爱每年拿出一半基本工资，也就是5600马克给米列娃支配。协议拟好后，由贝索和米列娃一起找律师办好了法律手续。

1914 年 7 月 29 日上午，贝索带着米列娃和两个孩子回了苏黎世，哈伯陪老爱去火车站送行。哈伯回忆道，整个下午和晚上，爱因斯坦像

【图 5.1】米列娃和她的两个儿子

小孩子一样号啕大哭。

世界大战

爱因斯坦的家庭战争刚刚以分居的结局暂告段落，但世界乱了套。因为有人不想分居。

说到这儿，不得不再提一下德国的末代皇帝威廉。话说这威廉，出生时可能接生过猛，搞得左臂肌肉萎缩，落下了残疾。后来医学、精神学专家研究发现，他大概是脑子也萎缩了，精神不太正常，他自己也发现了这一点。这孩子打小就认为自己是上帝罩着的，宇宙无敌，世上没他办不成的事儿，所以为所欲为。这也没什么，不幼稚、不淘气怎么叫儿童呢？狗血的是，他这状态几十年都没变过，而且这厮是皇上，并且是世界科学文化中心的皇上，这就要了亲命了——他越来越觉得统治地球这事儿靠谱。

这厮是 28 岁当上皇帝的。那是 1888 年，他爷爷威廉一世、老爹腓特烈三世在百日内先后驾崩，史称百日驾崩。这一年，爱因斯坦 9 岁。威廉二世即位后，为了实现统治地球的崇高理想，他发明主体思想，实行宪军政治，大搞军国主义。领导一忽悠，苦逼百姓就骄傲地跟着瞎起哄，省吃俭用搞军备，搞得德国乌烟瘴气，民族主义高昂，自豪得谁都瞧不上，铺开世界地图，哪儿哪儿都是肉——精神病患者营造的这种诡异氛围，正是少年爱因斯坦放弃德国国籍、远走异国他乡的主要原因。

好在威廉这厮的兴趣全在统治地球和调皮捣蛋上，根本没时间搭理科学，也没兴趣发明什么思想让大家来统一，所以，德国的科学事业和经济发展仍然牛得不行，搞得德国身强体壮，加上民族主义激情越烧越旺，恨不能找点什么茬跟谁拼了。终于，1897 年冬，一群山东人宰了两个德国传教士，机会总是留给准备好了的人，威廉兴奋地命令海军直奔中国胶州湾，陶醉在农耕文明里鱼肉百姓的慈禧老佛爷哪是工业文明的对手，后面发生的事儿大家都知道了。

1914 年 6 月 28 日，奥匈帝国的太子爷费迪南拖着老婆跑到萨拉热窝去视察，结果双双被干掉，凶手是一个 19 岁的塞尔维亚热血青年，叫加夫里若·普林西普，后来他被判刑 20 年。

重点是，这件事传到脑残皇帝威廉二世耳朵里，他觉得统治世界的时机到了。

一个月后，在德国的怂恿和支持下，奥匈帝国以萨拉热窝刺杀事件为由，向塞尔维亚宣战。接下来，德、俄、法、英等国相继参战。跟中国有关的是，日本乘机以迅雷不及掩耳的速度抢走了德国在山东的势力范围。

第一次世界大战就这样爆发了。

从这时起，老爱开启了他作为和平主义者、民主主义者和人权主义者的伟大征程，为维护和平、反对压迫、追求自由平等作出了不懈努力和卓越贡献。

1914 年 8 月，德军频频入侵各国：8 月 2 日，出兵卢森堡；8 月 3 日，入侵比利时，8 月 9 日，攻占比利时全境；8 月 21 日，攻克法国北部，逼退法军；9 月 3 日，进逼巴黎；9 月 5 日～9 月 12 日，德军与英法联军在巴黎近郊激战，两败俱伤，战事进入胶着状态……

有人分析一战的起因，说什么资本主义向帝国主义过渡时产生的"广泛的不可调和矛盾"云云，那清军入关、成吉思汗横扫欧亚大陆又是被啥矛盾逼的呢？实际上，如果不是威廉一世父子接连挂掉，导致威廉二世那么快即位，德国根本就不存在什么不可调和的矛盾，因为威廉一世和卑斯麦统一德国后的政策，就是走和平发展之路，人不犯我我不犯人，德国科学、文化、经济都很牛，日子过得不赖，没必要四处打家劫舍。但威廉二世想法相反，仅此而已。

德国国内，汹涌的民族主义和军国主义浪潮冲昏了几乎所有人的头脑，他们狂热地支持这场人类有史以来最大规模的厮杀，并为之如痴如醉，且癫且狂。理由很古怪：

看法不同？敌人。

种族不同？敌人。

没看法？同族？那么住处不同，也是敌人！

没有住处？那么领导不同，更是敌人！

一个字：杀。

只有住在德国、思想和行动都统一到威廉伟业中来的人，才不算是敌人。

裹在这种狂热的洪流里，想冷静下来，不容易，想逆流而动，更不容易。但这对爱因斯坦再容易不过，他冷静、迅速、坚决地表明了自己的反战主张。

9月份，爱因斯坦参与组织了一个反战团体"新祖国同盟"。当然，这个组织很快就被当局宣布为非法，大批组织成员因嫖娼、扰乱公共秩序等罪行被逮捕和迫害，该组织也只好转入地下。但在如此环境下，爱因斯坦仍坚决地参加了这个组织的地下工作。

10月，在军国主义分子的操纵和煽动下，德国科学界和文化界兴奋地跳上了贼船，一批最有声望的知识分子联合发表了臭名昭著的《文明世界的宣言》（以下简称《宣言》）。

《宣言》的目的：为德国的侵略辩护。

《宣言》的中心思想：德国高于一切，全世界都应该接受"真正的德国精神"。

《宣言》的论点：德国发动的战争是无罪的。

《宣言》的论据：侵占比利时是迫不得已，如果不先下手为强，德国就会遭殃，被协约国屠杀。

《宣言》结论：德国是伟大、光荣、正确、正义的，所有错误都是协约国造成的。

更无耻的是，德国军国主义强行代表德国文化，宣称：反对德国军国主义就是反对德国文化！他们在《宣言》中写道："请相信我们吧！作为一个文明民族，一个拥有歌德、贝多芬和康德的传统——这比家庭和故土还要神圣不可侵犯——的民族，当我们说我们将把这一斗争进行到底时，请相信我们……我们以我们的名声和荣誉担保！"

做名人不易，做名死人更不易，入土 N 年了，还要经常被后人以各种理由绑架，点缀在各种旗帜上招摇过市。可怜的歌德、康德，成了缺德子孙的幌子，悲剧啊！还好贝多芬听不见。

对此，老爱的意见是：别为你们的国土上曾诞生过一些伟人而自鸣得意，那不是你们的功劳。还是思考一下，你们是如何对待他们的，你们是怎样遵循他们的教导的吧！

老爱认为，战争是非理性的，科学家有责任促进和平。他说："科学家必须培养一种国际主义精神。"然而，让他诧异的是，他在德国的三个亲密同事也成了主战派：普朗克、能斯特、哈伯。这让爱因斯坦失望至极。

德国几乎所有的文化名流都在《宣言》上签了字，包括普朗克、能斯特、伦琴、哈伯、勒纳德、斯脱、奥斯特瓦尔德、菲舍尔等 93 人，他们中包括享有国际声誉的科学家、哲学家、艺术家、牧师、诗人、律师、医生、历史学家……历史证明，鹰犬学者不是那么好当的，这份宣言后来被称作"真正知识分子的无耻宣言"。他们把自己的名声和荣誉与肮脏的政治捆在一起，结果，荣誉还在，却坏了名声。

这 93 个签名者中，没有声名鹊起的爱因斯坦。不是他们遗忘了老爱，而是老爱断然拒绝了他们。老爱深刻地认识到，《宣言》对国际科技合作的巨大破坏将远远超出战争经历的时间。

不仅如此，老爱还毅然在反战的《告欧洲人书》上签了名。《告欧洲人书》是一份与《宣言》针锋相对的声明，它提出"欧洲必须联合起来保护它的土地、它的人民和它的文化"，号召开展一个"声势浩大的欧洲统一运动"，"努力去组织欧洲人联盟"。今天的欧元证明，这个构想很伟大，很有远见，历百年而益见其采，但当时的声音太微弱。只有 4 个人敢在这份声明上签名。

4 比 93。对比悬殊。

所以，他们的声音很快就被所谓的爱国洪流淹没了，在爱因斯坦看来，同事们的行为也变得越来越不可理喻起来。

哈伯本是犹太人，但为了融入社会，他努力让自己同化在日耳曼民族中——不仅改变了宗教信仰，受了洗，连穿着打扮也向日耳曼看齐。不仅如此，作为所长，他还改组了化学研究所，着力研制化学武器（到 1915 年 4 月，现代化学战诞生）。

能斯特企图说服军方，用催泪瓦斯等比较仁慈的方式打败敌人，但军方不感兴趣。然而，这并没有降低能斯特的民族主义热情，他自学德军行军步伐和军礼，在房前刻苦练习，让老婆检查其动作是否规范，练好后，他驾车去了西线，当起了志愿司机。

普朗克把自己的两个儿子送上了前线，后来，他的大儿子卡尔死在了凡尔登战役中，二儿子埃尔温在 1914 年被法军俘虏，后来被释放。

不论是侵略还是被侵略，最后承受不幸的，永远都是一个个具体的人，一个个具体的家庭。当战争没有被具体化时，很少有人能体会到这种切肤之痛。国家、民族这些宏观的概念令人亢奋，但亲人、家庭的具体创伤却让人心碎。那些鼓吹战争的人，要么就是没见过真实的战场，要么就是从来没想过自己和亲人的肢体在战场飞散的情景。

这些科学家中不乏有正义感的人，但他们被军国主义、极端爱国主义和民族主义等空泛的概念洗了脑，竟然相信杀戮、占领、劫掠这些侵略行为是正义的。

爱因斯坦真真切切地体会了"众人皆醉我独醒"的痛楚。但他没有退却，他始终乐观而执着，为和平而奔走呼号，不遗余力。

罗曼·罗兰是法国著名的思想家、文学家、批判现实主义作家、音乐评论家、社会活动家，1916 年诺贝尔文学奖的获得者，他一生为争取人类自由、民主与光明进行了不屈的斗争。

1915 年 3 月，老爱在给罗曼·罗兰的信中说："欧洲三百年的文化成果，只是引来民族主义的狂热替代宗教的狂热……许多学者就像脑子进水一样盲从妄动……如果你感觉我还能尽点力，我将任君驱使！"

半年后，罗曼·罗兰特意和爱因斯坦见了一面，相谈甚欢，罗兰在日记中这样评价老爱："难以置信，爱因斯坦对他出生的那个国家的判断，是那样超然、公正，没有一个德国人能做到这一点。"同时，罗兰也有些困惑："在思想上被孤立的人，会极其痛苦。但爱因斯坦却不然。刚才，他居然还在笑！"

老爱认为，那种狂热的爱国主义，不过是"兽性仇恨和大屠杀的道德前提"。爱因斯坦认为，要防止侵略行为，最好的办法就是建立一个世界政府，它可以统摄成员国，大家有什么矛盾，世界政府可以出面搞定。这个主意不错，后来的国联和再后来的联合国的确为世界和平发挥了不可替代的作用。

在政治的狂热与仇恨中，人性的冷静与友善总是显得那样孱弱和不合时宜。和平的声音被纷飞的战火淹没，各国拉帮结派，打得一塌糊涂。

同盟国：德国、奥匈帝国、奥斯曼帝国、意大利等。

协约国：英国、法国、俄国、塞尔维亚、比利时、日本等。

武林菜鸟意大利打着打着，一看大事不妙，就立即投入协约国的怀抱。大家也不太在意，反正意大利不管站在哪边，都不会影响战斗结果。

1915 年 10 月，保加利亚加入同盟国；1916 年 3 月，葡萄牙加入协约国；1917 年 11 月，俄国爆发十月革命，苏维埃政权宣布退出大战；1917 年 4 月，美国参战，中国也加入协约国；1918 年 3 月，俄、德两国签约停战；1918 年 9 月，协约国开始最后的进攻；1918 年 11 月，德国签约停火，第一次世界大战结束。

乱战中，谁也没捡到便宜，"一战"期间，军人和平民的死亡人数超过了 3000 万。这在人类战争史上是空前的。

发动战争的德国更是损失惨重。德国人的小日子本来过得挺滋润，这几年仗打下来，老本赔了个精光：德军死亡 177 万人，受伤、被俘、失踪 714 万人，另有约 630 万德国老百姓非正常死亡，比如死于饥饿、贫困、疾病等，德国的军用物资被没收，海外资产被抢走，另外还欠了一屁股债——战争赔款。

战后，在"巴黎和平会议"上，战胜国与德国签订了《凡尔赛条约》，条约将战争的责任全部推给了德国，在法国的强力要求下，条约中还加入了极其苛刻的条款，对德国实行了极为严厉的经济与军事制裁，如此一来，德国不仅失去了 13% 的国土和 12% 的人口，还被解除武装（其陆军被控制在 10 万人以下，不准拥有空军）。

德国这也算是搬起石头砸了大家的脚，最重的一头落在自己的脚上。

那个脑残皇帝威廉二世的结局倒还不错，他被赶下皇位，跑到荷兰去避难，因为荷兰女王是他家亲戚。他爷爷和俾斯麦缔造的德意志帝国就这样毁在了他手里。这还不算完，协约国说，你搞死了几千万人，让全世界日子都不好过，就是个甲级战犯，理应处理掉。荷兰女王很仗义地保护了这个精神病亲戚，还把多伦庄园赠给他，让他活到 83 岁，得了个善终。可笑的是，希特勒上台后，他还幻想着希特勒能接他回德国，重登皇位。

一个脑残皇帝，以民族和国家的名义，把全国上下忽悠起来，发动了一场可耻的战争，全国上下都以为自己在为国家和民族作贡献，自豪地助纣为虐，结果是害人害己，把整个国家拖入泥潭，为整个民族带来了仇恨和耻辱，最后，巨大的灾难都由老百姓来埋单。实际上，老百姓们忘了，他们自己就是国家，他们自己就是民族，老百姓们想办法把日子过好了，国家就牛了，民族也就有光彩了，所以，爱国、爱民族并不是制造仇恨，而是创造幸福生活。

值得一提的是，对战胜国而言，这个不平等条约其实签得挺失败。德国虽然输得很难看，但仗都是在别人家打的，自家国土没有经受过战火的摧残，经济体系依然完整，元气并未大伤。

《凡尔赛条约》上无比苛刻的掠夺性条款，完全不把德国人当人看，又引发了德国民众强烈的民族复仇主义情绪。

"一战"结束后，各派政治势力、各种政治思想在德国风起云涌，你争我夺，竞争激烈。最终，以希特勒为核心的纳粹党胜出，成了国会中的第一大党。

在纳粹党极力鼓吹民族主义，宣扬种族优秀论，攫取政治和战争资本时，爱因斯坦对以希特勒为党首的纳粹意图洞若观火，他先验地察觉了纳粹党的野心：建立反人类独裁政权和世界霸权。试想，你去统治全世界，全世界各国各族的人民谁能服你？解决办法就是干仗，世界就会重新陷入战争的深渊。

老爱对新的战争也有远见卓识。他认为，科学的进步使战争的杀伤规模变得越来越不可控，充满火、毒气和化学药品的战争将使"所有的国家统统在危急之中"，他号召民众积极反战："任凭官方对和平怎样保证，全世界各处的战争危险从来没有比现在更为严重，所涉及的问题也从来没有比现在更为复杂。难道人民会允许他们的政府去准备这种毁灭性战争吗？"

第一次世界大战后，爱因斯坦积极致力于促进各国人民的相互谅解，恢复正常往来，并为此到欧洲各国奔走呼号。但那时，战争刚刚结束，硝烟还没散尽，伤口还在流血，仇恨之火烧得正旺，添柴容易，灭火太难了。

在这样的环境里，热爱和平、不讳直言的爱因斯坦显得特别扎眼。因此，他经常受到政治仇恨和政治狂热的冲击。

国家主义和反犹主义者费尽心机，策划了颇具规模的反对爱因斯坦、反对相对论的政治运动。如果不是脑子被烧坏了，怎能做出用政治运动反对科学问题这种蠢事？！威廉二世虽然脑残，权欲极强，却也没去干涉、指导科学问题。但这种事，纳粹干得出来。他们还指使一些被洗脑的反动学生到爱因斯坦的课堂上捣乱，一些狂热者甚至扬言，要"割断那个犹太人的喉咙"。

这是一个比威廉二世政府更加可怖、更加没有底线的组织，他们打着国家、民族的旗号，无所不用其极，迫使所有媒体为己效力，后来居然连黄色报刊也成了纳粹党的喉舌，对爱因斯坦进行攻击。

整个20年代，老爱周游世界各地，利用讲学的机会，弘扬和平，反战反纳粹，全世界热爱和平、崇尚科学和自由的人们爱戴他，以纳粹为代表的独裁者和野心家憎恨他，老爱在冰火两重天的人间不卑不亢，勇往直前。

引力之谜

米列娃去了苏黎世，柏林这边皆大欢喜，母亲科林表示对艾尔莎很满意了。艾尔莎的父母也很高兴，只是觉得，爱因斯坦对米列娃太大方，那边钱给多了，这边就要少一点。然而老爱折腾累了，表示不想再婚了。但艾尔莎可不这么想，她的目的就是要嫁给爱因斯坦，过名利双收的好日子，当然，她会为老爱提供很好的照顾。

这边不消停，那边也不省心。空间距离并没有隔断"爱米怨"，两个人见不着面，写信也不好好聊，钱、家具怎么分配，孩子的教育，假期的安排等，反正你说啥我都不同意。外面战火纷飞，信里硝烟弥漫。让老爱稍感安慰的是，他和孩子聊得还挺高兴，汉斯喜欢几何，老爱很欣慰，因为他小时候的消遣就是几何，他希望用写信来告诉儿子那些"美妙而有趣的事情"，"如果你每次写信都告诉我，你学会了什么，那我就出一道很妙的题给你做着玩儿"。

但是，老爱很快发现，随着他和米列娃书信战的升级，儿子对自己的态度也不好了。1915年6月，老爱本打算假期去苏黎世，带孩子们玩玩，但汉斯来了一封明信片："你要是对她这么不友好，那我就不想跟你在一起。"老爱只好改了行程，带艾尔莎和她的两个女儿去了波罗的海。他认为，是米列娃在教唆孩子们跟他作对，报复自己。

后来，贝索、苍格尔等朋友出面协调，与米列娃协商，让爱因斯坦可以看望儿子。

家里在干仗，人类也在组团干仗，家里家外都这么不让人省心，老爱却还要为宇宙操心。狭义相对论只适合惯性系、没描述引力，并且和牛顿的引力理论冲突。狭义相对论认为，任何物理相互作用都不会超过光速，而牛顿理论认为，引力是即时的超距作用，不用时间传播。这些问题不解决，物理学就是支离破碎的。爱因斯坦相信，大自然的规律应该是完整的、统一的、简洁优雅的。

1907 年，他得到"一生最幸福的思想"，提出等效原理后，就开始考虑量子和辐射问题，到了 1911 年，他对贝索说，量子这玩意儿太折磨人了，先放在一边，还是琢磨引力吧！他做了个思想实验：一部加速上升的电梯，光从一个墙洞水平射入，会投到对面墙上稍向下一点，因为电梯在加速上升，所以光走的路线是弯的。根据等效原理，加速度和引力是等效的，由此断定，光在引力场中也会弯曲。1911 年 6 月，他把论文《论引力对光的传播的影响》，预言光线经过太阳附近时，会偏折 0.83 弧秒，并提出了检验方法。

根据最小作用量原理，光走最短路线，人家是直的，如果它弯了，意味着它路过的空间结构弯了——光是被弯曲的空间给掰弯的！

这说明什么呢？说明引力可以描述成弯曲的空间。

那么问题来了，用啥玩意儿能描述弯曲空间呢？几何学呗，但不能用老爱熟透了的欧氏几何，因为欧几里得的几何学，叫作平面几何，弯曲空间的世界，平面几何不懂。

老爱 45 度角仰望星空，想起那些年自己逃过的数学课，不禁悲从中来，悔不当初啊！闵老师，你在哪里？

明天你是否会想起，

昨天你写的笔记？

……

格罗斯曼！大学时，全靠格同学那些神奇的数学笔记，小爱同学才没挂科。格罗斯曼，我需要你！格同学听说铁哥们要搞定弯曲空间，可惜没武器，岂能袖手旁观？很快，他就翻箱倒柜，找到了一款超级武器：黎曼几何。

老爱搞物理，一直仗着超凡入圣的物理天才，敏锐地抓住自然现象，以惊人的想象力、超人的逻辑演绎能力，深刻地揭示其背后的物理原理，构建新的理论体系。

他的数学天赋也很高，少年时期就自学掌握了欧氏几何和微积分，他一度认为，搞物理，有些基本的数学工具就够用了，狭义相对论那些复杂的推导，爱因斯坦的确完成得很好，他的数学手段也够用。甚至闵老师用数学描述四维时空，把整个狭义相对论体系数学化时，老爱最初还在认为那是数学家的游戏，直到整个体系数学化之后，老爱才感受到了它的优雅美妙。

现在，面对美丽高冷的弯曲空间，老爱终于意识到了数学的重要性，没有合适的数学武器，有的东西真的搞不定啊！数学，它不仅可以用来描述自然规律，也可以用来发现自然规律。老爱在写给著名物理学家索末菲的信中说："我对数学产生了极大的敬意，此前，我一直愚蠢地认为，数学中更奥妙的部分纯粹是没用的奢侈品。"

1912 年下半年，爱因斯坦和格罗斯曼开始合作，他们同时实施了两套方案：

物理方案：由物理原理的理解提出要求，得出方程，然后考察之，检验其协变性。

数学方案：用张量分析法，根据更加形式化的数学要求导出方程。检验其可否满足物理要求。

搞了一阵子发现，这两个方案得到的结果不匹配。

值得一提的是，爱因斯坦用数学方案导出了一个美妙的方程，并按照格罗斯曼的建议，开始使用黎曼张量和里奇张量，到 1912 年年底，他设计出一款看上去高大上的方程，后来才知道，它基本上就是最终答案了。

然而，爱因斯坦没有沿着这条路走下去，他心里没底，于是，他做了一个后来追悔莫及的决定：放弃这款方程。

1913 年 5 月，爱因斯坦和格罗斯曼基于物理方案，提出广义相对论的理论尝试，写出了《广义相对论和引力理论纲要》（以下简称《纲要》），6 月份，贝索来访，和老爱一起深入研究了《纲要》，并尝试用水星进动、水桶实验来检验理论（关于水星进动，我们在第六章谈广义相对论时再详说）。所谓水桶实验，是牛顿为了证明绝对空间的存在，提出的一个思想实验。

器材：用绳子吊起半桶水。

实验：让桶转起来，看水。

第一阶段：桶刚开始转的时候，水不转，水面是平的。

第二阶段：摩擦力让水跟着桶转起来，由于惯性，产生离心力挤压桶壁，于是水面的周边上升，中间下凹，形成抛物面。注意，这个"惯性"是关键。

第三阶段：水与桶同步转动。

牛顿的问题是：你说空间、运动都是相对的，那么，桶里转动的水是相对谁运动的？别告诉我是桶，因为在第三阶段，水、桶同步转，你突然停下桶，在这一瞬间，水仍然在欢乐地转，所以它不是相对于桶在运动。那么，这个旋转的抛物面在相对于地球运动吗？也不是，因为你把它拿到远离地球的太空里，这个惯性仍然存在。所以牛顿的结论是，转动是一种绝对运动，这种绝对运动，就是相对绝对空间在运动。这个结论下定以后，两百多年都没人挑战。

直到两百多年后，奥地利著名物理学家、哲学家恩斯特·马赫挺身而出，一把抢过牛顿的水桶，用它来证明不存在绝对运动和绝对空间。马赫认为：宇宙中的一切都是相互关联、相互影响的。没人能拿出绝对时间、绝对空间存在的证据，这些绝对的概念，是人们宅在家里没事干、用脑子憋出来的，属于纯粹的思维，而不是现实。

马赫认为，所谓惯性，实际上就是引力。不管什么东西，都承受着来自宇宙其他物体的引力，在四面八方引力的共同作用下，万物保持着相对稳定的运动状态。举个不太恰当的例子：就好比悬浮在水里的一个球，亿万个水分子在乱七八糟地撞它、挤压它，但它不会抽风似的乱跳，因为四面八方的力基本相互抵消了。

OK，现在回到宇宙。如果哪个物体想换个活法，要改变运动状态，就得克服反方向的引力（就像水里的球要运动，必须克服水的阻力一样）——这就是所谓的惯性，你转水桶玩儿，水就相对于宇宙万物转动，就要和那些引力发生复杂的暧昧关系，什么克服惯性呀、产生离心力呀、挤压桶壁呀，等等。那个华丽的抛物面，不过是水对外力作用的综合反应，马赫管这个过程叫"对偿转让"。如果你把水桶固定住，让宇宙万物相对水桶旋转，那么，万物对水的引力状态发生改变，水照样会对偿转让，赏你一个抛物面。

爱因斯坦用《纲要》理论的方程来分析这个马赫原理，他高兴地发现，方程显示，不管是水桶转，还是除水桶以外的宇宙绕着水桶转，效应都是一样的。

贝索提醒道，我怀疑，你的那个"旋转度规"和你的《纲要》场方程好像有点摩擦。但爱因斯坦没在意，他认为这基本上接近正确答案了。

然而，当他冷静下来，就郁闷了，《纲要》场方程不是协变的，也就是说，同一个运动的物体，对惯性系、非惯性系的观测者来说，是不一样的！

而广义相对论的主要目标，就是让所有观测系都一样。所以，老爱在以后的时间里，花了大量的精力，企图给《纲要》场方程搞到那个协变性。

爱因斯坦到柏林后，并没有给自己组建个研究所，招几个助手、学生来帮忙，虽然他有这个权利。但爱因斯坦单枪匹马惯了，米列娃带孩子回苏黎世后，老爱也搬出了新家，在市中心租了一套没多少家具却有7间屋的大房子，过起了快乐的单身汉生活，饿了吃，困了睡，醒了琢磨协变性。

听上去很美，实际上，对爱因斯坦这个大忙人来说，单身汉的日子并没那么好过，何况他本来就不太会照顾自己，所以日子过得乱七八糟。艾尔莎那边一直想结婚，而爱因斯坦根本就没这个打算，所以大家就这样耗着。

1915年6月底，老爱访问当时最著名的数学物理学中心——哥廷根大学，为那里的天才们搞了一个星期的系列讲座，把相对论从头到脚、由内而外和盘托出，他认为，这次到哥廷根是硕果累累，因为他说服那里的所有数学家接受了相对论，尤其是大数学家希尔伯特，他向希尔伯特详细介绍了广义相对论的原理、框架、前期工作以及今后的主攻方向，并阐述了他在搞引力方程时的收获、困难和办法等，使得在希尔伯特那里，相对论的"每一个细枝末节都得到了彻底的理解"。这让爱因斯坦"狂喜不已"。

然而，老爱很快就发现，这似乎是个错误，因为，希尔伯特不只是被广义相对论那优雅、高妙的思想所吸引，还对场方程产生了巨大的兴趣，表示要跟老爱比赛，看谁先算出正确的引力方程。老爱表示"鸭梨山大"。因为作为20世纪最伟大的数学家，在完全掌握了物理原理、理论细节之后，想用数学来描述它，不说是分分钟的事，也是手到擒来的事，至少比非数学专业的爱因斯坦要容易得多。

重压之下，老爱开始检查以前的工作，他沮丧地发现，《纲要》其实没解释水桶实验的相对运动，他想起了贝索的那个提醒，接着，他又发现，用能量动量守恒等物理限制，提出一套条件，由此导出唯一的场方程——此路不通。

在这个节骨眼上，却发现走了两年多的路是一条死胡同，而对手又是 20 世纪最伟大的数学家，一般人早就放弃了。但他是爱因斯坦，他不仅有着超人的智慧，还有过人的信心和毅力。

10 月份，爱因斯坦做了一个艰难的决定，抛弃《纲要》场方程，目光转向已经扔了两年多的那套数学方案，他重新检查、修订《纲要》理论，物理思考和数学思考开始融合起来："我清楚地看到，只有通过广义协变理论，也就是与黎曼协变量结合，才能找到答案。"他对朋友如是说。

接下来的四个星期，爱因斯坦开始了夜以继日的连轴转，脑子里、屋子里、稿纸上，都是黎曼、张量、方程。11 月，老爱再次爆发，分别在 4 日、11 日、18 日、25 日连续完成了 4 篇论文，第一篇论文发表了遵从"普遍协变"思想的引力场方程，但多了一个"限制变换群"的蛇足，离正确方程仅一步之遥。第二篇用了里奇张量，指定了新坐标条件；第三篇论文根据这个新方程，预言了光线偏转角度，算出了水星进动角度；第四篇论文放弃了那个蛇足，终于得到了正确的引力场方程。这篇论文于 1915 年 12 月 2 日发表，标志着广义相对论理论工作的正式完结。

在这期间，值得一提的有两件事。

第一件事，在这次超乎寻常的艰苦跋涉中，老爱不仅要对付物理，还要应对米列娃。就在 4 月份，当他提交第一篇论文，准备向下一步冲刺时，米列娃拉来贝索一起写了封信，强调爱因斯坦要承担的家庭义务等，老爱回信说，每年会尽力抽出一个月的时间陪儿子。在信的结尾，他还对自己投入工作、冷落了孩子表示了歉意。

第二件事就是伟大的希尔伯特了。老爱和希尔伯特已经成了朋友，但在这场竞争中，双方感觉有点儿尴尬。首先，爱因斯坦为相对论做了那么多工作，当然不希望场方程落到别人手中，这相当于辛辛苦苦说了个媳妇儿，洞房却让别人给入了。如果他不把相对论的细节讲给别人听，那么，没有人有这个机会，但他已经讲了，希尔伯特又是那么强悍，搞到场方程是必然的，只是时间问题。

而且，希尔伯特最开始提起的"比赛"也许是半真半假，但搞来搞去，他也认真起来，这也很正常，作为当世最伟大的数学家，如果一个物理学家把什么都告诉你了，你却拿不出方程来描述它，这也不太合适。

而他渐渐发现，老爱也是极有可能先拿出正确方程的，因为描述场方程的主要数学工具，什么黎曼几何、张量啊这些，老爱练得也已经很熟了。所以，两边都很着急。不过，两边在着急的时候，还在交流着各自的工作进展。

第一篇论文发布后，老爱听说希尔伯特也发现了他《纲要》里的错误，就把第一篇论文寄了过去，表示自己在四星期前就发现了这些错误，论文就是修正错误的证明，他写道："我很想知道，您是否喜欢这个新的解决方案。"这是在委婉地提醒希尔伯特，我有优先权哟。

第二篇论文他照例寄给了希尔伯特，并阐述了取得的进展和遇到的困难。希尔伯特回信说，我准备就你提出的大问题，给出一套公理化的解决方案，并约老爱16日到哥廷根面谈。还补了一句：我的答案和你的不同哟。这简直就是挑逗嘛。

但就在这时，老爱感到胃疼，是真胃疼。

15日，老爱写了四封信，分别是给汉斯、米列娃、苍格尔、希尔伯特。给希尔伯特的信是谢绝了去哥廷根的邀请，因为自己太忙、太累，并且胃疼。他对希尔伯特说，咱们像以前一样用书信交流吧，你也可以把你的答案寄给我看。

老爱压力山大，但他灵机一动，有了个新主意：现在的方程虽然不是最终答案，但用它检查一下水星进动还是可以的，于是他用手中的方程算了一下，答案是每世纪43弧秒（这跟后来的观测相符）。另外，他还顺便计算了一下太阳附近的光线偏折，和上次答案不一样，这次是1.74弧秒，比上次算的0.83弧秒多了大约一倍。这篇稿子在18日的讲演中发布了。

这天一早，希尔伯特的论文也寄到了，老爱一看，跟自己的工作也太像了，不是说好了不一样的么？于是，他有点儿不高兴地给希尔伯特回了封信，大意是，你确定的这个系统，和我几个星期前交给科学院的完全一致，你的这个方程，我和格罗斯曼三年前就搞出来了，之所以放弃它，是因为它的物理意义不够，它的物理讨论结果跟牛顿定律不一致。

希尔伯特19日回的信很友好，表示自己没有优先权，还祝贺老爱拿下了水星进动。

但第二天，也就是11月20日，希尔伯特就把论文寄给了科学杂志，给论文起名叫《物理学的基础》，宣布自己得到了广义相对论方程。

11 月 25 日，老爱在演讲中发布了他的引力场方程。

接下来，他开始担心，希尔伯特寄出去的那篇论文可能会被同行们认为，广义相对论的军功章上，也有希尔伯特的一份。

虽然后来的物理学家们没这么认为，但小范围的史学家有过争论，尤其是希特勒时期，为了打倒爱因斯坦，纳粹组织了大批科学家，一方面试图证明老爱的理论是错的；另一方面也试图证明老爱的理论不是老爱的，并努力想要让这种争论扩大化，甚至连狭义相对论的创立也跟老爱没关系才好呢，当然，这是后话了。

事实上，两位伟人间也不存在优先权的争论，至少没发现公开争论的记载。希尔伯特在论文的最终版本中明确指出"引力微分方程与爱因斯坦建立的宏伟的广义相对论相一致"，在任何场合，他都承认爱因斯坦是相对论的唯一创造者。

10 年的时间，在家庭破裂、战火弥漫的纷扰下，老爱终于完成了这一鸿篇巨制。这一刻，他感到无比的幸福，他对贝索说，自己"心满意足，但累得要死"。

这个单身汉，在生活上漫不经心，加上战争期间，食物供应十分紧张，他经常忘记吃饭，身体每况愈下。这种情况下，艾尔莎对他的照顾确实起了很大的作用。

1916 年，艾尔莎和她的家人又提起结婚的事。

2 月份，爱因斯坦给米列娃写信，建议离婚。但米列娃拒绝了。于是，爱因斯坦和米列娃之间，开始了新的拉锯战。在这场拉锯战中，贝索、贝索的老婆安娜、苍格尔都被卷了进来。他们都在苏黎世，米列娃有什么想法，都会和他们说。这三位朋友都不同意爱米离婚，安娜还在贝索写给老爱的信后面，措辞严厉地批评老爱，还用"您"来称呼他，搞得老爱差点误会贝索。米列娃还发动孩子们保护婚姻关系，她几乎成功了，老爱让了步，转头研究量子去了。

1917 年年初，爱因斯坦患上了胃溃疡，病情加重，在床上一躺就是几个月。他的身体十分虚弱，爱因斯坦怀疑自己患上了癌症，他对朋友说，死了也不怕，反正相对论已经完成了。后来确诊，这是慢性胃炎加上食物短缺造成的。老爱的病很重，两个月瘦了 50 多磅。除此之外，老爱还要操心体弱多病的小儿子爱德华，他委托苍格尔给小儿子找地方看病，之后还回了趟瑞士，送爱德华去疗养。

夏天，艾尔莎把老爱接到她租的公寓，精心照料和陪伴。她很有办法，可以弄到老爱喜欢吃的鸡蛋、面包、黄油，甚至还有雪茄。

当然，她自然也聊到了婚事。1918 年年初，爱因斯坦再次向米列娃提出离婚，答应每年给她 9000 马克，但其中的 2000 马克必须用在孩子身上，另外，他还补充了一条充满诱惑的条件：只要离婚，我得到诺贝尔奖时，奖金就是你的。1918 年的诺贝尔奖金相当于 225000 马克，用稳定的瑞典货币支付。米列娃经过慎重分析，决定接受这个协议。但她要通过律师，以书信的形式在细节上讨价还价，老爱又好笑又好气，问米列娃：你说世界大战和咱俩的离婚案，哪个会先结束？

他们争论的话题很多，基本上都是米列娃提出来的，比如，我得到的钱太少，艾尔莎太贪婪；将来诺贝尔奖金怎么支付，孩子们享有啥权利，我再婚了怎么弄；你要没得诺奖又该怎么补偿我……而爱因斯坦只提出了一点要求，儿子可否来柏林看他，但这一要求遭到了米列娃的坚决反对。

后来，这场家庭战争还把贝索两口子卷了进来。不过，这次有意思的是，安娜先是站在米列娃这边，讽刺艾尔莎的目的不纯，并指责爱因斯坦。但随后，她又和米列娃吵了起来。米列娃随后写信给老爱，说安娜试图干涉我的事情，"暴露了人性中的恶"。这样一来，爱米的关系反倒缓和下来，谈判顺利多了。爱因斯坦也可以去苏黎世看孩子了。

这期间，老爱的病情有所加重，4 月份，刚刚被医生允许下床活动的爱因斯坦仅仅拉了一会小提琴，就加重了病情，不得不再次躺回病床。5 月，爱因斯坦又患了黄疸病。病痛不仅折磨他的肉体，更消磨他的精神，坚定、乐观的爱因斯坦一度十分颓废，以为自己会从此一病不起。

幸亏艾尔莎一直在悉心照料，久违的温情呵护了爱因斯坦被家事、病痛和科学难题折磨的身心，爱因斯坦渐渐康复起来。

艾尔莎对爱因斯坦的脾气了若指掌。她知道在他工作时悄悄离开，知道怎么打理衣食住行能让他更舒心。重要的是，艾尔莎知道爱因斯坦当不了一个世俗家庭的好男人，她以照顾爱因斯坦为乐，享受和这位天才在一起的时光，也享受这位世界名人带来的荣耀。其余的，她不那么在乎。

1918 年，爱因斯坦的婚姻和第一次世界大战一同结束了。但广义相对论还没有结束。虽然早在 1916 年 3 月，老爱就完成了总结性的长篇论文《广义相对论的基础》，但在此之后，老爱并没有停止研究的脚步，他根据广义相对论，得出一系列重要理论，简列如下：

1916 年 5 月，提出宇宙空间有限无界的假说。

1916 年 6 月，提出引力波理论。

1917 年，发表《根据广义相对论对宇宙所做的考察》，推论宇宙在空间上是有限无界的，现代宇宙学宣告诞生。

1937 年，在两个助手的协作下，从广义相对论的引力场方程，推导出运动方程，广义相对论取得重大发展。

广义相对论用简洁的原理、优美的时空结构解释了引力、运动、质量等，优雅地统一了所有的运动状态，从此，物理定律不再受观测系的限制，不管观测者怎么折腾，也不管观测对象怎么折腾，我们用一套定律就可以搞定。伟大的牛顿力学、万有引力定律、狭义相对论都被囊括于其中。量子力学先驱、卓越的天才狄拉克说，广义相对论"也许是迄今为止最伟大的科学发现"。另一位物理巨擘玻恩说，广义相对论是"人类思考自然的最伟大成就，哲学洞察、物理直觉、数学技巧最令人叹为观止的结合"。

下一章，就让我们带着满满的敬意和欢乐，贴近广义相对论，去领略她的优雅、美妙、深邃和伟大。

（附赠） ▶ 第六章

The sixth chapter

广义相对论及其他

一、山重水复

一个矛盾与一个 BUG

在爱因斯坦看来，狭义相对论存在一个很大的问题：它和牛顿引力理论不协调。

为什么一定要和牛顿引力理论相协调呢？因为描述自然、宇宙问题，是离不开引力的。而在当时，在引力理论方面，牛顿引力理论无疑是最权威的——与观测最相符。

狭义相对论在解释运动、时空关系等方面更靠谱，但它有个死穴——不包括引力，解释引力还得靠牛顿。

什么意思呢，打个不太恰当的比方，人家牛顿理论是套装，虽然上身很紧，扣子都系不上，但穿上好歹还能出门；你狭义相对论虽然大方合体，雍容华贵，但是只有上衣，没有裤子，想出门还得混搭条牛顿引力论的裤子。

所以呢，如果狭义相对论与牛顿引力理论相协调，它们就可以相融为一个"统一的理论"，大家都能站住脚，混搭成功，皆大欢喜；如果狭义相对论与牛顿引力理论不协调，也就是说，"爱装"和"牛裤"不搭，那就必须建立这样一套引力理论——它与牛顿引力论有一拼、与狭义相对论有基情。这样才可以使狭义相对论才能站住脚的同时，令牛顿理论退居二线，甘当新理论的"一级近似"，发挥余热。

那么，它们搭不搭呢？当然不搭。因为这两个理论的基础概念不同，比方说空间啊、时间啊，等等，这是根本上的不搭，就好比羊皮大袄 VS 小短裙。但当时的物理还真就只剩这两件东西可穿了。尴尬是尴尬了点儿，总比树叶强。话虽然可以这么说，但解决不了现实问题。

根据牛顿理论，引力的传递速度是无限的，这就是所谓的"超距作用"，这与狭义相对论的光障限制相矛盾。

假如太阳突然消失，牛顿认为，地球立马就得脱轨，而小爱认为，地球至少得 8 分钟后才能有反应，8 分钟以内，它还会绕着原来的轨道公转。

看，分歧不是一般的大。

爱因斯坦还发现，除了与牛顿理论闹矛盾之外，狭义相对论自身还存在一个 BUG，说起这个 BUG 的根源，还是那个参考系问题。

伽利略：力学定律在任何惯性系中都相同。

庞加莱：运动定律在任何惯性系中都相同。

爱因斯坦：物理定律在任何惯性系中都相同。

一个比一个站得高，看得远，但是你瞧瞧，都是"惯性系"。也就是说，三位大师的理论只适用于一种特殊情况：匀速直线运动，也就是惯性系。

如果速度、方向发生了改变（非惯性系），他们的理论——当然包括狭义相对论——就不成立了。

在惯性系中，狭义相对论所向披靡，不仅能搞定低速运动，还能搞定牛顿理论搞不定的高速运动。但是，狭义相对论没能搞定加速度的问题，而在自然界里，受错综复杂的各种力的影响，物体运动都有加速度，基本上不存在什么直线运动，所以很难找到真正的惯性系。

是不是开始迷糊了？我们就请牛郎织女这两口子来地球附近帮咱俩认识这个问题吧！你在高大上的天宫观测，我在溜溜转的地球上观测。

让牛郎和织女沿着河岸同向、匀速、直线运动。神仙嘛，这个容易。

那么，根据三位大师的相对性原理，这都可以解释，我们可以说是牛郎和织女在运动，也可以说是整个银河系在运动。

现在，我们请牛郎和织女从天上降落到人间相会，怎么降落呢？做自由落体运动就好，对，就像 2008 年和 2015 年六七月间的股票那样。

咱俩知道，由于地球引力，他俩的速度会越来越快。重力加速度嘛。

现在，关键来了。

这时，站在天宫的你，以及随着地球运动的我，处于不同的惯性系，这没错吧？

那么，不同的惯性系观测同一个事物的运动，观测结果会有所不同。

比方说，观测一列时速 200 千米的火车。你站在铁道边，观测结果是 200 千米 / 小时；我坐在反方向行驶、时速 200 千米的另一列火车上观测，它的速度就是 400 千米 / 小时。对吧？

同理，咱俩观测郎女二人的运动状态，也会不一样，是不？

不一样怎么办？可以用变换式来处理一下，就能把观测结果相互变换。似乎很简单，然而，不管是老式的伽利略变换式，还是新款的洛伦兹变换式，它们都只对惯性系好用，对眼前的牛郎和织女就不灵了，因为他俩有加速度，并且，这个加速度对你我来说是相同的，都是 "$9.80665m/s^2$"！

咦？这可怎么办？你就想吧，越想越难办！在牛顿理论中，加速度被规定是绝对的。无论观测者的运动状态如何，加速度总是相同的。这样解释，看起来好像过得去。

但是，牛郎不干了，他说，我看织女就没有加速度。织女也说，是啊，牛顿叔叔，牛郎相对于我来说，也是静止的，没有什么加速度啊（见图 6.1）。

对啊，他俩一起自由下落，加速度一样，所以彼此相对静止，哪来什么加速度？

这就存在地位特殊的参考系了——这个参考系的物理定律与别处不同，为什么？凭什么？

搞什么？要知道，搞特殊化是违反宇宙规律的。狭义相对论表示也没辙。

存在特殊参考系，就破坏了自然的美感，这也不符合科学发展观，必须淘汰之。科学规律应该是普适的，而不应该在这儿看是这样，在那儿看是那样。

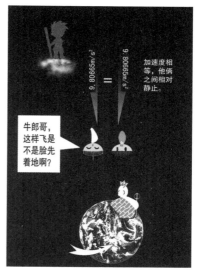

【图 6.1】
加速度相等，两人相对静止

也就是说，物理定律应当与观测者的运动状态无关。

于是，刚刚建立狭义相对论的小爱，没等别人醒过神来，就率先发起了对狭义相对论的挑战。

等效原理

相对论不仅要解释时间，还要解释引力！

可是，从何入手呢？没有资料可供翻阅，没有实验可供参考，没有经验可供借鉴，甚至，没有教训可供吸取……

爱因斯坦拥有的，只是一颗可以自由思考的大脑。

思想是自由的，然而，它难以飞跃经验认识的壁垒，冲出去，就是另一番天地！但，这要思想的翅膀够硬才行！

一个思想实验，可以连续做几天，几个月，甚至一年、两年……而灵感，就像梦中情人，又像那枝头的灵雀，你知道她就在那儿，你为之辗转反侧，却依旧无法触及，那般滋味啊：

入眼即入心，待近如何近？只恐惊飞杳渺时，举目空遗恨。

忽来亦忽去，将寻为底寻？尤惜巧点灵犀处，开怀更动人。

等等！如果我从这扇窗跳下去会怎样？在下落的过程中，如果我被一个盒子封闭起来，盒子会随我一起下落，但这样一来，我就无法判断自己是否在下落了，但这时，引力在哪呢？

亮了！就是它！

牛郎和织女呢？还没落到地面？那太好了，麻烦你俩回去重新降落一次。

这次我们准备了一部安全的电梯，电梯地板上放一台秤，牛郎和织女就站在秤上，看一下秤的读数，体重和两千年前一样。接下来，我们就让电梯向地球做自由落体加速运动，会发生什么呢？

电梯内，一切如旧，牛郎和织女处于同一参考系，他俩看对方以及其他物体都是静止的。

但有一点不同，他俩发现，随着电梯的下落，秤的读数在快速归零，电梯里的所有物体，包括秤的重量都消失了，现在，织女拔下头上的金钗，松手，金钗飘在了空中，并没有落向地板。这种状态和在失重的太空没什么分别，重力来自引力，重力消失意味着感觉不到引力了。当然，这是电梯参考系的看法，在电梯外的咱俩看来，引力依旧，他们依然在飞速撞向地球（见图6.2）。

【图6.2】自由下落的电梯　　　【图6.3】以地球重力加速度上升的电梯

Stop！这个游戏很危险，请小朋友们不要模仿。

OK，牛郎和织女，为了减少交通事故，咱不去地球了。这回咱离地球远点，还是乘这个电梯，逃出地球的引力场，停下来，对，就是这儿，这里几乎没有什么引力了。

"和刚才没什么分别啊！"织女说道。

"是啊，大家都在飘，没有重量。"牛郎一贯赞同织女的意见，但这次是心里话。

OK，现在让电梯朝顶棚方向运动，运动的加速度和刚才向下落的加速度一样，会有什么好玩的事情发生呢？

只见所有物品都落到了地板上，牛郎和织女站到秤上，秤的读数正是两个人的正常体重。织女又拔下一支金簪，松手，金簪毫不犹豫地落到了地板上（见图6.3）。

"七妹，我们是不是又回到地球上了？又可以我耕田来你织布了！"牛郎兴奋地叫道。

……

其实这种体验，咱们这些凡夫俗子每次乘电梯都经历过，上升加速时，重力增强；下降加速时，重力减弱。只不过速度没那么快，效应没那么明显而已。所以说，这个体验简直太平常了！平常到老少皆懂，妇孺尽知，就像脑袋撞了墙会痛一样，一个小常识而已。

但这个小常识到了爱因斯坦手里，意义就完全不同了。

1907年，经过上面这个思想实验，爱因斯坦在《关于相对性原理和由此得出的结论》一文中，第一次提到"等效原理"：加速度运动和引力是等效的。爱因斯坦说，一个封闭箱中的观察者，不管用什么方法，也无法确定他究竟是静止于一个引力场中，还是处在没有引力场的加速运动中。

这一思想是伟大的、划时代的，它把看起来八竿子打不着的引力与加速度紧密联系起来，这样一来，只要解决了加速度的问题，就解决了引力问题！

爱因斯坦敏锐地觉察到这一原理的重大意义，他穷追不舍，使"等效原理"的思想不断发展。最终使等效原理成为广义相对论的第一个基本原理，也是整个广义相对论的核心。

重新认识一下质量

日常生活中，对于我们这些真呀真高兴的小老百姓来说，质量就是重量，去菜市场，不论你是买质量为 1000 克的黄瓜也好，还是买重量为 1 公斤的黄瓜也罢，得付同样多的钱，没什么分别。计量质量的工具都是利用地球引力来计量的，所以这种质量就叫作"引力质量"。

OK，既然说到了黄瓜，那咱就买根黄瓜吊起来，推一下，是的，不用多大力气就能把它推出去，但我们还是微微感到些阻力；现在把装着黄瓜的卡车吊起来，推一下，好像推不动哈，阻力太大，拼命推一下，车只是微微晃了下。

这说明两个问题：一是物体都会反抗我们要给它的加速度；二是物体越重，反抗加速度的力就越大，也就是惯性越大。这种反抗加速度的质量，叫作"惯性质量"。

那么，引力质量和惯性质量又是什么关系呢？

勤劳勇敢的人们用秤来计量引力质量，用牛顿定律来计算惯性质量，还做了 N 多试验，来测量同一物体的引力质量和惯性质量，然后惊奇地发现：引力质量＝惯性质量！

起初，人们认为这两种质量只是近似相等，但随着测量手段精度的提高，人们发现，多高的精度也测不出它俩的差别。匈牙利物理学家厄特弗斯·罗兰德（Eotvos. Lorand）多年如一日地投身到引力质量和惯性质量的测量事业当中，使精度达到了十亿分之一，还是没有找到差别。

时至今日，测量精度又提高了 1000 倍，得出的结论是：这俩质量真相等！

牛顿认为这只是一种有趣的简单巧合，因为用牛顿定律解释不了。

爱因斯坦却认为，这是创建新理论的利器，因为用牛顿定律解释不了。

伽利略同志早就教导我们，两个不同重量的物体，不管是皮球 VS

铅球，还是姚明 VS 姚晨，都会以相同的速度下落。重的物体受到的引力比轻的大，却等速下落，是因为物体越重，对加速度的反抗越强。即惯性力＝加速力，二者抵消了（为方便叙述，咱造个词：把产生加速度所需的力简称为"加速力"）。

这时我们应该明白了：这是惯性质量和引力质量相等的结果。

这里面其实就暗含了引力与加速度等效的思想。只是当时大家没想那么多。但爱因斯坦注意到了，他不仅注意到了，还以此导出了"引力与惯性力等效"的等效原理。

引力与惯性力、加速度等效。加速度是矢量速度，沿着运动方向变化。而狭义相对论适用的是惯性系，是匀速直线的，速度是不变的。

那么，在矢量变速运动中，狭义相对论是不是不成立了？

是，也不是。

说是，那是因为狭义相对论本来就只适用于匀速直线运动。

说不是，就有点小复杂了。我们需要把运动细细地分解来看。那么分解到什么程度呢？分解之前，我们分析一下：

由于有了加速度，速度不断发生变化，所以，分解成无论多小的一段距离，它也是有变化的。那么，我们只好把它分解到"最小"，只看加速度运动区域的一个点，在这个点上，物体运动的速度和方向都只有一个，也就是所谓的"匀速直线"。所以，在加速运动的一个点上，狭义相对论成立！

在时空区域中，一个点内的引力场，可以将其等同于惯性参考系去描述，而狭义相对论在这个"局域惯性参考系"中完全成立。

有了这个思想，狭义相对论就成了这个新理论的一部分，这就是"强等效原理"。而上面说到的那个等效原理，当然只能叫"弱等效原理"了。

还记得狭义相对性原理吧：物理定律在所有惯性系中都相同。

有了等效原理，爱因斯坦把相对性原理又推进了一步：物理定律在一切参考系中都相同。

耶！

这就是"广义相对性原理"。那么，原来的那个相对性原理，只好叫作"狭义相对性原理"了。

这是一个质的飞跃，物理定律从此不受参考系的制约，无论你是直线的、匀速的，还是曲线的、加速的，都没关系，到爱因斯坦这儿，都一样。

物理定律不受参考系的束缚，太牛了！这是多么伟大的一个构想啊！

我们期待已久的又一次科学理论大统一，由此拉开了序幕。

但爱因斯坦清楚，得到一个基本原理只是拿到一只鸡蛋，想靠它办养鸡场，还早着呢！

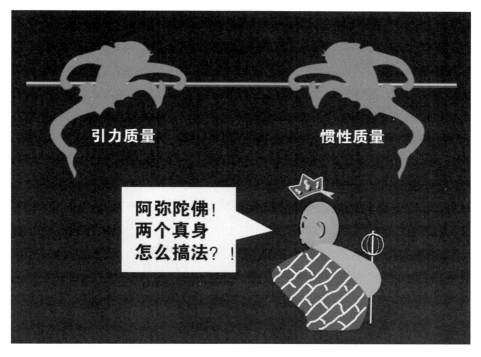

【图6.4】惯性质量、引力质量势均力敌

光线弯曲

电梯还在向上加速。

电梯外，遥远的太阳，光芒何止万丈，射向电梯的那道光，方向与电梯运动方向垂直。

电梯内，牛郎织女感受着向下的"引力"，起舞弄清影，好似在人间！

"可是，牛郎哥，我们明明知道自己没在人间，而是在太空里啊！"七仙女感受着加速度带来的重力感，有点犯迷糊。

"咦，墙上有个盖板，咱打开看看外面，心里不就有底了？"牛郎说干就干，可打开一看，盖板后面没窗，只是一条横缝，正对着远方的太阳。

一道阳光迫不及待地闯了进来，在对面的墙上投射出一道光条。细心的七仙女发现，这个光条比它刚刚通过的横缝低一点儿点儿，也就是说，阳光透过横缝后，向下弯曲着投射到对面墙上！

【图 6.5】光线弯曲

啊?！自古以来，光都是走直线的，这是个久经众多牛人考验、无数常人见证的真理。谁见它弯过呢？

可现在，它弯了，不仅弯了，还弯得那样自然、淡定、优雅，似乎它从来就不曾直过（见图 6.5）！

其实想想也不奇怪，我们知道，光是不受任何参考系的速度影响的，光穿过横缝，向对面墙射去的时间里，电梯正在向上做加速运动，而光却没有跟着电梯一起向上做加速运动，所以它到达对面墙的落点就偏下去了一点儿。

可是，为什么不是斜线，而是曲线呢？

在"爱车"上，上下跳动的光子为什么走的是斜直线？那是因为"爱车"在做匀速直线运动。

现在，电梯在做加速运动，而光速是不变的，所以它相对于做加速运动的电梯，就画出了一条奇异的弧线。

这很好理解。可是，一想到加速度带来的惯性力和引力等效，就得到一个奇怪的结论：引力应该也可以使光弯曲！

然而，根据久经考验、战无不胜的麦克斯韦方程，光线必须是直线，或者说，光不会拐弯抹角，宁"折"不弯，那么，它的"弯曲"该如何实现呢？

爱因斯坦说出了他的答案：是空间弯曲了。

光在弯曲的空间里走"直线"，实现了它的弯曲。我们用三明治来打个不太恰当的比方，把两片切得很平的面包比作空间，把一片切得很平的肉比作光，肉被夹在面包里，就是光在空间里直线穿行，我们把三明治折弯，肉就随着被折弯了，而生活在面包里的细菌却感觉不到三明治被弯曲了。如果使面包透明，让细菌可以在远处"看"到这片肉，细菌会发现肉弯曲了。

当然，这个例子里的弯曲，还是三维意义上的弯曲，举这个例子，是因为我们没有四维意义上的弯和直的概念，所以只能先类比一下。

那么空间又怎么会弯曲呢？

是引力。爱因斯坦推论道，空间被引力场弯曲，顺便弯曲了光线。引力场又来自哪儿呢？源于物质。这就是说，物质的存在会影响空间几何！

物质存在于空间之中，同时影响空间，使空间几何发生变化。可是，在我们看来，空间就是空荡荡容纳物质的场所，它是三维的、连续的、广袤无垠的，那么，它内部的弯曲是什么样的情形？又该怎么去理解呢？

空间弯曲

一般情况下，我们所说的弯曲是指在三维空间里，欧几里得几何所定义的那种弯曲，按维数分：

一维：曲线。它是指"动点"运动时，方向连续变化所形成的轨迹。

二维：曲面。它是指"动线"运动时，方向连续变化所形成的轨迹。

有了一维的曲线、二维的曲面，我们日常生活中所谓的"弯曲物体"就比较容易定义了。

三维：具有长、宽、高的弯曲物体，其体积由曲线和曲面所围成。

说到弯曲，不能不提到圆，因为曲线可以由若干个圆弧拟合。

相同长度的弧，半径越短，弯曲程度越大；半径越长，弯曲程度越小，越接近直线。同理，相同面积的球面，半径越长，就越接近平面。这就是为什么地球明明是个大球，我们可爱的祖先却以为它是一块驮在巨龟背上的平板。

不管怎样，这种弯曲是可以用一些简单的数值来表示的，比如半径啊、弧度啊、弯度啊什么的，通俗易懂。

这是以前我们对"弯曲"的认识。人类的几何老师欧几里得定义的这种弯曲，充满了生活气息，是显而易见、易于理解的。

那么，空间弯曲又该如何理解呢？OK，现在让我们来理解下"弯曲"。

阿细身处一维，他的概念里只有长，没有宽和高，所以他不知道曲线救国是什么意思，由于他只能"看见"一个点，无法通过观测数据来计算出弯曲的结论。所以他至少要站在二维空间的角度去"看"，才能理解"弯曲"。

阿扁身处二维，他的概念里只有长和宽，没有高，所以他无法理解二维的平面变成曲面是什么样子。最直观的方法，就是像我们一样，处在三维空间去观察曲面，但是，二维生物到三维空间去观测，可没那么容易。不过好在，阿扁所处的世界，有机会建立平面几何，他知道圆周率！

他可以通过对半径和圆周的精确测量和计算，推测出自己所处的空间不是一个平面！我们当然也可以通过测量和计算，推测所处的三维空间是否弯曲。这个我们以后再说。

那么，三维空间的我们，怎样理解三维空间的弯曲呢？

【图 6.6】空间弯曲

通常是这样：把三维空间想象成一张有弹性的膜，这张膜上最好画上经纬线，以便我们识别它的弯曲变化，把物体比如一个球放在这个平面上，重力会使球把膜压出一个凹陷，我们用这个凹陷来类比空间的弯曲。嗯，这就是用二维的弯曲来类比三维的弯曲，从三维的角度看二维的弯曲，非常容易，也很好理解（见图 6.6）。

如果我们想把这个类比搞得更恰当些，可以把膜想象成完全透明的，无数张这样的膜摞成的一块整体，球在其中使之整体弯曲。这样一来，我们应该有个大致的印象了。

我们知道，欧几里得先是开发了处理二维的"平面几何"，接着又在此基础上，搞定了研究三维物体的"立体几何"，至于更高维度，欧几里得没来得及考虑。

2000 年后，欧几里得的 N 代徒孙们把欧氏几何扩展到可以应用于任何有限的维度（这种空间叫 N 维欧几里得空间）。于是，2000 多年前的欧几里得，又在多维空间一展雄风、君临天下。

不过，再强的高手也有命门，欧几里得的空间不管是几维，都离不开一个根本性质：它是"平"的！欧氏几何的小名就叫"平面几何"嘛。

现在，时空不仅多出一维，而且不老实，它要弯曲。这一弯曲就不好办了。欧几里得表示，老夫可管不了那么多。

爱因斯坦圆盘

在描述空间弯曲以前，我们先综合八卦一下：质量、惯性、空间、时间、引力、加速度这些重要人物之间的暧昧关系。

狭义相对论时，我们已经挖出了他们的一些绝对隐私，但挖得不够坚决，晒得不够彻底。现在，要继续深挖猛晒！

在深挖这些重要人物的隐私之前，我们先热热身，欣赏一下杂技：环球飞车。

我们看见，一辆摩托在球笼内面飞奔，上下八方往复游移，不分上下前后左右，它都一样跑，车轮始终紧压笼网，掉不下来，地球引力对其完全无效！准确地说，好像那只球笼的网面有引力，能够随时随地、牢牢地吸住摩托（见图6.7）！

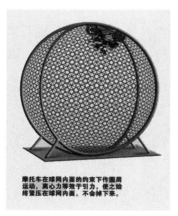

摩托车在球网内面的约束下作圆周运动，离心力等效于引力，使之始终紧压在球网内面，不会掉下来。

【图6.7】环球飞车

这是为嘛？

其实很简单。还记得水桶实验不？

做圆周运动，也就是"绕圈儿运动"的物体，有一个共同的倾向，向外逃脱——说白了，就是它们都想沿着弧的切线飞出去，做无拘无束的匀速直线运动。

摩托想向外飞，而球网克服了它向外飞的惯性力，拦住了它，这个力就作用在球网上，这就是所谓的离心力。这个离心力，就是摩托向外飞的惯性力。

还记得前面我们说过什么力与惯性力相当吗？

一重一轻两个物体等速下落，是因为"惯性力 = 加速力"。

这就是说，匀速圆周运动实际上就是加速运动。

加速度力等效于引力，这就是为什么那个摩托在圆球里跑上跑下，却不会下来。

不信，你把上球面变成平面，看谁还敢骑上去？

关于圆周运动的杂技，有很多，比方说，用一根绳子，两端各系一只碗，碗口向内，碗里盛水，用绳子把碗甩起来，各种圆周运动，碗里的水流不出来（见图6.8）。

碗口向内做圆周运动，产生的离心力等效于引力。

【图6.8】碗水不落

碗水不落，这个道理与环球飞车一样。运动速度很要紧，但更要紧的是，必须做加速运动（这里是圆周运动）。不信，你盛一碗水，把碗底粘在高速、匀速运动的动车墙壁上，碗口方向与墙面垂直，看看水还能不能老老实实地待在碗里？

这个杂耍告诉我们，匀速圆周运动就是加速运动，离心力与引力等效。

现在，我们请来牛郎和织女，让他俩做圆周运动的实验。

说来就来，一个大大的圆盘状飞行器悬浮在眼前，它叫爱因斯坦圆盘，简称爱盘。

几点了？你凑过去问道。他俩齐齐地看了一眼各自的表：0点！你抬腕看了一眼表，嗯，一样。

你悬浮在爱盘旁边的空中，当那个第三者，哦不，观测者。

现在，请织女到爱盘中央待命，也就是圆心位置；牛郎到爱盘边的内壁上待命。

这个实验很简单，就一个字：转。

当爱盘以圆心为轴，转动起来时，牛郎和织女会有什么不同的感觉呢？

爱盘缓缓转动起来，逐渐加速。

站在圆心的织女说：好无聊哦，就是转，没有任何变化啊！

站在爱盘边的牛郎说，哇，好神奇，我感到自己正被一股力拉向盘外，幸亏盘沿内壁挡住了我，不然我就飘向太空了！这股力越来越大。嗯，现在我站在内壁上，不觉得爱盘在转，只感觉到引力，现在感觉身体重量正常了！

爱盘开始匀速转动。牛郎感觉很踏实，就像回到地球上一样（见图6.9）。

我们刚才看杂耍得知，这是因为圆盘转圈儿做圆周运动，也就是做加速运动，产生的离心力等效于引力。

这个不新鲜，没意思，反正闲着也是闲着，再对一下表吧！

牛郎织女心有灵犀，"同时"报时，但数字不同：织女报的时间与你同步，而牛郎报的时间比你慢。

嗯，这个也不新鲜，爱盘转动，织女在盘心，等于没动，与悬浮在盘边的你同处一个参考系，属于静系，所以报时与你

【图6.9】爱因斯坦圆盘

相同；牛郎在盘边做加速运动，属于动系，所以时间流动比你和织女慢。

不新鲜。

等等，好像有哪儿不对劲。

对牛郎来说，他并没有感觉到什么运动，而只是感觉到了引力，所以对牛郎来说，是引力让时间流动变慢——时间膨胀了！

加速度等效于引力，不仅力效应等效，运动效应也等效！加速运动能使时间变慢，引力也能！

织女一听，哦，这么好玩儿啊？嘴噘起老高："我不在盘心玩了，我也要去牛郎那儿！"

好吧，你去吧，不过，每走两步，你就得报一次时。

这样一来，我们就可以了解从盘心到盘边，时间是如何变慢的了。

织女从盘心向牛郎走去——与其说是走去，不如说是被甩过去，因为离开圆心向外沿走，就有了离心力，越向外，离心力就越大，幸好织女是神仙，掌控力强，居然保持匀速向外移动！

随着织女的报时，咱俩发现，离盘心越远，时间变慢的幅度越大。

这很正常，因为离盘心越远，转动的速度也就越快，引力就越大，时间当然就越慢了！

那咱俩把织女报时变慢的幅度记在坐标上，每次报时的变慢幅度标记成一个点，用线连起来，会是什么样子呢？

哇，原来是一条美丽的曲线！

我们可以这样理解：随着引力的变化，时间弯曲了。

引力可以使时间弯曲！

你说不可能？时间怎么会弯曲？

你不会是忘了吧，时间和空间是一体的啊！怎么就不能弯曲呢？

那，空间弯曲，有证据吗？

别急嘛，实验尚未成功，同志仍需努力。接着做试验！

好吧。现在，需要织女大显神通了！你是天庭的著名裁缝……

人家叫服装设计师好吧！织女瞪眼。

嗯，你是天庭的著名服装设计师，量体神尺应是随身携带，可否一展神通，帮俺们量量这爱盘的尺寸？

这好办！说到织女的特长，她兴奋起来。量哪儿的尺寸？

量一下爱盘的半径。我说道。

好办。织女话音未落，玉臂轻扬，眼见一道白光，却是软尺顺衣袖飞出，尺头直落盘心，尺身笔直地贴在盘面，延伸到盘边。

半径是 r。织女话音刚落，白光一闪，衣袂飞扬间，尺已收回袖中。

酷！

神仙办事效率就是高啊！我由衷地赞道。不过，七仙女啊，你尺子收得太早，咱还没量盘的周长呢！

刚展示了才艺的织女不屑道，有了半径，周长还用量么？周长 =2πr 啊！

是吗？你确定以及肯定？世事无常啊，还是量量比较放心。我说道。

唉，不和你这个文盲计较了，量完看你还有什么话说。织女说着，纵身悬停在空中，玉臂轻舒，白光再现，神尺精准地绕盘沿一周，盘动尺不动，那个刻度静静地展示在织女眼前。

这手法，叹为观止啊，咱俩等着观赏织女报完数以后收尺的 Posse。

然而，织女似乎石化了，她迟迟没有声音，尺也不收了。

咱俩仔细观瞧，却见织女瞠目结舌：怎么不等于 2πr，居然比 2πr 短？！

不必怀疑精度，这是神尺。

牛郎见老婆演砸了，尴尬地打圆场：咳咳，怎么回事？圆周率不灵了？

狭义相对论有一个已经被证明的预言：物体会沿着它运动的方向变短。那么，这个圆盘做圆周运动，其圆周就会变短，沿着圆心所做的圆，越靠外，速度越快，圆周变短的比例就越大。你神采飞扬地抢答道。

牛郎、织女和我用倾慕的目光看着你。

那么，作为一个圆盘，它在半径不变的情况下，周长是怎么变短的呢？

答案是：空间弯曲。

具体什么情况呢？

我们所说的圆周率 π，即圆周与直径之比，只在平面几何中有效。也就是说，你在平面上画个圆，再画出它的直径，这个圆周长与其直径之比，就是 π（3.1415926535……无限不循环 ing）。

但是，如果我们把这个圆画在球面上，比方说画在足球上，再画出它的直径，你就会发现，圆周变短了，直径变长了，圆周与直径之比，就会小于 π。

不信？我们可以这样极端地想：在地球上画圆，以南极为中心，沿赤道画一个圆，在地球表面画出它的直径，应该是过南极的一条经线，两端到赤道截止，其长度是地球周长的一半，现在，这个圆的周长和直径之比就是 2（见图 6.10），小于 π，是吧？

那么，有没有大于 π 的情况呢？

有的。

在球面上画圆，圆周与直径之比小于π。为便于理解，图中采取了极端画法，圆周与直径之比是2。

【图 6.10】在球面画圆

见过马鞍吧？就是相对的两边下垂、另两边翘起的面。在马鞍曲面上画圆，再画出它的直径，这个圆周与直径之比，就大于 π。

嗯，只要空间是弯曲的，圆周与直径之比就不等于 π，周长自然就不等于 2πr 了。

圆盘转动，产生狭义相对论的尺缩效应，那是由于空间弯曲了。

原来，狭义相对论已经隐含了空间弯曲的结论！

好吧，刚才说时间弯曲，现在又说空间弯曲，那么，到底是谁弯曲了呢？

时空弯曲了。

"时空一体"这四个字可不是随便说说的。时与空不是亲密关系，比如夫妻，可以拆成夫与妻。我们说过，时空是一体的，他俩一起组成了老婆，我们不能把她拆成两部分，一部分叫老，另一部分叫婆。

因此，我们可以这样理解，从深层次上讲，时胀和尺缩效应，其实是时空弯曲这件事表现的两个方面。就好比闪电和雷声，实际上是电流在空气中传导所制造的两个表象。

至此，广义相对论的基本原理就叙述完了。我们来回顾一下：

（1）弱等效原理：引力质量 ＝ 惯性质量（加速度与引力等效）。

（2）广义相对性原理：物理定律在一切参考系中都相同。

根据以上原理：

（3）加速度可使光线弯曲，那么引力也可以使光线弯曲。

（4）圆周运动实际上是加速运动。

（5）由"光线弯曲"推出：空间弯曲。"圆周率失效"也可以推出空间弯曲。

（6）引力源于质量，也就是说，质量可使空间弯曲。

（8）引力越大、时间越慢，则空间越弯曲。

上面的都很简单，下面这条也应该不难理解：

（9）强等效原理：在时空中，把一个"点"看成一个最小区域，这里的引力场，就是"惯性参考系"。就是说，可以用狭义相对论去描述引力场中的任何一点。

你会发现，广义相对论的基本原理原来如此简单。至少，不像我们想象中那样难以理解。

为什么？

那是因为广义相对论是关于引力和时空关系的理论。我们已经接受了狭义相对论，崭新的时空观在我们的头脑中已经形成了概念，广义相对论的基本原理是很新奇，但对我们来说，已经不难接受了。

接下来，我们就要追随伟大的小爱，在基本原理的框架下，去寻找一个舒适、美丽的表达方式，把这一伟大的思想变成一套完整的科学理论吧！

二、柳暗花明

超级武器

小爱发现了等效原理、提出了广义相对性原理，可以用来解决物理学衣裤不搭的尴尬，但如此一来，新的烦恼也出现了：用什么手段来描述这一光辉思想呢？

当然是数学手段。但是，数学大餐比满汉全席丰盛多了，哪盘才是我的菜呢？

解决时空问题，首选当然是几何学，因为几何就是研究空间结构和性质的，但几何女神也是风光无限，用哪个部位呢？

1. 欧氏几何

欧氏几何始自公元前 300 年前，由希腊亚历山大里亚学派的创始者、伟大数学家欧几里得创建，他集前人几何研究之大成，编写了数学巨著《几何原本》（以下简称《原本》）。

《原本》将基本、简单、显而易见的公理、公设、定义作为已知条件，先证明第一个命题，然后以此为基础，再证明第二个命题，以此类推，环环相扣，证明了 465 个命题，砌成一座巍峨的几何大厦。现在我们来瞻仰一下其中著名的五条公理、五条公设：

五条公理（适用于所有科学）：

（1）等于同量的量彼此相等。

（2）等量加等量，其和相等。

（3）等量减等量，其差相等。

（4）彼此能重合的物体是全等的。

（5）整体大于部分。

五条公设（适用于几何学）：

（1）过两点能作且只能作一直线。

（2）线段可以无限地延长。

（3）以任一点为圆心，任意长为半径，可作一圆。

（4）凡是直角都相等。

（5）同平面内一条直线和另外两条直线相交，若在直线同侧的两个内角之和小于180度，则这两条直线经无限延长后在这一侧一定相交。

冷眼一看，是不是简单得像废话一样？金碧辉煌的平面几何大厦，居然就是由上述这些简单至极的材料砌成的。古往今来的数学家一致认为，《原本》论证之精彩，逻辑之周密，结构之严谨，命题之精辟，影响之深远，令人叹为观止。

欧几里得用公理进行逻辑演绎，建立科学体系的方法，成为后人建立科学理论的强大武器，牛顿的《原理》、爱因斯坦的相对论等，莫不如是。

《原本》在数学发展史上乃至人类科学史上树立了一座不朽的丰碑。欧氏几何两千多年来一统天下，其地位至今仍没有被动摇，咱们上初中时学的几何，就是欧几里得几何。

2. 微分几何

微分几何始自1736年。它的产生和数学分析密切相关，是在数学、物理学、天文学、工程学等日益增长的迫切需要中逐步建立的，实是形势所急、形势所需，是N多人共同努力的结果。

1736年，瑞士数学家欧拉（Leonhard Euler）把曲线的弧长作为曲线上点的坐标，开始了曲线的内在几何研究，这是为微分几何奠基的第一锹土。

1807年，法国数学家蒙日（G.Monge）发表了《分析在几何学上的应用》，提出把微积分应用到曲线和曲面的研究中去，标志着微分几何的创立。

1827年，天才高斯（Johann Carl Friedrich Gauss）发表了《关于曲面的一般研究》，建立了曲面的内在几何学，阐明了在曲面上，长度、面积、夹角、测地线、曲率等概念的基本性质。

1872年，德国数学家克莱因（F.Klein）发表了《埃尔朗根纲领》，用变换群对已有的几何学进行了分类，它成了几何学的指导原理。

微分几何学是以微积分学为主要武器，主攻三维欧氏空间的曲线、曲面等图形性质。在曲面上有两条重要概念，一个是距离，一个是角。比如，连接两个点的路径是无数的，但最短的路径只有一条，对曲面来说，这条最短的路径叫"测地线"。微分几何深入研究了测地线、曲率等重要内容。

微分几何学的研究对数学、力学、物理学、工程学等的影响是不可估量的。

3. 罗氏几何

罗氏几何始自 1826 年，是由俄罗斯数学家尼古拉斯·伊万诺维奇·罗巴切夫斯基（N. L. Lobachevsky）建立的。罗氏几何也称非欧几何，它的建立得益于一个著名的失败。

这还得从《原本》的公理、公设说起，故事开始之前，我们再回头看看欧几里得的第五条公设，这条公设可以导出这个命题："通过直线外的一点，仅可作一条直线与已知直线不相交（平行）。"所以第五公设也叫平行公设，有没有感觉它与另外几条公理、公设不太一样？

有的。两千年来的数学家们对五条公理和前四条公设都十分喜爱，唯独看第五公设不顺眼，因为无论从长度还是从内容上看，它都不像一个公设，倒像是一个可以由其他公设推导出来的定理。

其实，当初欧几里得对此也是所见略同，但他没能找到第五公设的证明，所以只好把它放在公设里。于是引发了几何史上最著名的"平行线理论"的讨论，这一讨论就是两千多年。

它看起来无比简单、无比正确，却无法证明？！

无数数学家前赴后继，试图证明它，但均遭失败，所有的证明都陷入循环论证的泥潭，无法逃脱。败下阵来的数学家似乎听见了它的嘲笑：连欧几里得都没搞定我，就凭你？哼哼！

罗巴切夫斯基也未能免俗，他顺理成章地失败了。但不同的是，他发现此路不通，便挥刀开辟了另一条路。

他作出假定：过直线外一点，不只有一条直线与已知直线不相交（平行）。

如果证明这条假定是不可能的，那就反证了平行公设是对的。

意外的是，他不仅没能否定这个命题，还用这条假定代替了第五公设，与欧几里得的五条公理和其他四条公设一起，得到了一个逻辑合理的、全新的几何体系！

尽管这个体系逻辑严谨，毫无谬误，但由于它得出的命题看起来很古怪，非常不合乎常理，在现实中找不到它描述的对应物，所以罗巴切夫斯基把它叫作"想象几何"。这门新几何本身，就是对"第五公设不可证性"的逻辑证明。

罗氏几何和欧氏几何的关系很奇妙：凡与平行公理无关的命题，在欧氏几何中正确，则在罗式几何也正确；凡与平行公理有关的命题，在欧氏几何中成立，在罗式几何中都不成立。例证对照表：

对比项目 类别	过直线外一点	三角形内角和	三角形面积
欧氏几何	只有一条直线与该直线不相交	180 度	与内角和无关
罗氏几何	不只一条直线与该直线不相交	小于 180 度	与 180 度减内角和成正比
黎曼几何	没有一条直线与该直线不相交	大于 180 度	与内角和减 180 度成正比

如上可见，罗氏几何的命题与我们的直观常识相矛盾，不像欧氏几何那样容易接受。因此，同所有新鲜事物一样，罗氏几何一出现，立即遭到人们的冷落、反对甚至攻击。

1868 年，意大利数学家贝特拉米证明，罗氏几何可以在欧氏几何空间的曲面上实现，也就是说，罗氏命题可以转换为欧氏命题。

这样一来，你说欧几里得几何没有矛盾，就是说罗氏几何也没有矛盾。

直到这时，被弃蒙尘的罗氏几何才得以重见天日，得到数学界的普遍注意和深入研究，罗氏几何对数学的发展起了巨大作用。人们对罗巴切夫斯基的态度也来了个一百八十度的大转弯。但这时，罗巴切夫斯基已经去世 12 年了。

4. 黎曼几何

黎曼几何始自 1854 年，由黎曼（G. F. B. Riemann）创建。

波恩哈德·黎曼，德国数学家，看看以他命名的 N 多牛词，就知道这是一个牛人：黎曼 ζ 函数，黎曼积分，黎曼引理，黎曼流形，黎曼映照定理，黎曼——希尔伯特问题，柯西——黎曼方程，黎曼思路回环矩阵，黎曼——罗赫定理，等等，他提出的黎曼猜想，至今未解决。

天才高斯试图探测三维空间是否存在曲度，虽然没有成功，只开了个头，但数学家们认为这是个好点子，大有潜力可挖，纷纷出手，于是涌现出一批牛叉人物，黎曼便是其中的佼佼者。

1854 年，黎曼在格丁根大学所作的题为《论作为几何学基础的假设》的就职演说中，把高斯关于曲面的微分几何研究发扬光大，提出了用流形的概念来理解空间的实质的方法，他发展了空间的概念，将曲面本身看成一个独立的几何实体，而不是看作欧氏三维空间中的一个几何实体，他使用球型空间概念，建立了新的空间体系。这样一来，黎曼几何就把欧氏几何、罗氏几何囊括其中，后二者是前者的特殊情况。

对于欧几里得的第五公设，黎曼也有自己的不同看法：过直线外一点，没有一条直线与该直线不相交。也就是说，任意画一条直线，它都和其他的所有直线相交，没有平行线！怎么可能?！

施主莫急，随老衲先来看看欧几里得的第一公设：过两点能作且只能作一直线。

我们知道，黎曼几何是弯曲的球面几何，所以也叫"椭圆几何"，我们在球面上画直线，所得到的一定是大圆——也就是与球面同心、同半径的圆。大圆可视为球面上的直线，因为大圆具有直线在平面上的一些最基本的性质：过两点能作且只能作一直线；两点之间的连线，直线最短等。

而在一个球面上，所有的大圆都是相交的。因此黎曼得到的结论是正确的！

现在，我们来比较一下欧氏、罗氏、黎曼几何三者之间比较有代表性的不同之处。

我们可以看到，在下表里，黎曼几何和罗氏几何的结论正好相反。

当然，它们也有相同的地方，例如：三角形中两边之和大于第三边；若两个三角形的三对边对应相等，则两个三角形全等；两个三角形的两对边对应相等，且其夹角对应相等，则两个三角形全等……

黎曼几何与欧氏几何、罗氏几何之间，可以相互转换，比如关于三角形内角和的分歧。

欧氏几何	罗氏几何
同一直线的垂线和斜线相交	同一直线的垂线和斜线不一定相交
垂直于同一直线的两条直线互相平行	垂直于同一直线的两条直线，当两端延长时，离散到无穷
存在相似的多边形	不存在相似的多边形
过不在同一直线上的三点可以做且仅能作一个圆	过不在同一直线上的三点，不一定能作一个圆

第一步：我们先在罗氏几何的双曲面上画一个三角形，发现不管怎么画，三角形的内角和都小于 180 度。

第二步：我们朝弯曲的反方向用力，把这个曲面慢慢展开，会发现三角形内角和越来越接近欧氏几何，成为平面时，得数与欧氏几何相等，180 度。

第三步：还是顺着刚才那个方向继续用力，用力，用力，不要停，不要停，三角形慢慢出现在球面上，这就是球面几何，也就是黎曼几何，这时我们会发现，三角形的内角和大于 180 度！

三者都是正确的。

黎曼几何统一了欧氏几何与非欧几何，是研究弯曲空间的强大武器，它不仅可用于研究球面、椭圆面、双曲面等，还可用于高维弯曲空间的研究。

爱因斯坦发现引力场导致的空间弯曲后，悲欣交集。欣的不用说，当然是得到了新的结果；悲的是，没有一个称手的工具来描述这一结果。也就是说，不仅路找对了，而且已经走到门口，但一摸兜，没钥匙！鸭子煮熟了，无从下口不说，它还要飞！

没办法，爱因斯坦只能找铁哥们格罗斯曼求助，老格特仗义，一头扎进图书馆，竟然还真被他找到了，黎曼几何！格罗斯曼第一时间电话告知了爱因斯坦。

爱因斯坦喜出望外，这真是：

众里寻他千百度，

山重水复疑无路，

惊回首，包子就在包子铺。

爱因斯坦拿出当年钻研物理的精神，刻苦钻研起了黎曼几何，在爱因斯坦看来，引力不存在了，取而代之的是弯曲的空间，这叫空间中的引力几何化。黎曼几何与爱因斯坦的思想配合得天衣无缝。

测地线

质量的存在导致了空间的弯曲，这就是说，物质存在之处就是空间弯曲之处。大质量导致大曲率，小质量导致小曲率。除此之外，他们还相互影响，物质告诉时空如何弯曲，时空告诉物质如何运动，大大小小的质量相互影响，关系错乱暧昧。

虽然黎曼几何精确地描述了纷杂的弯曲空间，但在如此错综复杂的弯曲环境里，物质应该怎样运动呢？

大自然法则是简洁的，运动也是一样，无论情况怎么复杂，物质总是以当前条件下最直接、最简单的方式运动。它不可能遇到心仪的曲率，便一段广场舞跳过去，遇到不待见的曲率，便倒在地上碰个瓷。

因此，结论就是物体都走最短的路径。

那么，问题来了，什么是最短的路径？

直觉和经验告诉我们是直线，因为两点之间的直线最短。

但罗氏几何和黎曼几何告诉我们，在弯曲的空间里，是不存在"直线"的。在黎曼几何中，我们提到过，在球面上画直线，得到的一定是大圆（大圆可视为球面上的直线）。

现在，为了接下来的旅途顺利，我们先来熟悉几个名词：

大圆：通过球心的平面与球面的交线。因为它是球面上最大的圆，所以叫"大圆"。

弧：圆或曲线上的任意一段。

优弧、劣弧：将一个圆截成不同长短的两个弧，大于半圆的称"优弧"，小于半圆的那个只好叫"劣弧"了（我们马上就会知道，虽然它名字叫劣弧，

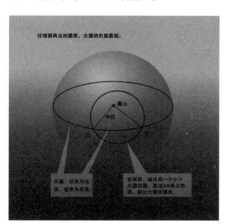

过球面两点的圆弧，大圆的劣弧最短。

圆心

半径

A　　B

大圆，红色为优弧，蓝色为劣弧。

在球面，做任何一个小于大圆的圆，其过AB两点的弧，都比大圆劣弧长。

【图 6.11】测地线

但却是最优的选择。可见名字不重要，利用价值才重要）。

一个球面上，两点之间最短的距离，就是经过这两点的大圆的劣弧。最长的直线距离当然就是优弧了。所以，在球面上，你坐出租车从一点到另一点，你最优的选择，是这两点所在的大圆上的劣弧。而优弧，是出租司机的优选。

哇，这么快就找到弯曲空间里最短的路了，那么，我们现在就能描述宇宙中物体的运动路线了，耶！

哼哼，别高兴得太早，自然界的弯曲，很少能找到像球面这样简单和规矩的。是不？

现在，我们低头看看自己，衣服是不是还在身上。如果不在了，就赶紧穿上。

假设我们遇到的弯曲就像衣服上的褶一样，错综复杂，那根测地线怎么找呢？

傻眼了不是？

由于不同质量的相互影响，空间的弯曲一般都比较复杂。在复杂的弯曲空间，准确描述测地线就更复杂，但不是一点儿办法也没有。

我们知道，曲线可以由弯度不同的若干圆弧拟合，曲面也可由曲率不同的若干圆面拟合。这样，按照刚才我们在圆面上找出劣弧的方法，我们仍然可以在不规则的曲面上找出两点之间的最短连线，这条连线就叫作"测地线"。

嗯，地球上的测地线就是它的大圆。

我们可以这样去理解一下，在四维时空中，物体总是沿着最短的路径，也就是沿着"直线"运动，但反映到三维空间，就是沿着弯曲空间的测地线运动。

不同维度所感觉的"直线"是不一致的，比如，烈日当空，一架飞机低空飞越山川，地面上，飞机的影子随之同步前进，飞机在三维的空中穿越，而影子在二维的地面漂移，地面是明显的曲面，所以穿越同样的距离，影子的路径是随地面起伏弯曲的，而飞机则是直线穿越三维空间。四维坐标中的直线，可转化为三维坐标的短程线——测地线。

所以，我们用广义相对论的视角仰望星空，看到小的围着大的转，并不是那个叫"引力"的家伙用力强迫同志们绕着轨道转，而是大家都沿着弯曲空间中最接近直线的"测地线"运动，它边走边说，"我走的是直线，我走的是直线"，而我们只看到它们在不知疲倦地绕圈。

　　同样的，光线经过一个大家伙的附近时，就进入了这家伙搞出来的弯曲空间，路线自然会发生偏转，这种效应就叫"测地线效应"。

　　OK，咱俩和爱因斯坦一起，又得到了一个结论：物体沿着弯曲空间的测地线运动。

　　那么，这个运动该如何表示？又该怎么计算出来呢？

张量

隔壁老张？按照国内惯例，为了方便接近老张，我们先从老张的亲友团入手。

分量：总量的一部分，分量与总量的关系，相当于省与国的关系。当然，分量、总量也是相对的，别看省是国的分量，但在县面前，省就是总量；在世界面前，国又成了分量。这个很好理解，是吧？

标量：别号"无向量"，好像和我佛有点儿关系。简而言之就是只具有数值大小，而没有方向的量，我们这样记：可以用某种"标尺"测量的量，比如质量、密度、温度、功、功率、动能、势能、引力势能、电势能、路程、速率、体积、时间、热量、电阻等。

矢量：别号"向量"。我们这样记：矢量这个名取得很形象，矢就是箭，一箭射出去，它有方向，它的力度、速度、路线都是沿方向渐变的，这种既有大小又有方向的量，就叫作矢量。电脑里的矢量图可以无限放大，永不出现马赛克，因为它的颜色是矢量定义的，而不是色素点拼合的。相关的分量按照大小个儿排成一排，形成了一个一维的数据表格，也就是一行有序的数组，叫矢量。比如力、力矩、线速度、角速度、位移、加速度、动量、冲量、角动量等。哇，好像矢量比标量复杂很多耶！

矩阵：即 Matrix，本意是子宫、控制中心的母体、孕育生命的地方。记得《黑客帝国》吧，那里的矩阵就是一个类似于角色扮演游戏的控制系统。矢量是矩阵的一个分量，若干行矢量排列成二维的数据表格，这个纵横排列的有序数组，就叫矩阵。晕！这个矩阵更复杂，居然是 N 多矢量排成的方队！

主角张量呢？我们可以说，它是矢量分析的推广。上面说过，一排数据组成的一维表格叫矢量，多排数据组成的二维表格叫矩阵，三维以上的数据表格就只能叫张量了。天呐，这回真倒了，这个张量居然是 N 多矩阵的无敌组合！

那么，张量搞这么复杂，能干吗呢？

我们举个例子：坐标变换。

那么，坐标之间变换，需要某种"有规律的关联"才行，也就是函数关系。

如果是简单的匀速直线运动，我们搞清楚它的位置、时间、距离、相对速度等标量，函数关系也不是那么太难搞定。但是，在自然界中，标准的匀速直线运动就像永远只涨不跌的股票一样，只存在于梦中。

自然界中运动的实际情况要复杂得多，有时会超出我们的想象，这样的函数关系又该怎么确定呢？

办法就是分解来看，分成一块一块的，各个击破。用某种方法，比如微积分，给每一块配一个御用因子，专门负责描述它。这个因子不是一个数，而是一个有序的数组。我们将各块的规律因子放在一起，就得到了若干数组（我们可以形象地叫它"表格"）。

把这些数组综合起来运算分析，就是张量的工作。

哦，原来张量就是子公司的会计师，他负责综合分析下属公司的数据，供母公司使用。母公司可以是一个或一组方程式。

张量根据表格（数据组）的维数分"阶"，就好比我们用条条杠杠给小朋友划分等级：N 维表格就叫 N 阶张量。所以呢，我们也可以这样看：

普通队员（标量），没杠，是 0 阶张量；

小队长（矢量，一维表格），一道杠，就是 1 阶张量；

中队长（矩阵，二维表格），二道杠，就是 2 阶张量；

大队长（三维表格），三道杠，就是 3 阶张量；

区总队长（四维表格），四道杠，就是 4 阶张量；

市总队长（五维表格），传说中的五道杠，就是 5 阶张量……

与条条杠杠不同的是，张量是名副其实的，它可以表达、分析对应维数的数据组。

概而言之，张量这家伙就是一种高维的数学量，是一种数学分析方法。它可以解决曲线坐标系中的微分运算等变态难题。它像微积分一样，是一种强大的数学武器，可以用来对付复杂多变的、有一定规律的量的计算。

它的功能有多强大呢？我们先来看看，它在强大的黎曼几何发展中的地位。

黎曼几何是通过微分几何建立起来的，在公理系统里引进了"弯曲几何空间"。

黎曼在构想这个新几何大厦时，就千方百计要建立一个相应的代数结构，用来描述它。可惜的是，天才黎曼没有时间来实现这一目标，他40岁时就因肺结核去世了。

虽然如此，黎曼提出的N维流形的概念以及弯曲空间中二次微分形式的变换问题，却成为通向张量分析的起点。后来，经过贝尔特拉米、克里斯托夫、里奇等数学家的发展，终于打造成了这一神奇武器。

强大的张量分析力挺强大的黎曼几何，前者成为后者的核心内容。比如黎曼空间中的曲率是一个张量，黎曼空间的度量以"度量张量"表达等。

张量分析和黎曼几何就像计算机的软件和硬件一样，相互促进，交织发展，几何学与代数学更紧密地联系起来，极大地促进了现代数学的进步。

从1907年到1915年，爱因斯坦就运用这些超级武器，开始了他艰苦卓绝的"八年抗战"。

遥想小爱当年，和小格一起在苏黎世联邦工业大学上学时，小爱把精力都投入到了物理和恋爱中，经常不去上数学课，作为哥们儿，小格曾告诫小爱：出来混，早晚要还的（你早晚会为此付出代价的）。现在，时候到了。爱因斯坦不得不疯狂地补习数学。

1915年，他终于抱得美人归。

方程，方程，方程！爱因斯坦立功了！格罗斯曼立功了！不要给困难任何的机会！伟大的人类之子，他继承了全人类的光荣传统，哥白尼、开普勒、伽利略、牛顿、麦克斯韦在这一刻为他加油！这一刻，他不是一个人在战斗！他不是一个人！

说了半天爱因斯坦场方程，却还没见过她的真容，其实，她很难看懂，反正我是看不懂。不过，人类最伟大的思想内核即使看不懂，我们扫一眼应该不会吃什么亏吧？

准备好了吗？下面就是传说中惊天地泣鬼神，前不见古人后不见得有来者的爱因斯坦引力场方程！

$$G_{\mu\nu} = R_{\mu\nu} - \frac{1}{2}g_{\mu\nu}R = \frac{8\pi G}{c^4}T_{\mu\nu}$$

其中，G 是引力常数，c 是老熟人了，真空中的光速。π 咱也认识，下面说说那个 R 和几个拖家带口、自带装备的复杂因子。我们发现，张量这家伙在公式里无处不在：

$G_{\mu\nu}$ 爱因斯坦张量；

$R_{\mu\nu}$ 从黎曼张量缩并而成的里奇张量，代表曲率项；

R 是从里奇张量缩并而成的纯量曲率（或里奇数量）；

$g_{\mu\nu}$ 4 维时空的度量张量；

$T_{\mu\nu}$ 能量 - 动量 - 应力张量。

广义相对论思想就浓缩在这个公式里，其形式之简洁令人赞叹，其内涵之深广令人着迷，其计算之复杂令人敬畏（好多张量啊）！

这时，爱因斯坦在物理界已经很火了，关注度蛮高。但广义相对论的发表依然激起了轩然大波。

狭义相对论横空出世时，毕竟是处于物理学遇到空前危机、各种理论割据混战之时，大家都很迷糊，出现些奇谈怪论大家都能理解，反对者还算客气，说爱因斯坦的狭义相对论不是物理，而是魔术。

现在，在铁一般的事实面前，人们不得不违背日常认知，不甘又无奈地尝试接受狭义相对论，一只脚踏进陌生的天地，还没等适应呢，爱因斯坦又抛出一个更奇怪的理论，叫我如何说爱你？

所以，广义相对论一发表，反对的声音就此起彼伏，甚至一些人言之凿凿地说，广义相对论就是爱因斯坦精神失常的证据，他们对这个发疯的天才表示同情。很多原来支持爱因斯坦的人也纷纷倒戈，因为他走得太远，何止是难以望其项背，简直连影子也看不见了。只有少得可怜的革新派信心满怀，但他们中的大多数还得面对一个大问题，那就是先搞懂广义相对论。

千辛万苦披荆斩棘搞出的成果，没人懂不说，还遭人攻击，爱因斯坦很痛苦。虽然这一切尽在意料之中。

摆在爱因斯坦面前的只有一条路：用事实说话。他先后提出了三个著名的预言，不出太阳系就能验证的三个预言：

（1）太阳附近光线的偏折，角度是 0.87 角秒（这是 1911 年的计算结果）。

（2）水星近日点进动，每100年的进动是43秒。

（3）引力红移，从引力场中发射出来的谱线，波长会被拉长，向红端移动，也就是红移。

我要的，不是一个表扬，只是一个证明。

三、铁证如山

光线偏折

其实，早在 1704 年，牛顿就在他的《光学》一书中推测，巨大引力可能掰弯光线。一个世纪后，法国天体力学家拉普拉斯也提出了这一看法。1801 年，德国慕尼黑天文台的索德纳把光当作有质量的粒子，用牛顿力学计算出：光经过太阳边缘的偏折角是 0.875 角秒。但是，大家知道，光是没有质量的，更重要的是，当时光的波动说占了上风，光"波"有质量，比光"粒"有质量更荒谬，在此基础上，提出这样一个理论显然也特别荒谬，这就好比当初柏拉图从美学角度推测地球是圆的一样，就算蒙对了，理论也站不住脚。

根据广义相对论，光线与其他物质一样，必须沿着时空的测地线走。1911 年，爱因斯坦根据等效原理预言，光线经过太阳附近时会向内稍微偏折。当时他给出的偏折数是 0.87 角秒。由此推论，当太阳挡住遥远的恒星时，经过太阳表面附近的星光由于偏折，会有一部分射向地球，这就是说，我们应该能看见太阳背后的星光（见图 6.12）。

可是，太阳那么亮，他老人家一出来，满天星星都不见了，看他一眼，什么都看不见了，更甭提他背后的星光了！怎么验证啊?!

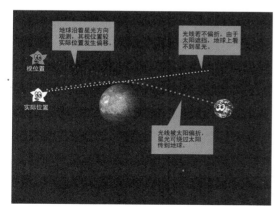

【图 6.12】光线偏折

老爱的方案是，日全食的时候可以验证。那一刻，太阳被月亮完美地挡在身后，天空一片漆黑，繁星满天。这时，我们就可以出来数星星了。

我们将看得见太阳周围的星星，其中就有由于光线偏折，本该在太阳身后，现在却出现在其旁边的星星。根据这些星星本来应该在的位置和它们这时的观测位置，利用二者之差，很容易算出光线偏折了多少，对照一下广义相对论的运算结果，不就可以验证了？

天才啊！那我们大家立刻开始观测吧！

虽然原理很直观，直观得看似简单，但实施起来真的很麻烦。就全球而言，日全食并不太少见，大致每三年就会发生两次日全食，按理说不少了。可是方便观测的日全食并不多，比如，日全食常常会出现在海洋上（地球 71.8％是海洋）、喜马拉雅山区、撒哈拉沙漠（沙漠占陆地总面积的 10％）、不方便去的国家等，这样一来，便于观测的机会也不多。另外还有 N 多种技术困难。

这样一算，观测成功的概率虽然不等于零，但希望也相当渺茫。

从 1911 年爱因斯坦给出第一个光线偏折结果开始，人类又一个伟大的验证之旅戏剧性地拉开了帷幕。

起初，没有人对这个观测感兴趣。1912 年 10 月，南美洲北部来了一次日全食，好不容易有人想起这事儿，阿根廷科多巴天文台兴冲冲地准备观测光线偏折，但日食当天，阴云密布，于是大家洗洗睡了。

后来，柏林天文台的欧文·芬利·弗里德里希（O.F.Friedrich）站了出来，表示愿意干这件事，他是天文台的助理，一个充满激情的年轻人，也是爱因斯坦的朋友。

但这真的不是一件容易事，即使有日全食，月亮扫过地球的影子只有几英里宽，要及时赶到阴影里才行，而且还要带上精密昂贵的设备、器材等，这是一个团队的工作，人的吃喝拉撒谁管？来回火车票找谁报？搬运费怎么开发票……

下一次日全食时间是 1914 年 8 月 21 日，在俄罗斯克里米亚。

费里德里希鼓足勇气，对他的上司说：BOSS，咱俩去俄罗斯吧，验证爱因斯坦的广义相对论，顺便去比较大的城市旅旅游，我看他以前的理论都比较靠谱，相信这回也错不了，万一火了呢？要不你批一下台里出资？

一曲肝肠断，天涯何处觅知音！这番话声情并茂，山河为之倾倒，鬼神为之动容，BOSS 果然干脆，当即清晰地答了两个字：做梦！

然而，费里德里希并没有气馁，他见自己的 BOSS 死心眼，就给别人的 BOSS——美国里克天文台的台长威廉·华莱士·坎贝尔（W. W. Campbell）写了封信，说：BOSS，咱俩去俄罗斯吧，验证爱因斯坦的广义相对论，顺便去比较大的城市旅旅游，我看他以前的理论都比较靠谱，相信这回也错不了，万一火了呢？要不你批一下台里出资？

坎贝尔一看，正合朕意，准了！

他们带着笨重的设备出发了，横跨欧亚大陆。为了尽可能拍到好照片，他们提前到达，选择了不同的地点宿营，以免同时遇到糟糕的事情，比如狗血天气啊什么的。然而，更糟的事情发生了，1914 年 8 月，德国对俄国宣战，双方打得如胶似漆。

一天，费里德里希的营地来了一队俄军，他们发现这个密林深处的营地里住的是德国人，还带着精密的照相机、望远镜……可以想象，那个背景下，傻瓜也能猜出他要干吗。果然，根据观测，傻瓜们得出结论：这是一德国间谍。

可怜的弗里德里希，还没看到日全食的影子就成了战俘，人被关，设备被没收……还有更倒霉的吗？

有的。

坎贝尔。

因为他是中立国美国人，俄军给了个面子，允许他继续观测日全食，他在观测点调试好设备，时刻准备着。

期待已久的日全食终于到来了！

但天边飘来一片云，不太厚，也不太大，恰到好处地挡住了他要观测的星星。

坎贝尔幽怨地凝视了云朵几秒钟，二话没说，丢下先进的设备（打仗呢，设备被扣），心灰意冷地回国了。他说，我只想从后门偷偷溜回家，不见任何人。伤不起啊！

真是没有最霉，只有更霉！

下一个适合观测的日全食在 4 年之后。

幸好在后来俄德交换战俘时，费里德里希被放出来了。

爱因斯坦失望之余，重新审阅他的计算结果，他发现，这次观测失败对自己而言，简直太幸运了！

因为，他算错了。囧……

1911 年根据等效原理，只算了时间弯曲产生的效应，它似于牛顿引力势的效应，所以得出的值与牛顿值大抵相当。空间弯曲的效应当时没有考虑。1915 年，综合时空弯曲效应，计算结果正好是原值 0.87 角秒的两倍，即 1.74 角秒。

如果费里德里希他们观测成功了，那么他们会发现爱因斯坦失败了。

这个幸运来得真是尴尬。

1916 年 2 月，荷兰天文学家威廉·德·西特（W. de Sitter）把爱因斯坦的论文翻译成英文，寄给了亚瑟·斯坦利·爱丁顿（A.S.Eddington）。

爱丁顿，英国天文学家、物理学家、数学家，也是著名的科普作家，剑桥大学天文学和实验物理学终身教授，剑桥大学天文台台长，英国皇家学会会员。自然界密实物体的发光强度极限被命名为"爱丁顿极限"，"无限猴子任意敲打键盘，最终会写出大英博物馆所有的书"就是出自他口。

具有敏锐科学洞察力的爱丁顿立即意识到这篇论文的巨大科学价值。而当他得知，爱因斯坦曾逆德国之狂潮，写了份反战宣言，并因此遭受打击时，爱丁顿决定，必须为这个理论做点什么。当时，爱丁顿也因反战受到孤立，他要以此证明科学无国界，敌对双方的科学家可以为了崇高的目标站在一起。

这个想法很美、很崇高，爱丁顿同志为之激动不已。但任你怎么激动，下一个日全食只能等到 1918 年 6 月 8 日。

等啊等，这一天终于临近了。

但不幸的是，大战正酣，爱丁顿被困在了英国。幸运的是，这次日全食出现在美国，因上次壮志未酬心未死而耿耿于怀的坎贝尔离此不远，天赐良机啊！

可不幸的是，坎贝尔的尖端设备还在俄国被扣着呢！万幸的是，坎贝尔人缘不错，东挪西凑，终于用散件重新组装出一套设备，可以凑合用。

无论如何，也要办成这事，这也许是我最后的机会。坎贝尔想。

1918 年 6 月 8 日，星期六，阴转多云有时晴，西北风转东南风一二三四五六级。月亮依偎在太阳身边，多么温馨的一幕！可是，没过多久，天边又飘来一片云。

每次都来这一手，一点都不好玩，敢不敢再俗套一点？坎贝尔抓狂了，他没有心情漫随天外云卷云舒，而是咬牙切齿地望着那片云，泪飞顿作倾盆雨：我这辈子算是毁你手里了！

反正也看不成星星了，我就多站会儿，看你还能怎么样！如果要评史上最狰狞观云表情，坎贝尔必胜。

就在这时，奇迹出现了——就在日全食的时候，云开雾散，繁星满天！悲痛欲绝的坎贝尔顿时泪流满面，太刺激了！老天，这样搞会出人命的！

一阵狂拍。

根据爱因斯坦的预言，照片上的某些恒星会有位移，不过，这个位移十分细微，大概相当于在几十米外拍照一根火柴棍——要是没概念，就举起你的手机拍下试试，在 10 楼窗口拍 1 楼地面的火柴棍，只有不到 30 米，看看能不能分辨出火柴棍，而且拍出来的照片还要十分精确才行。

照片洗出来了，好像有几张能用，比了又比，对了又对，没发现传说中的位移！难道是临时组装的设备不够精确？可不能因为这套山寨设备毁了自己的名声！谨慎的坎贝尔想出一个绝妙的主意，那就是先闭嘴。我不说不就没事了吗？哈！

下一个日全食在 1919 年 5 月 29 日，月亮的倩影将从智利和秘鲁的接壤处开始，越过南美，穿过大西洋，飘到非洲的中部。离赤道都不远。

爱丁顿把希望寄托在这次日全食上，但他知道政府不可能批准自己组团去观测。因为当时英德两国正拼个你死我活，英国反对德国的一切，而爱丁顿是个和平主义者，拒绝参战，所以政府对他的立场很不爽。

爱丁顿只好鼓动别人来干这件事。后来，英国天文学家戴森（F. W. Dyson）被鼓动得技痒难熬。这家伙喜欢看月亮，也喜欢看太阳，两个一起看当然更爽，所以日食观测经验十分丰富。他想到，这次日食是检验相对论最理想的机会，因为日食发生时，它的星空背景是毕星团，其中有比较亮的恒星可供观测。于是，戴森向政府提交了他的观测计划。

政府一看，What？ Why？ Oh yes！你去吧，带上爱丁顿，告诉他，这只是一个警告，下次再反战，罚他天天去赤道看月亮！

1918 年 11 月，战争结束。虽然硝烟尚未散尽，但戴森和爱丁顿仍然屁颠屁颠地出发了。

英国这次派出了两支观测队，一支由戴森领队，观测点是南美洲巴西的索贝瑞尔；一支由爱丁顿领队，观测点是非洲西岸的普林西比岛。这次的设备还算精良，为防万一，戴森除了天体照像仪，还带了一架小望远镜。

1919 年 4 月下旬，爱丁顿观测队一到普林西比岛就开始了周详的准备工作，一切都为了那一刻：1919 年 5 月 29 日下午，2:15~2:20，一共 5 分钟的观测。

1919 年 5 月 29 日凌晨，爱丁顿被他最怕听到的声音吵醒，风声雨声打雷声声声入耳，普林西比岛一片风雨飘摇，爱丁顿举目四顾皆金星，万念俱灰化为一念：愿戴森好运！

爱丁顿准备收拾行李回家。没想到下午 2 点时，居然雨过天晴了，爱丁顿欣喜若狂，忘了感谢上帝，狂拍了很多照片，但到底是刚下过雨，大气层的能见度受到影响，仅有 2 张显示出恒星的像，但这已经是意外之喜了。

戴森运气似乎好些，巴西的索贝瑞尔天气好极了，十分适宜观测。他们用天体照像仪拍了 19 张照片，为稳妥起见，戴森还用小望远镜拍了 8 张。这下保险了吧？

铁一般的事实告诉我们，这个世界上没有什么事是保险的。天体照像仪关键时刻掉链子了，焦点不准，导致星像模糊！根据预言，底片上的星位位移只有 1/60 毫米，现在图像模糊，精确度自然就打折了。幸亏小望远镜还拍了 8 张，更幸亏它拍的照片很清楚，但是，它的原始底片尺度小，位移更细微，需要更精准的测量手段，要知道，这是天体测量啊，差之毫厘何止谬以千里！

几个月后，3 个观测资料的处理结果出来了：

爱丁顿在普林西比拍的照片：1.61±0.30 角秒；戴森在索贝瑞尔用天体照像仪拍的照片：0.93 角秒；戴森在索贝瑞尔用小望远镜拍的照片： 1.98±0.12 角秒。好像都跟爱因斯坦预言的 1.75 角秒不太一样。

爱丁顿和戴森经多次讨论分析，一致认为：小望远镜的测量结果应该更精确。原因有二：其一，爱丁顿拍照时受到天气的影响较大，而戴森的天体照相仪犯的错最离谱：模糊！其二，星光的偏折程度与其离太阳边缘的远近密切相关，而小望远镜的视场比较大。综合来看，小望远镜给出的结果更精确。所以，根据上述分析，爱丁顿和戴森评判出 3 个观测结果的重要程度，用加权平均法，给出 1.64 角秒的结果。与爱因斯坦的预言比较接近。

1919 年 11 月 6 日，戴森在皇家学会和皇家天文学会上宣布：观测结果支持爱因斯坦的理论。汤姆逊说："爱因斯坦的相对论是人类思想史上最伟大的成就之一，也许是最伟大的成就。……这不是发现一个孤岛，这是发现了科学思想的新大陆。"会场沸腾了。

伦敦《泰晤士报》于 11 月 7 日发出头版头条新闻《科学革命：牛顿的思想被推翻》。世界沸腾了。

1919 年 9 月 22 日，爱因斯坦收到洛伦兹发来贺电："欣闻爱丁顿验证星光经太阳边缘发生偏转……"爱因斯坦很高兴得到这个结果，但并不激动。结果公布前，爱丁顿已经把自己的结论告诉了爱因斯坦，爱因斯坦说："我从来没想过会是别的结果。"他对自己的理论十分自信，所以这一切都在他的意料之中。

意料之外的是，他一夜之间名扬全球，成为科学界、艺术界、教育界、娱乐圈、时尚圈、文化圈等各界各圈竞相追逐的明星，人们出于千奇百怪的理由，关注他的相对论和他本人的一切。这就是当代的活牛顿啊，怎能不让人痴醉迷狂？！

尽管如此，一些科学家还是认为，戴森等人宣布的结果是草率的，因为在这样复杂的一个检验中，导致误差的因素太多了，比如天气、设备状况，底片成像质量，就连不起眼的温度变化也可能会产生大气扰动、望远镜聚焦、底片尺寸等一系列变化，这些都会影响最后的结果。在科学观测中，温差小于 10 华氏度的结果是可以接受的，但爱丁顿他们观测的当天，温差高达 22 华氏度。

倒霉的坎贝尔台长也是反对者之一，他反对的原因就是自己没能找到支持相对论的证据。坎贝尔只相信事实，他以严谨、客观的作风为人称道。于是，1922 年，坎贝尔又一次出发了，目标是澳大利亚，那里将发生一次日全食。

失败经验十分丰富的坎贝尔总结了经验教训，进行了周密的准备，行程、设备、人员等方面，每一个细节都在他的掌控之中。更重要的是，不知是什么吸引了老天爷的注意力，这次他老人家没时间捉弄坎贝尔，天气很好，这保证了观测的精度。

最后，坎贝尔得到的结果是：1.72±0.11角秒。这个结果从更高的精度为相对论提供了证据。

我成功了！爱因斯坦成功了！可爱的坎贝尔立即发表声明，承认自己错了，相对论是对的。

大家一看，不撞南墙不回头的坎贝尔都站到相对论的阵营了，我们还等什么？呼啦一下，又站过去一大堆。剩下的那部分，有的还在愣神，有的感觉时空弯曲啊什么的难以接受，于是脖子一扭，转身去探求新的理论了，还有几个撞了南墙也不回头的家伙仍站在原处，干吗？继续撞墙。

坎贝尔之后，世界各国的天文学家多次组织了光线弯曲的检验，手段越来越强，精度越来越高。一直到20世纪60年代初，检验结果离牛顿力学的预言越来越远，离爱因斯坦的预言越来越近。

1973年6月30日，非洲撒哈拉沙漠西部的毛里塔尼亚，那里将发生一次日全食，这是一个绝佳的观测机会，论时长，在20世纪所有的日全食中排名第二，论星空背景，日全食在恒星最密集的银河背景下发生。

为了利用好这次机会，美国观测队选定欣盖提沙漠绿洲作为观测点，建造了专门用于观测的绝热小屋，并围绕提高观测精度做了大量细致的工作，比如，把暗房和底片洗液保持在20°C、对整套仪器各个部分的温度变化进行监控等，可谓无微不至。

天气很好，拍摄也很顺利。拍摄完成后，观测队封存了小屋，并用水泥封住了望远镜上的止动销。半年后，他们又回去拍摄了同一视位置的星空照片作为比较。

那时，以超大规模集成电路为标志的第四代电脑已经问世。他们用精心设计的计算程序对所有的观测量进行了分析，得到的结果是1.66±0.18角秒。这一结果和爱因斯坦的预言更加接近了。

就光学观测手段而言，这次观测的精度似乎达到了极限。还能怎么样呢？

人们很快想出了一个新办法：观测太阳对射电波的偏折，这就不用等日全食了。只要有太阳，啥时候都能测。

观测射电波，可以运用"甚长基线干涉技术"，这个名字看上去很高深，其实就是联合天南海北的射电望远镜，对同一射电源——也就是太阳旁边的星光进行观测。这种技术的优点是基线长度（距离）不受限制，定点准，精度高。

这些远隔千里的望远镜，"同时"接收太阳边缘的恒星射电波，各自记录在磁带上，然后再把磁带一起送到处理机中，算出结果。

1976 年，他们得到 1.761±0.016 角秒的值，以误差小于 1% 的精度证实了广义相对论的预言。可以说，广义相对论光线偏折预言经受了严苛的检验。

水星进动

广义相对论以前，水星让物理学家、天文学家们头痛不已——它不遵守牛顿定律！按照牛顿天体力学，一个孤立行星是在一个固定的椭圆轨道上围绕太阳运转（椭圆的长轴不动）。由于其他行星的存在，这个运动受到干扰，椭圆轨道会缓慢地进动。

那么，什么是"进动"呢？进动又叫"旋进"，就是"物体自转时，它的自转轴又绕着另一轴旋转"的现象。

我们都玩过陀螺，陀螺自转时，它的自转轴一般并不垂直于水平面，它会往复摇摆，仔细看，其实是它的自转轴在绕着尖脚旁的垂直线旋转。

实际上，只要物体在转，就会产生进动。自转有，公转也有。天体公转的轨道也在进动。如果我们把天体公转的椭圆轨道都画上长轴，会发现，这个长轴不是总指向同一个方向，而是在缓慢转动。

为方便观测、对比轨道的变化，我们需要在行星轨道上找一个点作为标记。因为大家都是绕着太阳转的，所以选离太阳最近的那个点观测比较方便，这个点叫"近日点"。

水星从一个近日点出发，转一周后，由于轨道进动，它不能回到原来的那个点上，近日点已经"转移"了，因此，水星的轨道不是一个封闭的椭圆，而是一个接续转动的开口椭圆，画出来的轨迹就像一朵花（见图 6.13）。

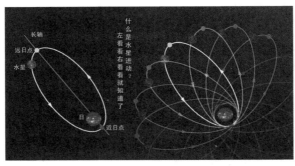

【图 6.13】水星进动

还记得勒威耶（U.Le Verrier）吧？就是靠牛顿定律计算发现海王星的那位。1859 年，勒威耶又狠狠地激动了一场。因为他感到自己又将发现另一颗行星了。

上次发现海王星，是对天王星诡异行动的研究引起的。勒威耶觉得，水星可疑的行踪，一定也是一颗隐身的星星引起的。他运用得心应手的牛顿力学，考虑了太阳引力、水星本身的自转和公转、其他行星的微扰等因素，最后得出水星每百年进动的精确结果：5557.62 角秒。

但他后来的观测结果却是 5600.73 角秒。算少了 43.11 角秒。

5500 之多，差 43 本就不算什么，何况是角秒这么小的单位！我们知道，1 角度 =60 角分 =3600 角秒。一个圆是 360 度，用角秒表示，有1296000 角秒。

我来画一个圆，由你来把它分成 1296000 份圆弧，你一定会惊叹：每一段实在是太小了！

如此说来，计算值与观测值的差距，实在是太细微了，牛顿理论太牛了！所以，即使这个圆圈是金的，让你把它切成 1296000 段，把其中一段作为你的劳务费，你也会很干脆地送我一个特有快感的字：滚！

但你会后悔的。因为这是一次天文计算。所以，那是一个大圈：水星公转速度是每秒 48 千米，每天是 86400 秒，每转一圈耗时 88 天。那么这个圈的周长是：$48 \times 86400 \times 88 = 364953600$ 千米。每一角秒对应的弧长是：$364953600 \div 1296000 = 281.6$ 千米。所以，对不起，你刚才放弃了一根 281.6 千米长的金条。

这根金条即使高和宽都只有 1 厘米，那也有 28.16 立方米，重544051200 克，虽然金价下跌，但上网查一下现在的金价就知道，您放弃了在福布斯全球富豪榜上叱咤风云、搔首弄姿的机会！

43 角秒对应的弧长就是 12108.8 千米。所以，这 43 角秒是不能容忍的。所以，勒威耶推测道：牛顿理论不会错，我的计算也不会错。因此，只剩下一个可能，存在一个我们还没发现的行星，它给水星的扰动带来了 43 角秒的差异。不仅如此，勒威耶还估算出了新行星的位置：在太阳和水星之间。他甚至为这颗新行星取了一个酷酷的名字：火神星。

后来，他将他的研究成果公之于众，于是，地球上无数天文望远镜一齐瞄准了太阳，目标：太阳的贴身秘书火神星。

然而，至今仍没人看见火神星。美国、美德联合先后发出两架卫星探测器到太阳附近探测火神行踪，也一无所获。

1915 年，爱因斯坦首次用水星进动来检验相对论方程。计算结果：水星每百年进动值为 5600.53 角秒，与牛顿理论的计算结果相差 42.91 角秒。这与观测数据 5600.73 角秒十分接近。

因此，爱因斯坦说，不存在火神星，也不需要请火神来解释水星的进动。

水星进动效应的精确验证，成了广义相对论的一根牢固支柱。

引力红移

为什么火车在快速靠近我们时，音调越来越高，越来越尖锐，而在快速离开我们时，音调越来越低，越来越沉闷？

这的确是个问题。这个问题后来引起了大名鼎鼎的多普勒的好奇。

多普勒（C. J. Doppler），奥地利物理学家、数学家和天文学家。他的大名鼎鼎就得益于这次著名的好奇。

后来，多普勒开始着手研究这个问题，研究越来越深入，事情就变得越来越有趣：

当观察者与声源相对静止时，听到的声源频率不变。如果你坐在火车里，火车开得再快，这列火车的汽笛声，你听起来也是不变调的——从车窗外传来的声音除外。

观察者与声源之间相对运动时，则会发现声源频率在发生变化。规律是：相互靠近，音调变高，也就是频率升高；相互离开，音调变低，也就是频率降低。而且相对速度越快，变化越明显。

站在铁路旁，相互有一段距离的两个人，一列向前开的火车头运动到他俩之间的时候鸣笛，在车头前方的人，听到的音调高，在车头后方的人，听到的音调低。

不同的观测者，听同一声笛鸣，音调不同。原来频率也是相对的！

这种效应就是著名的多普勒效应，也称多普勒频移。多普勒频移不仅适用于声波，也适用于其他所有波形，譬如光波、电磁波甚至水波。

1842 年 5 月 25 日，美丽的布拉格，皇家波希米亚学会科学分会会议胜利召开。

多普勒提交了题为《论天体中双星和其他一些星体的彩色光》的论文，正式提出了多普勒原理，以此解释了天体运动和光谱变化之间的关系，他总结道：光源沿着我们的视线方向运动，会导致光的颜色和频率（其实是一回事）发生变化，速度越快，变化越明显。规律是：光源趋近我们，光频增高，颜色向蓝端变化，这就是所谓的"蓝移"（其实最外端是紫色，应该叫"紫移"才准确）。光源离开我们，光频减弱，颜色向红端变化，这就是所谓的"红移"（见图6.14）。

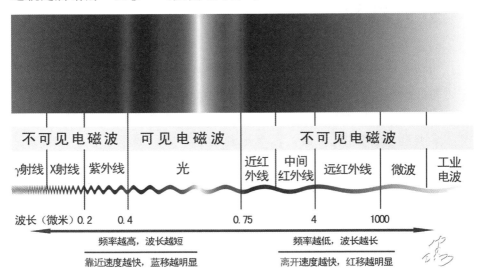

不可见电磁波　可见电磁波　不可见电磁波

γ射线　X射线　紫外线　光　近红外线　中间红外线　远红外线　微波　工业电波

波长（微米）0.2　0.4　0.75　4　1000

频率越高，波长越短　　频率越低，波长越长

靠近速度越快，蓝移越明显　　离开速度越快，红移越明显

【图6.14】

　　为了看起来方便，图中波长的分段不是按实际比例划分的。电磁波波长差别巨大，长的达几千米，甚至上千千米，短的几微米，甚至不足1纳米。不同波长对应不同性质的电磁波。可见光只占电磁波中极小的波段。

　　其实，多普勒效应并不难理解，波的传递速度不变，那么当波源向波的运动方向加速时，波长必然被压缩，频率增高；反之，波长必然被拉伸，频率降低。

　　如果波源不动，而是观测者动，那更好理解。波以稳定的速度向观测者传递。观测者向波源运动，则同等时间内会接收到更多的波，等于频率增高；反之，则在同等时间内接收到更少的波，等于频率降低。

　　多普勒把这一原理与天体观测联系起来，推测道：星星与我们不管是趋近还是离开，如果速度够快，白光和彩色光最后都将变得不可见。如果一颗星星与我们的相对速度发生变化，那么它的颜色和频率也会发生变化。

　　比方说（注意，是"比方"说），一颗发黄的星星变得有些发红了，说明它在加速离开我们，或者说，我们在加速离开它。如果这个速度再加快些，那么我们就看不见它了，因为我们眼睛接收的是红外线的频率。

如今，多普勒效应广泛应用于在科学研究、工程技术、医疗诊断等领域，如分析恒星大气、星体运动测量、激光或声波测速等。我们现有掌握的多数星体运动知识，也都是依仗这一基本的测量工具得来的。如双星特征、银河系转动、宇宙爆炸等。

在飞机、卫星等高速运动的设备通信中，也要考虑多普勒效应，只有解决了由于速度造成的变频问题，才能保证通信质量。另外，利用多普勒效应原理还可以测量气体、液体的流速。如研究风洞里的速度分布、远距离测量风速（空中任意高度的风速）、监视飞机着陆前后机场上的湍流、测量人体血管内血流的速度等。

说了这么多，这跟广义相对论又有什么关系呢？

有很大关系。多普勒效应是运动引起的，爱因斯坦根据他的广义相对论等效原理推论道：引力也应该能引起多普勒效应！

电磁波从恒星上发出，速度不变，但引力等效于加速度，会拖电磁波的后腿，也就是拉伸电磁波的波长，产生的效应就像光源在后退一样，电磁辐射的频率减小，产生红移。这就是著名的引力红移，也称相对论红移，是爱因斯坦提出的相对论三大验证方案之一。

这个验证方案看上去很美，但是，实施起来却相当困难，因为我们不仅仅要验证引力是否能引起红移，还要验证理论值与检测值是不是吻合。

在咱们太阳系，太阳的引力最大，但即使是太阳的引力，对光产生的引力红移效应也是微乎其微的。恒星与我们的相对运动带来的多普勒效应，要比引力效应大得多，如何能精确地把复杂的运动效应剔除，得到那么一点点细微的引力效应，是个很大的技术问题。何况，不同元素发出的电磁波是不同的，不知道恒星的成分，就不会知道电磁波的初始频率，连起点都不清楚，又怎能测准它移动了多少呢？

理想的状态是，能在天空中得到频率比较单一、引力比较大的光源。但我们都知道，这和坐等天上掉馅饼一样困难。

观测这一精细的效应，关键是精度，时间、频率的精度。因为这个效应十分细微，所以我们要从原子和光子说起。原子核情绪稳定、行为正常的基本状态被称为"基态"。当一个原子吸收了足够的能量（比如光子），就类似于大力水手吃了菠菜，有劲儿没处使，这种状态被称为"激发态"。

原子核想从激发态恢复到基态，需要放出能量——光子。光子遇到别的原子核会被接收，但原子核只接收门当户对的光子。光子跳出原子会损失一点儿能量（马上就知道为什么）。我们知道，光子的能量和它振动的频率成正比，而我们要测的就是频率，接收的频率和射入的频率不相等还怎么测？

直到1957年，德国物理学家穆斯堡尔（R.L.Mössbauer）提出，一个激发态原子核释放出的光子，遇到另一个同类的基态原子核，就能被共振吸收。这种"共振"吸收的状态很理想，光子能量不减也不增，利于测量。这种效应，被称为穆斯堡尔效应。

但这种效应只停留在理论上。因为原子核自由散漫惯了，都是不老实、不稳定的。借用一个经典的比喻，就像漂在湖面上的随波逐流的两条船，现在你从A船跳上B船，根据牛顿第三定律，会给A船一个反作用力（反冲），A船会因此向反方向漂移，这就分走了你起跳的一部分能量，当你跳上B船时，你的冲力也会让B船漂移，代价是又消耗了你的一部分冲力。

比起原子来，船是很随和的，它不管你的能量丢掉多少、剩多少，只要你能落到船上，它照单全收。但原子不行，它比较严厉，审批准入一丝不苟，前面说了，它只接收振动频率（能量）门当户对的光子，有共鸣（共振）嘛！现在，两个门当户对的原子A和B，一个光子从原子A跳上原子B，起跳前能量符合B的要求，但起跳时，原子A受到反冲，光子丢掉一部分能量。现在的大问题是，原子B一看，你损失了能量，能量不够，不合格了，就坚决不收。

所以，实现共振吸收，关键是消除反冲。这个问题怎么解决呢？如果是跳船，想保持起跳的冲力，当然是让两船固定，比如把船搁浅在岸上，或者湖水结冰了，两条船都固定不动时，就能保持起跳冲力不变（空气阻力在此忽略）。这个办法对原子也同样适用，稳定压倒一切啊！

但是，活泼好动的原子核看不见摸不着，怎么能让它固定不动呢？穆斯堡尔的厉害之处就在于，他不仅看出了问题，还提出了办法：囚禁。

把发射和吸收光子的原子核都固定在固体晶格里，这样一来，当原子再出现反冲效应，受力的就是整个晶体，相当于固定在航空母舰上的迫击炮，那点后坐力就可以忽略不计了，这样就能实现穆斯堡尔效应。

1958 年，穆斯堡尔在通过实验实现了原子核的无反冲共振吸收。由于这些工作，穆斯堡尔获得了 1961 年的诺贝尔物理学奖。现在，准确测量入射光频率的技术问题就解决了。

那么，还剩下一个大问题：频率单一的光源。频率单一的意思是颜色极纯。极纯这个概念怎么理解呢？白色被人类一厢情愿地作为纯洁的象征，但我们知道，白光由 7 色光混合而成，最不纯洁的就是它了。其实不光白色不纯洁，7 种颜色的每一种也都不太纯洁。

虽然可见光只占电磁波频率范围的极小一段，但相对于可见光来说，想得到"极纯"的光，每种颜色的波长分布范围还是显得太广了。比方说红色，波长分布在 630～750 纳米，即使取整数，以 1 纳米为单位算波长，那它也有 120 多种红色，相当不纯。

从某种意义上来说，这个大难题后来是被爱因斯坦自己解决的。1917 年，爱因斯坦提出了受激辐射原理，这就是后来激光原理的鼻祖。1960 年 5 月 15 日，美国科学家梅曼鼓捣出了人类掌控的第一束激光。激光频率单一，纯度远远超过任何一种单色光源。

随着激光的出现，光刻技术飞速发展，出现了每毫米数百条刻线的光栅，大大提高了对电磁波谱进行量化研究的分光技术精度。后来，飞秒技术取得突破进展，1 飞秒等于一千万亿分之一秒，光速牛吧？每秒能走 30 万千米，但每飞秒只能走 0.3 微米（1 毫米 =1000 微米），不到头发丝直径的百分之一。什么叫精度？这就叫精度！

这一切，为验证引力红移做好了技术准备。

1960 年，哈佛大学的庞德（R.V.Pound）和瑞布卡（G.A.Rebka）运用这些技术，完成了这个著名的实验：在地球上同时做红移、蓝移实验，来验证相对论。

哈佛大学的杰弗逊物理实验室的塔顶距地面 22.6 米高，他们把 γ 射线的放射源放到塔顶，把探测器放在塔底，测量射线频率的变化。然后，他们又把实验装置对换位置，放射源在地面，探测器在塔顶，测量射线频率的变化（两个方向的实验数据相结合，可以消除一些不同因素造成误差）。这个实验在百分之十的精度内验证了爱因斯坦的理论预言。

对这个精度，野心勃勃而又刁钻苛刻的科学家们当然是不会满足的。1964年，他们应用新技术，改进了这个实验，使理论与实验在百分之一的精度内相吻合。后来人们又以千分之一的精度验证了广义相对论预言。

华盛顿大学的克利福德·威尔（C.Will）评论道：这是一个卓越的科学成果，不仅仅因为这个实验是对相对论的一个经典检验，而且在于它独创性的实验设计。后来，这个实验的成果还为全球定位导航系统（GPS）提供了技术支持，卫星上的钟按照广义相对论的计算，校正由引力红移带来的误差，才能保证定位精准。

精度达到了千分之一，应该满足了吧？绝不！吹毛求疵是科学界的传统美德。一五一十、一清二楚不行，精度太低。小数点以后不带几个零，出门都不好意思跟人打招呼！

近年，美国和德国的三位物理学家马勒（H. Müller）、彼得（A.Peters）、朱棣文通过物质波干涉实验，将引力红移效应的实验精度提高了一万倍，再次证实了爱因斯坦的预言。

精益求精

除了光线偏折、水星进动、引力红移外，广义相对论还预言了许多颠覆人们直觉的现象，这些预言后来都经历了全面、反复的验证。

时钟变慢效应：在大质量的物体附近，时间流逝得慢一些。也就是引力越大，时间越慢。根据等效原理，更大的引力意味着更大的加速度。这样看来，引力越大，时间越慢，与狭义相对论的速度越快，时间越慢是一个道理。

1962 年，人们选了一对非常精确的钟，一只放在水塔顶上，另一只放在水塔底下，哦，忘了说是同一座水塔，验证了更接近地球那只钟，也就是水塔底下的那只钟走得更慢些。还记得詹姆斯·周钦文在 2010年利用铝原子钟做的实验吧，这个实验也以每 79 年只快 900 亿分之一秒的变态精度证实了这一效应。

在我们看来，时间是最冰冷坚硬的，它不屈不伸，可以蚀刻尘世间的一切，以及尘世外的一切。但是，当我们用更清澈的目光审视它时，横容寰宇、纵纳古今的时间，顷刻间变得柔软随和起来。

电磁波传播时间延迟效应：电磁波在引力场中一般沿曲线传播，所以，当电磁波在两点之间传播，没有引力场时，花的时间短，有引力场时，花的时间长。

苏联实验物理学家沙皮罗领导的小组对水星、火星、金星进行了雷达回波实验，得到的结果与广义相对论一致，地球与水星之间的雷达回波的最大延迟时间可达 240 微秒。

虽然取得了与理论一致的实验结果，但沙皮罗并不满足。因为行星的皮肤都不太好，服装——也就是大气层的款式也太过丰富多彩（有的还穿着"皇帝的新装"），所以利用行星进行雷达回波实验，很容易受到外部条件的干扰。

沙皮罗说，必须用人造设备来搞这个实验，才能取得精确、靠谱的结果。在 1967—1971 年期间，沙皮罗在太阳两侧各发射了一枚卫星，一个是雷达发射器，负责发送电磁波；另一个是探测器，负责接收电磁波。这一发一收显示，电磁波果然走了弯路，实验结果与理论预言非常一致。

引力波

爱因斯坦由引力场方程推导出波动方程，预言了引力波的存在。引力波是横波，以光速传递。那它是怎样产生的呢？

前面说过，质量会使空间弯曲。那么，当大质量物体的速度或质量突然发生改变时，比方说两个黑洞对撞，就会扰动周围的时空，产生时空涟漪，向外辐射，这就是传说中的引力波。为了便于理解，我们完全可以用"投石击破水中天"来类比。

还有另外的情况，当被加速的质量在失去能量的时候，也会发射出引力波。这和物体降温辐射热是一个道理。其实这个过程互为因果，我们也可以反过来说，热辐射使物体降温，引力波辐射使运动的质量失去能量。

什么意思呢？还记得双星吧，我们拿高密度、大质量、近距离的双星做例子，这样的双星系统轨道周期很短，只有几天，甚至更短（地球轨道周期是 365 天 +），互绕的速度非常快，也就是说，动量非常大。如果它俩永远这样绕下去也就罢了，但是，被瞬息万变的世界搞得麻木不仁的我们深知，没有什么永恒，这个系统必然会走向衰落，并灭亡。

当它们的轨道衰减时，能量必然随之耗损。但是根据热力学第一定律，能量是守恒的，双星系统的能量耗损到哪儿去了呢？对了，这就是刚才说到的"以引力波的形式，散播到宇宙中去了"。

我们知道，宇宙中并不缺少这样的系统，也不缺少大质量天体对撞之类的活动，那么，也就不缺少引力波。如果这个真的有，应该很好探测吧？

事实恰恰相反，探测引力波甚至比探测中微子还难。主要原因有二：

一是引力波非常弱。有人计算，一根长 20 米、直径 1.6 米、重 500 吨的圆棒，即使以每秒 28 转的濒临断裂的极限速度转动，所发射的引力波功率也只有 2.2×10^{-19} 瓦，这个功率弱到无法察觉，所谓"弱爆了"，说的就是它。那么，上面说的双星系统以及大质量天体对撞所产生的引力波，应该很强吧？没错，可是距离太远，再大的基数也架不住广袤时空的耗散，我们可以用引力大小与距离平方成反比来帮助理解，由于传播距离导致的衰减，遥远星体传到地球的引力波强度也是微乎其微的。

二是引力波的尺度大。由于产生条件和传递距离等原因，引力波只有在宇宙的大尺度下才能显现出来，这很好理解。我们坐在神九里鸟瞰地球海面，很容易感受到海面的曲率，但是身在海水中的一条鱼，就无法感受到海面的曲率。如果把引力波比作大海，那么，地球就是海里的那条鱼。

那么，引力波会对物质造成什么样的影响呢？

引力波是时空涟漪，它能够畅通无阻地穿过物质，却不会使物质发生改变。就像我们开的会一样，虽然很顺利、很成功，却和没开一样。但引力波经过时，能够让物质随着时空涟漪产生波动，也就是拉伸和收缩，引力波过后，再恢复正常。就像会上的讲话，左耳进右耳出，然后一切如常。

物质的拉伸和收缩又怎么理解呢？举个例子吧，把果冻比作时空，里面的果肉比作物质，那么，果冻发生波动时，果肉也会随之波动，固态物质的所谓波动，实质上就是拉伸和收缩过程。

既然有拉伸和收缩，是不是就容易检测了呢？当然不是。无论什么，必须达到一定的量才能被检测到。当然，这个量的大小与检测它的技术手段是密切相关的。

由于上述原因，即使是大质量黑洞相撞这样的大动作，其引力波传到地球上，也只能造成大概 10^{-18} 米／千米程度的改变。直观地说，它会使帝国大厦的高度改变一个质子宽度的百分之一！一个质子有多宽呢？它大概是一个原子宽度的千分之一。原子多宽也不好想象？好吧，我们把一根头发的宽度平均分成一百万份，其中一份大概就是一个原子的宽度了。

呃，帝国大厦质子的百分之一……我随便在大厦里跺一脚，它的颤动也不止这些吧？这个太难测了，还是不要测了吧。不行。必须探测，因为它的意义太重大了——它不仅可以验证广义相对论和其他引力理论的优劣，还可以推动相关科学技术的发展。最显而易见的是，引力波天文学将是继电磁波天文学、宇宙射线天文学和中微子天文学之后，人类认识世界的又一双眼睛。

目前，我们人类通信主要靠电磁波。但是，电磁波有它的局限，尤其是在宇宙的大尺度下，它的局限更是显而易见。比方说宇宙尘埃啊、天体啊，都能挡住它的去路；引力、发送和接收者的相对速度等还能改变它的频率，使它失真；遇见黑洞，它还会被吸引逃不出来……这些死穴大大缩小了我们的观测范围和信息传递的有效范围。而引力波就不存在这些死穴。

如果我们掌握了引力波的接收和探测技术，那么，很多我们原来看不见、不知道的东西，就会神一般地出现在我们眼前，宇宙的重重面纱也会再揭去一层，世界在我们眼里将变得更清晰、更透明、更绚丽多彩。这相当于给高度近视配上度数合适的眼镜——不戴它死不了，但有了它死也要戴。

此外，引力波探测还有助于推动引力场量子化等理论的研究。同时，由于引力波探测难度极大，对设备精度要求极高，所以在研究制造引力波探测设备的过程中，必然会推动激光、晶体、精密机械制造、精密测量等高新技术的发展。

我们前看后看左看右看，这件事的每一个侧面都躁动着摄人心魄的诱惑，让我们心驰神往，无法逃脱。那么，拿什么探测她呢，我的爱人？

刚刚说过，引力波可以拉伸和收缩物质。根据这个原理，20 世纪 60 年代，美国的物理学家约瑟夫·韦伯（J. Weber）建造了世界上第一台引力波探测器，其实这个高科技仪器的主体很简单——一根直径 1.5 米、长 2 米的铝棒。如果有引力波打酱油路过，那么，铝棒的长度将随波伸缩。

由于引力波伸缩物质的效应是那样的微弱，说不定打个嗝引起的效应，都比引力波来的效应大！那么问题就来了：假如引力波真打这儿路过，面对探测仪的记录，我们怎么确定这就是引力波造成的，而不是探测器旁边有人在做“爱的发声练习”呢？

好像很难、很复杂耶，但对那些专门跟难题过不去的聪明脑袋瓜来说，处理起来不难也不复杂，他们用了一个相当聪明的笨办法：再造一个探测器，让它俩发扬牛郎和织女身相隔心相连的精神，天南海北分开安置，同时记录探测信息，这样一来，如果两个探测器记录的信息不一致，那就是噪音；两个探测器在相同时间记录到同样的信息，那八成就是引力波。因为无论是打嗝还是打雷，统统做不到同时对两个远隔千里的探测器造成同样的干扰。

这种探测方法叫作共振质量探测法，主要原理是引力波引起天线（相当于那根铝棒）振动，感应器对这些振动予以记录。因为共振质量探测器可测量的频带太窄，只对特定的引力波源敏感，所以这种探测器已经面临淘汰。

于是，引力波探测器 2.0 应运而生，看着你期待的眼神，我只能残忍地告诉你，对不起，新版探测器比旧版的还老。

还记得迈克尔逊干涉仪吗？就是迈克尔逊和莫雷做 MM 实验测以太漂移的那台。新版引力波探测器把迈克尔逊干涉仪的光源换成了激光，名曰"激光干涉探测器"，听起来很潮的样子，其实就是照搬 MM 实验干涉仪的原理，通过调整干涉仪的臂长，把两臂的光干涉降到最低，然后坐等引力波华丽路过。

我们知道，当引力波翩然飘过时，干涉仪的两臂将会随之共舞，其臂长哪怕只发生一点点变化，两束激光脆弱的同相同步关系就会瞬间崩溃，从而产生旖旎的干涉条纹，望眼欲穿的光电二极管将即时接收，迫不及待地向唯恐天下不乱的人类打小报告。

尽管激光干涉对臂长变化很敏感，但是由于引力波伸缩物体的单位量太小、太含蓄，臂长变化达不到一定量的话，还是探测不出来！那怎么办呢？为了能够捕获到这个细微的效应，研究人员又用了一个聪明的笨办法：花大本钱把两臂建得长长的，用足够的总量让单位量的细微变化能够累积到足以探测的程度。

我们选几个有代表性的"激光干涉引力波探测器"围观一下。

TAMA（这个音译起来不好听，就不译了）。位于日本东京附近。臂长 300 米。

GEO 600（地球？）。位于法国汉诺威，英德合作项目，臂长 600 米。

VIRGO（处女座）。位于意大利比萨附近，意大利和法国合作项目，臂长 3000 米（可感知相当于质子直径 1% 的细微间距变化）。

LIGO（这个很直观，就是激光干涉引力波观测所的英文缩写）。美国的项目。拥有两套干涉仪，一套在利文斯顿，臂长4000米；一套在汉弗，臂长2000米，分踞两州（见图6.15）。

这些新版激光探测仪，一个比一个雄伟壮观，一个比一个敏感精确，灵敏度比旧版的共振棒探测器高出3～4个量级，可探测的引力波源是旧版的10^9——10^{12}倍！虽然新版探测器看起来很强、很震撼，但事实却很囧、很遗憾。探测技术在不断进步，探测结果却始终高度一致：0。探测不到引力波，再精密的仪器都将成为传说！

【图6.15】LIGO

这样的搞法都探测不到，引力波这事儿是不是就没有希望了？不！这么容易就放弃，科学还能走到今天吗？虽然我们没能直接探测到引力波，但是，我们找到了引力波存在的间接证据。

双星。

根据广义相对论，双星的运动模式会产生引力波，而引力波辐射会带走能量，使双星的绕转周期越来越短。可以推断，大质量、高密度、近距离、高速度运转的双星系统，这个效应会更加明显，甚至明显到可以观测的程度。

1974年，美国物理学家约瑟夫·泰勒和拉塞尔·赫斯发现了脉冲双星PSR1913+16（其中一颗星是脉冲星的双星系统）。这个双星系统的轨道周期只有7.75小时，轨道椭率达0.617。自从PSR1913+16的倩影映入眼帘时起，泰勒和赫斯的目光就再也没有离开过她们。四年的目不转睛，四年的体察入微，换来了百亿分之几的观测精度！

终于，他们发现该双星的轨道周期在稳定地变短，每10年减少4秒，双星每年相互靠近大约1厘米。这个数值与爱因斯坦广义相对论的理论预言符合得相当好，误差不超过0.5%。现在，我们知道的是，广义相对论对脉冲双星的预测精度，已经与观测符合到10^{-14}。到目前为止，人类还没有任何其他理论可以达到这个变态精度！对于如此精准的预测，最简单也是让更多物理学家接受的解释是，广义相对论对其引力辐射给出了准确说明方得如此。这就是引力波的间接证据。

别小看这个间接证据，它让泰勒和赫斯共享了 1993 年的诺贝尔物理学奖！这种用观测双星系统发展来的间接"探测"引力波的方法，叫作"脉冲双星探测法"。2004 年发现的 PSRJ0737-3039A/B 是迄今为止唯一的双脉冲星（两颗星都是脉冲星的双星系统），她们的轨道周期只有 2.4 小时，轨道较圆，椭率为 0.088，这是一个更理想的引力波探测对象。

脉冲双星探测法虽然不能说不靠谱，但毕竟是间接证明，就算我们发现的所有脉冲双星都得到了相同的探测结果，也不如直接探测到引力波给力。就像当年的电磁波，因为没有实验验证，所以无论它在理论上存在得多么理所当然、多么毋庸置疑，也只能徘徊在物理大厦的边缘，站在哪儿都底气不足，撑不起科学的大梁。

所以，间接证明只是给了我们继续探测引力波的信心。这就像道听途说苦苦追求的姑娘对自己似乎有了好感，虽然不那么确定，但足以让我们的追爱步伐更加坚定起来。这不，在双星这么间接地鼓励下，欧洲航天局（ESA）和美国国家航空航天局（NASA）搞了一个空间合作项目：激光干涉空间天线（LISA），这是目前最宏伟的引力波探测计划。之所以称之为"计划"，是因为它真的只是一个计划，实施时间计划在 2015 年。此计划之于物理界，相当于咱国领导之于本级官媒，备受瞩目。

LISA 怎么进行引力波探测呢？其实一看名字就知道，它的基本原理还是利用激光干涉来感应引力波对空间造成的拉伸和压缩。不过，它的形状与地面上的激光干涉探测仪有很大差别。造成这么大差别的原因只有两个字：环境。

在地面上，有空气尘埃、风云雷电、雨雪霜露、人虫鸟兽等的干扰。为了抵抗这些千奇百怪的干扰，对探测器的关键部分，包括激光路径等，必须进行密封、防震、低温、恒温、真空等技术处理，这需要一大堆笨重的配套设施才能做到，这些配套设施，无论是数量还是体积，都远远超过了激光干涉仪本身。所以，我们在地面看到的所谓"激光干涉引力波探测仪"，通常是一个长达几百米甚至几千米的庞大建筑群。

而太空中不存在地面上常见的那些干扰，不用密封隔绝（本来就是真空），用不着防震（温度很低很稳定），所以，只要搞定激光干涉本身就 OK 了，根本用不着那些配套设备，甚至连那根长长的、用层层管子套装的长臂都省了。

根据现在的设计，LISA 其实是三个一模一样的航天器，三兄弟在太空中等距分布，作三足鼎立状，每两个兄弟之间的连线都是 500 万千米（地球的直径只有 1 万多千米哟），也就是说，这是一个巨大的等边三角形。

每个航天器都有两个相同的光学台（包括光源、分束器、检测器、光学镜组等），分别与另外两个航天器上的对应光学台有激光交流，构成一套悬浮在太空的激光干涉仪。激光在两个航天器之间走一趟，要用大约 16 秒钟的时间。

虽然 LISA 的工作环境很理想，不需要那么多配套设施，但它仍然需要解决很多技术细节问题，如：激光长距离传输的损耗问题、航天器运行对激光频率造成的多普勒效应问题，保护关键部件不受光压和太阳风粒子影响的问题等。

下了这么大力气，只为了一个很简单的目的：提高灵敏度和可靠性。那么，LISA 的灵敏度能达到多少呢？它能够在 500 万千米的长度上，探测到 10 皮米（1 皮米等于 10^{-12} 米）量级的长度变化！这一精度远远高于现有的各种引力波探测器。所以，物理学家们对她的殷切期待，远非其他引力波探测器可比。甚至有人期待，她可能探测到宇宙大爆炸时产生的"原始引力波"！

不管前景多么振奋人心，LISA 现在毕竟还在孕育之中，我们多数人现在所能做的只能是像盼望选票一样，好好活着，翘首以待。

就在人们翘首以待之时，2014 年 3 月 17 日，美国哈佛大学史密森天体物理中心宣布，他们找到了宇宙膨胀理论的最有力证据，顺便找到了引力波存在的直接证据！

原来，哈佛大学的约翰·科瓦克（John Kovac）带领他的团队，在南极架了套 BICEP2 望远镜，探测宇宙微波背景辐射——也就是利用宇宙中最古老的光绘制宇宙地图。现如今，探测宇宙微波背景辐射只能算是常规的天文观测手段，因为这事儿人类已经干了 50 年了，但不同的是，现在探测精度越来越高。从 BICEP2 望远镜搞到的宇宙图中，科瓦克团队分析了微波背景辐射的分布，认为找到了宇宙暴胀期留下的痕迹——时空涟漪，也就是引力波。

自从科瓦克团队宣布发现引力波的证据后，科学的自检自查系统就启动了。欧洲空间局普朗克卫星首先介入了调查，随后，夏威夷的凯克望远镜也加入了鉴定。BICEP2望远镜探测到的引力波涟漪证据是某种细微的卷曲偏振图像。但经过普朗克、凯克等望远镜的图像分析，认为银河系的尘埃也可以让光线发生这样的偏振，他们的结论是，BICEP2可能被银河系尘埃给耍了！所以，目前靠谱的结论是，我们不能确认已经探测到了宇宙暴涨的遗迹。因此，现在宣布发现引力波还为时尚早。但值得一提的是，调查并确认BICEP2错误的组织是欧洲空间局和科瓦克团队组成的。

那是不是这种探测方法不靠谱呢？不，方法靠谱，只是观测位置、观测精度、观测频段范围需要进一步斟酌、提升，直到可以确保两点：一是精确地去掉尘埃噪声；二是留下比噪声微弱的引力波信号。希望在不久的将来，我们可以看到科学家们拿下这个宇宙学的圣杯。

如果用这种办法可以找到引力波存在的直接证据，那LISA是不是就没用了？当然不，它会更有用。因为人类如果能够探测到引力波，就相当于多了一双天眼，不仅会诞生引力波天文学，还会衍生出引力波通信等高端大气上档次的福利，前途不可限量。不确定引力波存在时，制造LISA很可能是竹篮子打水；一旦我们确定引力波的存在，制造LISA就成了一项好处看得见的投资，横竖不吃亏，不做白不做！所以，希望这个项目尽快上马吧！

参考系拖曳

参考系拖拽也叫时空拖曳，更形象的叫法是"时空旋涡"。天体自转时，能吸引附近的时空一同转动，大致就像在蜂蜜里转动一个球，球附近的蜂蜜会随着一起转动一样，区别是时空拖曳的效应非常微弱，天体质量（密度）越大，这种效应就越明显。

麻省理工学院崔伟领导的小组、意大利罗马天文台路易吉·斯特拉领导的小组都对致密天体（中子星、黑洞等）进行了大量观测。他们发现，致密天体引力强大，可以把围着自己转的恒星上的物质夺到自己身边，形成一个随着自己转动并不断扩大的圆盘，参考系拖曳效应导致圆盘上的物质以致密天体的自转轴为中心旋转、发生脉动。观测过程很复杂，比如还要测 X 射线强度什么的，这里不再赘述。

1997 年 11 月初，美国天文学会宣布，他们的观测证实了"参考系拖曳"的预言。加州理工学院天体物理学家基普·索恩说，这是对爱因斯坦思想的一个极其重要的检验。然而，这次验证还远远不够，科学需要更精确的验证。

引力探测器 B。这是一项发明，一项只为验证相对论两个预言而产生的发明。叫这个名字也是没办法，因为她有个姐姐，1976 年发射的"引力探测器 A"。引力探测器 B 的任务是探测广义相对论预言的"测地线效应"和"参考系拖曳效应"。

太阳系里的这两个效应实在是太微弱了，所以对探测设备精度的要求极其苛刻。苛刻到什么程度呢？咱俩得从侧面看（如果用技术参数来表达，还没等你看明白，我自己就先懵了）：

这是美国国家航空航天局历史上研发时间最长的计划，研发周期长达 40 多年。这是历史上第一颗由 NASA 资助，由大学研发并投入运作的人造卫星，耗资达 7.5 亿美元。由于它的研发，开发并完善了至少十几种新技术，产生了 92 篇博士论文。

它所用的陀螺仪，稳定性超高，是最好的导航陀螺仪的100万倍。为了制成完美球体的陀螺仪转子，研究团队用10多年时间，开发出一套全新的制造工艺。得到了人类迄今为止最完美的球体：它们约为乒乓球大小，相对于理论上的完美球体，其误差小

【图6.16】熔凝石英制成的陀螺仪转子

于10纳米（40个原子）。按比例放大到地球那么大，这个球上的最高峰只有2.4米高。它的超导量子干涉仪可以探测到0.1毫角秒的角度倾斜。这个角度有多大呢？你把一个直角分成90份，然后拿出其中1份，再分成2160000份，你没看错，后面是4个零。为了把分子运动产生的扰动降到最低，陀螺仪温度保持在 -271℃。而宇宙理论最低温，也就是绝对零度为 -273.15℃……简直是无所不用其极。

好了，技术成熟了，可以开始工作了！

格林威治时间，也就是国际标准时间2004年4月20日16点57分23秒，范登堡空军基地，德尔塔—2运载火箭腾空而起，当然没忘了带上我们的宝贝：引力探测器B。发射时间之所以精确到秒，是由于对运行轨道的高精度要求，发射窗只能维持一秒钟。18点12分33秒，探测器进入轨道。卫星运行时间持续17个月。

四个堪称完美的陀螺仪被电场悬浮起来。一束氦气流如约而至，温柔地推动它们开始旋转。超导量子干涉仪开始监测它们的自转轴方向。方位参考望远镜死死地盯住那里——飞马座双星HR8703，这也是陀螺仪自转轴的初始方向。

两个目标：

（1）测地线效应造成陀螺仪的进动，进动值是每年6.606角秒。还记得水星进动吗？每百年5600.73角秒，那么每年就是56.0073角秒。比起水星进动，陀螺仪进动值小多了。也就是说，更难测。

（2）地球自转的时空拖曳效应会使陀螺仪自转轴发生每年0.041角秒的偏移，那么它的指向就会与望远镜的指向形成一个小小的夹角。这个效应值更小，只有上面那个效应值的1/170。因此，探测器必须具

备 0.0005 角秒的精度，相当于我们测量 160 千米外的一张纸的厚度！如果你对此没什么概念，就在你家晾衣架上夹一张纸，然后离它 5 米开外，想办法用某种仪器隔空测量一下它的厚度试试，之后想想，如果这个距离是 50 米会怎样，是不是很让人崩溃？

【图 6.17】引力探测器

这两个微不足道的值，就是我们花了 40 年时间，耗费了 7.5 亿美元所要探测的！在此之前，这两种效应还没有被精确测量过，至少从未达到过引力探测器 B 预计的精确量级：万分之一。别小看这个精度，这可是针对极其细微的效应的。大象的万分之一和跳蚤的万分之一能是一个概念吗？

我们来看看引力探测器 B 的任务日程表：

2004 年 4 月 20 日，成功发射并进入预定极轨道。

2004 年 8 月 27 日，进入科学探测阶段。

2005 年 8 月 15 日，完成科学探测阶段，转入最终数据校正模式。

2005 年 9 月 26 日，校正阶段完成，等待恒温室残留的液氦完全耗尽。

2006 年 2 月，数据分析第一阶段完成。

2006 年 9 月，数据分析团队宣布数据分析时间表延长到 2007 年 4

月之后。

2006 年 12 月，数据分析第三阶段完成。

2007 年 4 月 14 日，美国物理学会四月年会，项目首席科学家、斯坦福大学教授弗朗西斯·埃弗瑞特报告初始成果：观测数据证明，爱因斯坦的理论对测地线效应的预言误差低于 1%；由于参考系拖拽效应要比测地线效应弱 170 倍，一些噪声信号造成的干扰不低于拖曳信号本身的效应，数据分析仍将继续下去。这个过程持续了 4 年。

2011 年 5 月 4 日，美国航天局发布消息称，地球周围确实存在时空旋涡，参考系拖曳效应的各项观测参数与广义相对论预言的数值完全相符。

这项工程自 1963 年开始，艾福瑞特和他的一部分同事已经在这个项目上花费了整整 47 年的时间。真是一项史诗般的工程！美国航天局天体物理学家威廉·丹奇说：这项成果对理论物理学具有长期影响，将来要想挑战爱因斯坦的广义相对论，就必须获得比引力探测器 B 观测结果更精确的数据。

负责对引力探测卫星 B 的数据进行检查和评估的科学家、美国华盛顿大学圣路易斯分校的克利福德·威尔表示："这是一个历史性的时刻……有一天，今天的这个实验将被作为经典案例写进物理学教科书。"

相对论让人类重新审视这个世界。时间、空间、物质、运动，都不是以前我们认为的那样，它颠覆了人类千万年来的经验、直觉，以及我们曾陶醉其中长达 200 多年的科学思想体系。

遥想当年，爱因斯坦刚刚创立广义相对论的时候，大多数人都无法接受，这其中还包括许多物理学家（甚至包括狭义相对论关键概念的重要奠基人庞加莱、洛仑兹等）。但在所有人怀疑的目光中，铁的事实一次又一次证明相对论是对的，所以，我们必须接受它——在没有更好的理论取代它之前。

虽然相对论走过的道路注定充满艰辛和坎坷，但也注定通向灿烂和荣耀。光荣属于伟大的爱因斯坦！也属于千千万万的怀疑者、挑战者、验证者！因为没有那么多怀疑、没有那么多挑战，就不会有范围如此之广、数量如此之多、精度如此之高的验证，人们也不会对这个理论树立如此之强的信心！

　　时至今日，广义相对论已经走过了100年的历史，它经受了各种考验，成了人们普遍承认的真理。

　　广义相对论不仅奠定了现代物理学的基础，对现代科学产生了巨大的影响，也对现代人类思想的发展产生了深远的影响。自从人类得到了相对论，宇宙的起源和终结有了依据，小裂变产生大能量不再是幻想，黑洞和暗能量的存在合情合理，时间旅行成为可能……人们惊奇地发现，以前想都不敢想的东西，逐一步入了我们的视野，宇宙几乎所有的奥秘，都隐藏在相对论那几行简单的公式中！

　　实事求是地说，直到现在，我们对宇宙的理解仍然没能超越爱因斯坦。百年来的发展和完善，说到底，只是在爱氏框架基础上的修修补补。我们的宇宙，从根本上说，就是爱因斯坦的宇宙。

【图6.18】科学灯塔（李焕作品）

荣誉与生活

内容：明星生活和诺贝尔奖

时间：1918—1928

超级巨星

爱因斯坦说过，在狭义相对论创建时，各方面条件都已具备，只要有人跳出传统框架就能得到同样的结果。所以，即使没有他，再过些年，依然会有别的科学家得出狭义相对论。然而，广义相对论的建立，就只能算是人类的幸运了。广义相对论思想已经远远超出了那个年代。这一理论无矛盾相逼，无观测征兆，无现实需要，无经验可循，无实验支持，爱因斯坦掌握的只有思想、逻辑，这才叫赤手空拳、单枪匹马打天下。因此，爱因斯坦能够创建广义相对论，不仅是他个人的幸运，也是全人类的幸运。

有了 1905 奇迹年，爱因斯坦已经可以跻身于人类顶尖科学家的榜单，平视伽利略是没问题了，但跟牛顿还有距离。广义相对论的建立，则让爱因斯坦可以毫无压力地与牛顿比肩了。所以，当光线弯曲被验证的消息传出后，整个世界沸腾了。

那是 1919 年 11 月 6 日下午，伦敦皮卡迪利大街柏林顿会馆，牛顿在相框里严肃地俯视着大厅里的后起之秀。英国皇家学会、皇家天文学会的牛人们汇聚一堂。他们清楚，这或许是见证历史奇迹的时刻，因为，他们聚集于此只为一件事：听取关于日食观测的报告。随后，报告称：观测得到的数据跟广义相对论预测的数值相吻合。

专程从剑桥赶来的数学家、哲学家阿尔弗雷德·诺斯·怀特海写道："……背景中的牛顿画像让我们想起，200 多年后，这一伟大的科学体系终于首次得到了修正。"

半信半疑的路德维希·西尔伯斯坦问爱丁顿，听说全世界只有 3 个人懂广义相对论，其中一个是你？爱丁顿闻言默然沉思。西尔伯斯坦见状催促道："别那么谦虚，爱丁顿！"不料爱丁顿答："恰恰相反，我在想第三个人是谁。"

虽然懂的人不多，但感兴趣的人不少。就在大会宣布广义相对论被验证的第二天，也就是 11 月 7 日，伦敦的《泰晤士报》以三行大标题报道：

科学中的革命！

新的宇宙理论！

牛顿思想被推翻！

两天后，《纽约时报》跟进报道。但第二天，《纽约时报》觉得这篇报道不够给力，于是用了罕见的六行大标题又报道了一次，接下来一连几天，《纽约时报》关于广义相对论的话题"连篇累牍"。

广义相对论不仅颠覆了人们熟悉的世界，也引爆了人类对科学的关注热情。爱因斯坦对格罗斯曼说："现在，每一个马车夫和店员都在争论相对论是否正确。"《纽约客》刊登的一幅漫画生动描述了当时的情况：困惑的大楼管理员、主妇、看门人、儿童、街上挠头的行人。文字说明是老爱的一句话："人们慢慢习惯这样一种观念：空间本身的物理状态，是最终的物理实在。"

媒体的关注点永远是市场化的。媒体发现老爱的理论可以吸引眼球后，又惊奇地发现，老爱本人也具备吸引眼球的潜力，这位天才一点儿也不木讷刻板，相反，他不仅才华横溢、幽默风趣，而且精力充沛、风流倜傥、卓尔不群，加上那一头充满艺术气质的乱发，简直就是天生的偶像、超值附赠的眼球收集器啊！于是，从那以后，老爱整天被媒体围追堵截。

荣誉高、名气大、关注度高当然是好事，至少，对个人而言，你粉丝多就意味着说话有人听、有人信，总比好不容易发个帖子却秒沉、零回复强。作为一个对各种现象总是忍不住发言的社评家，爱因斯坦对名望自然也是极喜欢的。不过，作为一个喜欢躲在角落里胡思乱想的科学家，名声带来的纷扰却让爱因斯坦倍感烦恼。所以说，老爱对名声的感情很复杂，他对朋友抱怨："自从报纸文章泛滥成灾以来，我被海量问题、邀请和请求淹没了……"他对玻恩说，"我几乎喘不过气来，更别说抽时间做任何有价值的工作了。"

好不容易火了，还抱怨，是不是太矫情？不是，因为一下子火大了，远远超出了爱因斯坦的想象。《纽约时报》从1919年11月第一次提到爱因斯坦开始，一直到老爱去世，没有一年不提及爱因斯坦的名字。爱因斯坦出现在哪儿，哪里就会人山人海、水泄不通。他的每次讲演都有上千听众，当然，这些听众中，赶时髦追星的占大多数，其中还有不少外国游客。一位曾亲历老爱讲演的人描述道："报告厅里坐着许多衣着华贵的阔太太，她们用望远镜无微不至地端详着这位学者……报告一结束，这些外国游客就冲向黑板，争拾老爱留下的粉笔头。他们想把这些珍贵的纪念品带回家，到处炫耀。"

到处都在请爱因斯坦去做相对论的报告，盛情难却，但老爱也因此很累、很无奈。他的司机理查是个机智风趣的美国人，一次去演讲的途中，理查对老爱说："您太辛苦了。那个报告我跟着您听了三十多次，报告内容我都倒背如流了。"

爱因斯坦闻言童心大起，道："是吗？那你可以替我做报告了。"对他而言，这样做又省力又好玩，真是一箭双雕。

"那怎么行呢？人家请的是您呀！"

"没事，反正那里没人认识我，你放心大胆地讲好了。"

于是，爱因斯坦和理查对换了行头。

司机没有吹牛，他顺利地完成了报告，还获得了阵阵掌声。胜利的喜悦刚刚爬上理查的脸，台下一位好学不倦的教授却站起来提了一连串理查几辈子都想不出答案的高深问题。

理查顿时汗腺大开，不过在重压之下，他忽然脑洞大开，反守为攻道："我很奇怪您为什么问如此简单的问题。为了让大家明白这些问题是多么简单，现在请我的司机来解答。"说着，他对坐在一旁的爱因斯坦招招手："喂，理查，你上来帮我做些说明吧！"

于是爱因斯坦上台，圆满解答了所有问题，小伙伴们都惊呆了。爱家的司机都如此强大，震撼啊！

不只是爱因斯坦，就连他的朋友们搞相对论讲座，也是场场爆满，爱丁顿说："现在，了解爱因斯坦成了一种时髦。"爱丁顿在剑桥讲相对论，几百人挤满了报告厅，还有几百人挤在厅外，利奥波德·英菲尔德那时是波兰一个小城的教师，他回忆道："在寒冷的冬夜，我搞相对论讲演，人们排起了长队，连城里最大的报告厅都容不下。"

很多大科学家也开始亲自阐述、解释相对论，洛伦兹、普朗克、劳厄、爱丁顿、玻恩，连哲学家、数学家罗素也跑来凑热闹。

爱因斯坦的一个朋友对他说："你的名声太大了，达到了匪夷所思的地步。听说有两个大学生打赌，从美国发出一封信，信封上只写'爱因斯坦收'，看能不能寄到。听说那个赌你收不到的同学输得很惨。"

"对，"老爱笑道，"信的确收到了，非常准时。但这不是因为我的名声大，而是因为邮局递得准。"

欧洲人尊重知识、崇尚科学的传统由来已久，200 多年前，牛顿死的时候，全欧洲的名流涌入伦敦吊唁，有资格给他扶柩更是莫大的荣耀。现在，老爱就是活牛顿，众人对他的景仰，那真是有如滔滔江水连绵不绝，又如黄河泛滥一发不可收拾。

1921 年 6 月 13 日，爱因斯坦访问英国，去海尔登爵士家里做客。刚到爵士家，海尔登的女儿听说眼前这位就是大名鼎鼎的爱因斯坦时，竟然激动得昏了过去。海尔登爵士后来回忆道："爱因斯坦是一个与众不同的人，他不希望自己被人注意，但是那毋庸置疑的天才却驱使人们不让他有片刻的安宁与休息。"

科学成就大，个人魅力强，是爱因斯坦成为偶像的主要原因，当然，他端正的三观，也是"遭受"人们崇拜的重要原因——他一生都是和平、自由、民主的倡导者。

1922 年 3 月，老爱冒险访问巴黎。虽然这只是一次学术访问，但是充满了促进德法和解的象征意义，影响明显。其间，他和法国政界讨论了两国关系和国际形势，希望努力缓解矛盾，促进两国知识分子的国际合作，最终废止战争。热心的法国人称老爱为"和平使者""天使"，对老爱热烈欢迎，大加赞赏，他们认为老爱的来访"标志着从国际疯狂中恢复正常的开端"，是"超级天使战胜地狱妖魔"。

1922 年年底，爱因斯坦访问日本，到达东京东站时，粉丝云集，人群拥挤得连警察都傻眼了，日本皇室放弃传统节目，一切都围着爱因斯坦转。

1925 年 6 月，爱因斯坦去南美访问，到达乌拉圭成为其首都报纸的头条新闻达整整一星期之久。

盛名之下，老爱并没有陶醉其中。实际上，他自始

【图 7.1】爱因斯坦和艾尔莎在日本

至终都是清醒的。1919 年，爱因斯坦 40 岁生日时，全世界的报纸都发表了有关他的文章。在柏林的住处，从世界各地寄来的祝寿信件装满了好几个篮子。9 岁的次子爱德华问他："老爸，你怎么会这样有名呢？"爱因斯坦笑着说："你瞧，一只甲壳虫在一个球面上爬行，它意识不到它走过的路是弯的。幸好我能意识到。"

1919 年 11 月，日食观测结果公布后，《泰晤士报》请老爱撰文阐述他的理论。该文于 11 月 28 日发表。为了讽刺"一战"后蔓延的民族主义，爱因斯坦在文章的结尾写道，如果相对论赢了，德国会宣布我是个德国人，法国会称我是世界公民。但是，如果相对论搞砸了，那么，法国会强调我是个德国人，而德国会说我是瑞士犹太人。

名气、荣誉就是价值，价值在很多时候可以折算成价格。古来如是。

按说，一个受欢迎的巨星，利用自己的声望和全球人民的厚爱，为自己谋取利益，也是顺理成章的，比方说做做代言啦、出出自传啦、当当领导啦、办办企业啦、挂挂名啦、剪剪彩啦、走走穴啦、捧捧亲信啦、打压打压对手啦……一定吸金无数，威风八面，享尽人间富贵荣华。然而，老爱却不准备靠这个谋取钱和权。

老爱在世时，那些想借他的名声做广告的商家请不动老爱，只好憋着。老爱去世后，众多商家忍无可忍，无须再忍，便一拥而上，苹果电脑、戴姆勒——克莱斯勒轿车、富士胶卷、施乐复印机……各种品牌纷纷把自己的商品与老爱挂钩。钢笔名牌柯龙生产了一种纯银钢笔，命名为爱因斯坦，每支售价 6950 美元；迪斯尼公司出品了开发儿童智力的"小小爱因斯坦"，大卖特卖；还有商家干脆直接从侵犯老爱的肖像权入手，制作了一整套爱因斯坦式的假发、胡子和眉毛来卖……

不说别的，就说肖像权一项吧，老爱临终前把他的所有知识产权、手稿以及肖像使用权捐给了以色列的耶路撒冷希伯来大学。2011 年 2 月 11 日，美国有线电视新闻网报道，希伯来大学授权厂商利用老爱的肖像制作产品，每年都能获得数百万美元的效益。以至于老爱的孙女、身患癌症的伊夫林抱怨希伯来大学太吝啬，坐享老爱那么多的巨额遗产收益，却不肯救助她分毫。当然，这是题外话的题外话了。

我们可以想象一下，假如老爱在世时肯利用自己的声望赚钱的话，当个富翁肯定是没问题的。但老爱就是老爱，他不但从不倚名自恋、恃宠撒娇，还多次谢绝担任有关部门和组织的领导职务。并且，对于送上门来的钱，他也从不会照单全收。普林斯顿大学以当时最高年薪16000美元聘请他，他却说："给我3000美元就够了。"

著名的莱顿大学请爱因斯坦在该校挂名，什么也不用干，只要人们能说"爱因斯坦在莱顿——莱顿有爱因斯坦"就可以了，报酬是双倍聘金。老爱想都没想就拒绝了。朋友们觉得这是件两全其美的事，没什么不好。可爱因斯坦不认可不劳而获，他说："那样我将是双倍的可鄙！"

类似的事情，在老爱身上不胜枚举。

一个电台请爱因斯坦发表讲话，并答应给他每分钟1000美元的酬金。

"我的话根本不值那么多钱。"爱因斯坦拒绝道。

"你大概不喜欢金钱吧？"来人问道。

"噢，基金会最近寄给我1500美元的支票，我倒挺喜欢的，就把它当书签用了。可惜后来和那本书一起丢了。"

"真是太可惜了。"

"一点也不。在我看来，多一份财产就多一块绊脚石。"

有人可能认为这是"装"，然而，事实证明不是，首先，该要的钱，他也会要，甚至会谈价钱。这个，我们在后文中会提到。其次，他不需要装，因为即使他拿了那些钱，也丝毫不影响他的伟大形象——受聘教授拿工资、演讲收费，都是合情合理的。

对于找上门来的各种荣誉，老爱也是不以为然。他不止一次地对朋友抱怨说："荣誉使我变得越来越愚蠢。一个人的实际情况与别人认为的往往很不相称。我现在打个嗝，都会被别人说成是喇叭独奏。"

简单的生活才是创造的原动力，这是他的看法。所以他努力在万众瞩目和简单低调之间找平衡，试图鱼和熊掌兼得。一次，在去往布拉格的途中，为了躲避达官贵人的应酬，老爱躲到朋友弗兰克那里借宿，但弗兰克两口子当时住在实验室的办公室套间，爱因斯坦只能睡在沙发上。

在物质上，老爱总是保持简朴和低调。那时，中产阶级都以买小汽车为时尚，但爱因斯坦不要汽车，也不学开车，他坚持步行两千米上下班。一次乘船去纽约，船长为老爱安排了豪华房间，但老爱却不接受这种特殊优待，自己跑到下等舱里去休息。

　　还有一次，老爱从布拉格到维也纳，目的地有 3000 多人在兴奋地等着他，包括科学家和粉丝。火车到站后，接待方就在一等车厢等他下来，结果没等到，于是他们又跑去二等车厢找，也没找到，最后，在站台尽头的三等车厢见到了老爱，他的理由是，在三等车厢可以不被认出来。

　　老爱的表现，常让追捧他的人各种伤心。比如他经常收到各种学术团体、社会机构授予的各类荣誉证书，每次他都漫不经心地扔到一边，不知所终。一次，老爱收到一张精美华丽的纸片，他扫了一眼，既没有美女靓照，也没有民生时局，更没有科学难题，于是，他顺手就把它扔进了废纸篓。

　　后来，他的朋友和学生卢西恩·查文找到老爱。因为日内瓦请老爱参加加尔文庆祝典礼，发来了请柬，上面还宣布授予老爱日内瓦大学荣誉博士学位，可老爱没反应，所以就请卢西恩来促成此事。老爱这才想起扔掉的那张卡片。

　　来到日内瓦后，老爱在旅馆餐厅遇见了几位苏黎世的教授，他们正在兴致勃勃地论资排辈——谈论各自是以什么资格来的。教授们一见老爱，就问他是以什么资格来的，老爱眨着天真无邪的大眼睛茫然不知，还好教授们都门儿清，就告诉了他。

　　第二天，老爱一身便服、一顶草帽来到活动现场，本想找个角落混过去算了，但没能得逞，只好混迹在衣着考究的名流之中。庆典活动的最后是一场丰盛奢华的宴会，老爱极其反感。他问身边的一位显贵："如果加尔文现在复活，你知道他会干什么吗？"显贵不明就里，就问老爱会如何，老爱说："他肯定会一把火把我们这些贪吃鬼统统烧死。"

　　这个老爱，你的情商呢？

　　老爱应邀去比利时访问，比利时王室专门成立了接待委员会，派出许多官员到火车站准备了一场隆重热烈的欢迎仪式，还派了豪车去车站迎接。虽然大家从未见过爱因斯坦，但他们都是见过世面的人，平时看看人的衣着打扮，就能对来人的身份判断个八九不离十，所以很自信。

　　但这次郁闷了，他们问了每个衣冠楚楚的乘客，没有一个是爱因斯坦。车站的旅客都走光了，他们也没有找到爱因斯坦。无奈之下，只好回宫复命。半小时后，爱因斯坦一身破旧西服，拎着旧皮箱，优哉游哉地溜达到了王宫。国王一见，笑道："难怪他们认不出您，您穿得也太朴素了。""这套衣服有什么不好呢，要是衣服比里面的肉更好，岂不是很糟糕？"

当然，名气带来的，不仅有好处，还有危险。话说"一战"前后，德国人民的日子过得每况愈下，战前，1 马克值 24 美分，到了 1920 年，只值 2 美分，虽然严重贬值，但依然可以买到一条面包，到了 1923 年年初，一条面包要 700 马克才能买到，如果你认为这很过分，那么，到了年底，这条面包已经值 10 亿马克了。

日子过不好，灵与肉都煎熬，物质搞不到，只好在精神上找出路——找替罪羊。是谁把我们害成这样的？一定有人出卖了我们！要不是那些国际主义者、和平主义者一个劲儿地反战、怂恿德军投降，"一战"我们能战败吗？要不是有犹太人在德国，德国能这样吗？不幸的是，爱因斯坦是个崇尚和平主义、国际主义的犹太人，两条他全占了，而且，这时的他已经成了犹太人的代表，反犹先反谁？目标这么大，一目了然。民族主义的抬头给德国再次蒙上了动荡的阴影，纳粹党火借风势，风借火力，已成燎原之势。

对于纳粹，睿智的爱因斯坦早已看穿了一切，从一开始，他就认识到这类借国家民族之名、行暴力迫害之实的组织是些什么鬼。作为一个反对民族主义的犹太人，在整个民族遭受排挤和迫害的情况下，老爱意识到，自己应该为犹太人做点什么了。在犹太复国主义运动领导人库尔特·布卢门菲尔德的说服下，爱因斯坦决定支持犹太复国主义——在巴勒斯坦建立犹太人的定居点，并且建一所犹太人的大学，这就是耶路撒冷希伯来大学的由来。他说："我很高兴地球上有这样一小块儿土地，在那儿，我的同胞不再被视为异己。"

提起德国科学界的民族主义和反犹主义，就绕不开勒纳德。这名优秀的实验物理学家是个狂热的民族主义者，他尤其仇视英国人和犹太人。所以，出于民族主义的考虑，他反对爱因斯坦和相对论。1920 年，极端民族主义者魏兰德成立了一个专门反相对论的组织，叫"德国科学家维护科学纯洁研究小组"，后文中，当你看见另外一些"小组"时，一定会想起这个。勒纳德就支持这个组织。

这个组织经费充足，经常组织大型集会，从"犹太性"出发，反对相对论、反对爱因斯坦，1920 年 8 月 24 日，在柏林爱乐音乐厅，魏兰德又复制了一次这样的集会，就在他们演讲时，人群中一阵骚动："爱因斯坦，爱因斯坦……"是的，爱因斯坦来到会场观看他们的演出，并且肆无忌惮地嘲笑这场闹剧。

随后，爱因斯坦在《柏林日报》头版写了一篇文章，言辞激烈地反驳了魏兰德等人（顺手捎上了勒纳德），这下把遮遮掩掩反犹的勒纳德搞得暴跳如雷，后来，他终于成了一个公开反犹的纳粹。

1921年春，老爱做了一件科学史上史无前例的事——去美国巡游。本来，老爱早就想去美国挣一笔钱，实现"经济独立"，但他第一次要价太高——朝普林斯顿和威斯康星两个大学要价1.5万美元，要知道，当时诺贝尔奖金才3万多美元，结果把两个大学吓到了。于是，他准备改变春季行程：参加第三届索尔维会议、到莱顿做一些讲演。

然而，这个行程很快又被改写了，因为布卢门菲尔德找上门来，带着世界犹太复国主义组织的领袖哈伊姆·魏茨曼发来的一份电报邀请。魏茨曼这次来电，是想邀请老爱一起去美国，为建立犹太人定居点、创立希伯来大学筹款和寻求支持。老爱本一开始是拒绝的，因为他不是一名演说家。但当布卢门菲尔德第二次念完电报后，老爱同意了。

1921年3月21日，老爱、艾尔莎首次访美。老爱的到访，引起了美国的轰动，爱因斯坦上岸时，纽约市长携政要们早已等在那儿了。后来，在市政府举行的欢迎仪式上，一万多名观众激动地围观爱因斯坦，并为之爆发出"雷鸣般的欢呼"，《纽约时报》报道："爱因斯坦博士离开时，被同行们举上肩膀，扛进了汽车……欢呼声响彻云霄。"

在纽约访问了三周后，他们去了华盛顿、芝加哥，造成多大影响就不说了，反正参议院已经决定就相对论展开辩论，而国会大厦那边的众议院，也为了是否把相对论的解释写进《国会记录》发生了争论。4月5日，哈丁总统会见了爱因斯坦，有人问总统是否懂相对论，哈丁承认自己完全不懂，《华盛顿邮报》于是登了一幅漫画：哈丁看着相对论发呆，爱因斯坦对着哈丁的政治理论发呆。

后来，爱因斯坦终于还是去普林斯顿大学做了讲演，并且也得到了一笔"可观的报酬"，但肯定不到1.5万美元，不过，他谈成了一笔买卖，普林斯顿出版他的讲演，其中15%的版税归老爱。

老爱这次在美国巡游的时间不短，但美国人的热情有增无减，所到之处，游行队伍都是浩浩荡荡，比方说在康尼狄格州，1.5万多人夹道欢迎，游行队伍中有100多辆汽车，车队前面是乐队、老兵，扛着美国国旗和犹太复国主义旗帜，报纸的报道毫无新意："人们的欢呼声响彻云霄。"

老爱虽然支持犹太复国主义，但他始终没加入其中，成为正式成员。他最支持的是建成那座大学。这次美国之行，他们得到了官方和群众的热烈欢迎，但没有得到犹太富豪们的支持，所以，这次筹款只募集到75万美元（这些钱主要来自普通群众）。不过，这次行动的影响巨大，美国人听到了他们的呼声和主张（这主要得益于老爱的声望和影响）。

感情生活

1919 年 2 月 14 日，情人节，爱因斯坦和米列娃取得了离婚判决书，约定爱因斯坦将来的诺贝尔奖金归米列娃。后来，可怜的米列娃在苏黎世度过了她郁郁寡欢的余生，于 1948 年去世。

1919 年 6 月 2 日，在艾尔莎家的敦促下，爱因斯坦和艾尔莎结婚。这里当然有感恩的成分。他们的新家在艾尔莎居住的哈伯兰大街五号。这一年，爱因斯坦 40 岁，艾尔莎 43 岁。小爱变成了老爱。爱因斯坦和艾尔莎之间没有激情、没有浪漫，也没有思想共鸣，只是两个人相互信任、相互依赖、各取所需、各得其所。事实证明，这种婚姻也没什么不好。

从最初全凭感觉的浪漫，到寻找共同语言的成长，再到现实需要的成熟，爱因斯坦的爱情三部曲经历了每个人走过的寻常之路。不寻常的是，他离了一次婚。

婚后，爱因斯坦稀里糊涂、乱糟糟的家庭生活终结了。艾尔莎虽然不懂科学，但很能干：说得一口好法语，英语也相当流利，管理资金、料理家务、照顾爱因斯坦，样样拿手。可以说，她一人担任起了爱因斯坦妻子和母亲两个角色。而且，这些家庭琐碎的事务，并没有把她变成一个短见庸俗的主妇——在外面，她虽然有时表现得有些虚伪，但总的来说，还是能做到落落大方的。更难能可贵的是，她始终保持着那种"颇具自知之明的幽默感"。

1922 年 10 月，艾尔莎陪爱因斯坦去亚洲做了一次长达 6 个月的巡游。到了巴勒斯坦，爱因斯坦夫妇受到了英国国宾礼欢迎（当时的巴勒斯坦是英国的殖民地），这是国家元首的待遇，后来，

【图 7.2】爱因斯坦与艾尔莎

喜欢热闹、酷爱社交的艾尔莎也被英国仪式搞得心力交瘁，开始躲那些没完没了的聚会了，她抱怨："如果我丈夫不守礼仪，人们会说因为他是天才；但换了是我，却是因为没文化。"

不过，艾尔莎十分乐意担任这个角色，爱因斯坦的吃穿住行，都不用自己操心了。她只需远远看一眼老爱的眼睛，就知道他是不是正在思考，该不该打扰他，在她的照顾下，爱因斯坦有了更多的时间来胡思乱想。这一切让艾尔莎感到满足："上帝给了他那么多美妙的东西，就算他精力不济，生活困难，我还是觉得他很棒。"

艾尔莎不懂物理，对爱因斯坦的工作内容既不过问，也无兴趣。爱因斯坦曾尝试向她解释相对论，但她听不懂。他们在美国巡讲时，有人问艾尔莎懂不懂相对论，艾尔莎答："我不懂，虽然他跟我解释过很多次，但这对我的幸福不是必需的。"卓别林在1931年见到过艾尔莎，后来对她进行过描述，说她热情，精力充沛，成为伟人的妻子她感到很自豪，对这一点她很坦率，毫不隐瞒。

一次，大概是受了某种刺激，她对老爱抱怨说："难道你就不能跟我谈点儿你的工作吗？人家谈起你的工作头头是道，而我对它一窍不通，那显得我多笨呀！"老爱想来想去，也不知道怎样才能让老婆有能力与人家侃物理。最后，他眉开眼笑地说："以后你就这样说，你什么都知道，但是打死也不能说，因为这是个秘密。"

然而，舒适、安稳的生活环境并没有让爱因斯坦幸福得像花儿一样，他内心深处仍然感到孤独，挥之不去的孤独。朋友们觉得爱因斯坦和艾尔莎并不亲密，他俩看起来不像是一对有默契的夫妻。实际上，他俩完全不是一类人。

艾尔莎很时髦，喜欢交际，很看重社会地位和别人的舆论，但爱因斯坦则完全相反。一次，爱因斯坦出席了一次为他举办的正式宴会，与会者都盛装出席。男士一律打领带，女士一律穿裸肩礼服。爱因斯坦宴罢归来，因感冒憋在家里的艾尔莎急忙打听宴会的情形。于是，爱因斯坦告诉她，出席宴会的有哪些著名的科学家。

艾尔莎打断道："不要管那些，你告诉我太太们穿的什么衣服？"

"这个真不知道，"爱因斯坦认真地回答，"从桌子以上的部分看，她们基本没穿什么。而桌子以下的那部分，我没敢偷看。"

　　虽然老爱和艾尔莎没什么共同语言，但总的来说，他们的婚姻生活过得还挺和睦，有一天，一位老朋友来爱因斯坦家闲聊，问道："你和艾尔莎从不吵架，有什么秘诀吗？"老爱含笑答曰："自从结婚以来，我们始终坚持一项原则：家中大事由我决定，小事由她做主，各司其职，无须争吵。"想了一会儿，他又说："不过回想起来，我们过了这么多年，家中居然从未发生过什么大事。" 这个段子耳熟吧？爱因斯坦的原创。

　　不管怎样，艾尔莎给爱因斯坦的爱是慈母式的，什么时候起床，什么时候吃饭，什么时候睡觉，甚至每天抽多少烟，艾尔莎都安排得井井有条。老爱虽然穷过，但对钱这东西始终没什么概念。单独出门时，艾尔莎总会在他兜里放少量零用钱，倒不是她抠门，而是她清楚，如果给多了，老爱会把兜里的钱全掏给在路上碰到的第一个乞丐。

　　艾尔莎不仅在生活上无微不至地照顾爱因斯坦，使他摆脱家庭琐事的羁绊，还在思想上、精神上、行动上给予他充分的自由，甚至允许他有婚姻以外的女人（据说每次只允许有一个，多了，她也会怒发冲冠凭栏处潇潇雨歇），这让老爱有更多的空间去思考，从而创造了伟大的科学成果，也创造了丰富的浪漫故事。

　　在艾尔莎面前，爱因斯坦对他与情人的关系毫不隐瞒。

【图 7.3】爱因斯坦和艾尔莎

　　老爱的继女玛戈特有个朋友，名叫米卡诺维奇，是德国的社会名流，比老爱小 15 岁，但她见到爱因斯坦后，立即被老爱的魅力秒杀，开始疯狂地追求老爱。后来纳粹追杀老爱，老爱逃到英国，米卡诺维奇居然追到了英国。纳粹的职业杀手都没追到，居然被她追到了。真是爱之深、追之切啊！

但稀奇的是，老爱居然在给艾尔莎的信中这样描述米卡诺维奇："M小姐始终按照基督教和犹太教的道德规范行事，她只做对己有益、对人无害的事，不做于己无趣、于人有害的事。所以，她和我走在了一起，而没向你透露一个字。这样的行为应该无可指责吧？"

他对继女玛戈特也不隐瞒，在1931年5月8日的信中，他告诉玛戈特："这次给你写信，是因为你是家中最理智的成员，你妈妈艾尔莎已经发狂了。米卡诺维奇此前的确跟随我到了英国，她对我的追求狂热得要失控了。但是，我要说明，首先我无法阻止这件事；其次，等我见到她，我会让她立刻消失。在所有的女人里，我现在最喜欢的莫过于L夫人了，她可爱而又不惹人心烦。"这还不算，老爱还曾请玛戈特替他给情人玛格丽塔传信。

老爱花心是花心，但他的底线很明确，那就是丝毫不能影响他的工作。每当感觉他与情人的关系变得正式、严肃起来时，他会立即撤退，回到自己的世界。这看起来很自私、很绝情，但从另一个角度想想，这又何尝不是对双方的一种保护呢？不撤退，难道娶回家不成？再看看他因为没有沉迷私情而作出的贡献，大家还能说些什么呢？

总之，这码事，做，很多人都在做；但说，不管咋说，都不好听。

《爱因斯坦·毕加索》的作者阿瑟·米勒说，"爱因斯坦对女人的态度，是他那个时代非常典型的。"他喜欢女性，也喜欢活在女人堆里，但也仅止于此，他的首要目标还是科学。任何事只要影响这一目标，他就会立即停止。

曾为爱因斯坦设计别墅的建筑师康拉德·瓦赫斯曼说，爱因斯坦对女性就像"磁铁对铁屑"那样具有强大的吸引力。那些女人大多把他当作崇拜和宠爱的对象。

托妮·门德尔，一个与老爱年龄相仿的迷人富婆，常约老爱相会，她在河边有座别墅，老爱常在她那儿逗留；埃斯德拉·卡曾埃伦伯根，另一个美丽的富婆，也常常豪车接送爱因斯坦，城里乡下的到处疯；玛格丽特·伦巴赫，一个年轻漂亮的金发女子，每周都来拜访老爱，还常常烤好老爱最喜欢吃的糕点带来。

爱因斯坦对女性的吸引力不仅来自于他的名声。年富力强时，他确实魅力四射。他 48 岁那年还被同代人赞不绝口："他给人最强烈的印象就是他惊人的青春活力，他是那样浪漫，很容易让人想起年轻时的贝多芬。他常常纵声大笑，像个学生。"

老爱经常收到追求他的信件和鲜花。就连带着艾尔莎一起露面时，老爱也常常被女粉丝们包围着，她们视艾尔莎如空气，争先恐后地接近老爱。有位女士甚至直截了当地对艾尔莎说："我能和爱因斯坦教授谈几分钟话吗？"公然要求和爱因斯坦单独见面。

八卦了老爱这么多情爱生活，我们先告一段落，来看些与爱情无关的事，以免大家误以为老爱与女性之间只有情爱关系。

其实，作为一个男人，他对待女性和多数普通男人一样。不同之处有三点：他被很多女人追，他能及时刹车，他更富有同情心。

1928 年，高高瘦瘦、聪明能干的海伦·杜卡斯成了爱因斯坦的秘书。她一生非常尊敬老爱，一直为他工作到最后。爱因斯坦这样评价杜卡斯："我忠实的助手。没有她就不会有人知道我还活着，因为我所有的信都是她写的。"

作为秘书，杜卡斯见证了爱因斯坦生命中的更多细节。一个老太太冲过警戒线，按住爱因斯坦的手说"现在我可以平静地死去了"；当又聋又瞎的海伦·凯勒用手"看"爱因斯坦的脸时，老爱眼里泪光闪闪……

后来，海伦·杜卡斯和玛戈特还严格执行医生的命令，控制爱因斯坦抽烟，爱因斯坦无计可施，有时去朋友家讨点儿烟抽，有时甚至会捡路边的烟头，老爱的故友埃立克·卡勒的妻子艾丽斯·卡勒回忆起这事，说老爱"够可怜的"。

诺贝尔奖

诺贝尔奖是全球公认、影响力最大的奖项之一。根据诺贝尔本人的遗愿，它授予在物理、化学、生理、医学、文学及和平这 5 个领域作出重大贡献的人，经济奖和地球奖是后人增设的。在这几个领域，你是否取得了最高成就，地球人一般都以是否获得诺贝尔奖来说事儿。

虽然我国对诺奖颇有微词，但诺奖情结却有增无减，爱恨交织，其复杂心理堪比阿 Q 之于赵太爷。就连有着华人血统的国际友人得了诺奖，我们都忍不住要兴奋一番，弱弱地骄傲骄傲，好比赵太爷的儿子中了秀才的时候，阿 Q 也因为自己原先大概也姓赵而觉得"这于他也很光彩"一样。

由此可见，诺奖虽不是十全十美，但谁都得承认，得了它总是一件荣耀的事。

爱因斯坦在 1921 年获得过一次诺贝尔物理学奖，获奖成果是光电效应。主持者还特别申明，此奖与相对论的创建无关。

众所周知，爱因斯坦的光电效应理论，虽然也是物理学的一个里程碑式的成果，但它与狭义相对论比起来，简直是小菜一碟，更不用说广义相对论了。所以，爱因斯坦只获得一次诺贝尔奖，就好比 2008 年北京奥运会上的菲尔普斯夺得 8 个第一名，大会却只肯给他 1 块金牌一样荒唐。

那么，如果绝对公平的话，爱因斯坦究竟应该获得多少次诺贝尔奖呢？这件事探究起来很有难度。但翻开史册，一些事实还是浅而易见的，我们可以研究一下。

由于诺贝尔奖只与一件事关系最密切，那就是设奖领域的成就。所以，我们的研究只能从老爱的科学成就入手。这样一探讨，我们会发现，老爱虽然只获过一次诺奖，但是如果抛开老爱谈诺奖，就好比抛开马拉多纳和贝利谈足球，其他诺奖得主恐怕要汗流满面了。

　　谈老爱的成就之前，我们先要声明：老爱不仅是一个纯粹的理论物理学家。其实老爱不仅是思想、理论上的巨人，他在解决实际问题、处理实用技术细节方面也是个高手。

　　1908 年前后，老爱与哈比希特合作发明了一个电容放大器，可以把电压扩大上万倍，因此用它能测出极弱的电流。注意是"极弱"哦。1920 年前后，盖拉赫用它测出了金属的接触电压。后来在验证老爱光电效应的实验中，也用到了这一技术。

　　1916 年，"一战"期间，老爱在《自然科学》上发表了《水波和飞行的基本原理》一文，根据这一原理，他与合作者设计出一种新型的螺旋桨，用于飞机可提高性能。这项技术被德国军方拿去用了，而那时老爱却蒙在鼓里，兴致勃勃地鼓捣球形陀螺去了。

　　1926 年前后，老爱和西拉德合作，分别利用吸收、扩散、电磁原理，提出三种制冷方案，均无须机械运动。其中，"吸收"方案与现在的冰箱原理相同。"扩散"方案简单便宜，不用电源，只需要自来水压力即可，他们已成功制出样机。可惜它对水压要求较高，而当时德国的供水系统压力不够。"电磁"方案完全没有运动机件，它利用移动的电磁场，驱使钾钠液态合金运动，金属液体本身可以当压缩制冷剂的活塞用，从而巧妙地实现制冷。由于战乱，以及当时被认为无害的氟利昂冰箱已经出现等原因，这些发明未被发展成消费品。后来，伊莱克斯买下了这些专利，其主要目的是维护自己的专利产品，所以这些专利没有被开发成产品。现在，牛津大学的科学家们对这些设计又重新发生了兴趣，因为它不用电，也不排放有害气体，非常适合节能、环保、低碳的发展要求。

　　据统计，老爱参与的发明不少于 45 项，至少在 6 个国家拥有专利。

　　老爱在实验物理上也有重大贡献，1915 年，他与德哈斯合作完成了一个重要试验：给导体线圈加一个电流脉冲，观察线圈中的铁磁体的力学效应。这项实验被称为爱因斯坦—德哈斯实验，产生的效应当然就叫"爱因斯坦—德哈斯效应"。

　　此外，老爱在光化学领域也占有重要地位，分量相当于法拉第在电化学上的地位。光化学的一个单位就是以爱因斯坦的名字命名的。

　　OK，闲言少叙，我们通过一个结构图来看看老爱的成绩单：

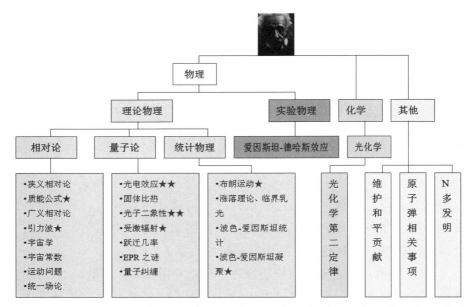

这些成果已经导致 9 项诺贝尔奖的诞生，其中 1 项是爱因斯坦本人获得的，8 项是别人因验证或发展爱因斯坦的理论而获得的。成果后面的每 1 个红星，代表该成果导致 1 项诺奖产生。具体如下（年度、获奖人、国籍、获奖理由以及解释）：

1921 年，爱因斯坦，德国。对数学物理学的成就，特别是光电效应定律的发现。这个不解释。

1923 年，密立根，美国。关于基本电荷的研究以及验证光电效应。有趣的是，密立根是因为不相信光电效应才打算通过实验来推翻它，不料却发现光电效应是正确的，并因此得了诺贝尔奖。

1926 年，佩兰，法国。研究物质不连续结构和发现沉积平衡。证实了爱因斯坦关于布朗运动的理论。

1927 年，康普顿，美国。发现康普顿效应。该效应验证了爱因斯坦提出的光子波粒二象性。

1929 年，德布罗意，法国。发现电子的波动性。将爱因斯坦的光子波粒二象性推广到电子。

1951 年，科克罗夫特，英国；沃尔顿，爱尔兰。用人工加速粒子轰击原子产生原子核嬗变。发明了高压倍加器，实现了人工加速粒子产生的核反应，验证了爱因斯坦质能公式。

1964 年，汤斯，美国，在量子电子学领域的基础研究成果；巴索夫、普罗霍罗夫，苏联，发明了微波激射器。具体就是在爱因斯坦受激辐射理论的基础上，通过量子电子学方面的研究，提出激光原理，导致微波激射器、激光器的发明。

1993 年，赫尔斯、泰勒，美国。发现脉冲双星。由此间接证实了广义相对论所预言的引力波的存在。

2001 年，克特勒，德国；康奈尔、维曼，美国。实现了"碱原子稀薄气体的玻色－爱因斯坦凝聚"，并对这些凝聚态的性质作出了早期的基本研究。

由上可知，有 14 人因为验证和发展了老爱的某个理论而获得 8 项诺奖，但这些理论的创建者却只获得了 1 项诺奖。

除此之外，从 1910 年起，爱因斯坦在多个领域的多项成果，被多人、多次提名诺奖，包括：狭义相对论、广义相对论、量子论、光量子、布朗运动、统计力学、涨落理论、临界乳光、固体比热、数学物理、爱因斯坦－德哈斯效应等，这些成果都是重量级的，但频频被否决。

为什么？当时很多科学家也很想知道为什么，他们心里都在问：提名老爱的人这么多，成果分量又足，怎么就拿不下这诺奖呢？可惜，每届诺奖候选人的名单，必须在提名的 50 年以后才可以解密。所以，当时的人们很难得到这个问题的确切答案。

50 年很久以前就过去了，当初神秘无比的提名档案早就公开了。我们随便翻翻，来看看当时与老爱一起被提名诺奖的都有谁。

1912 年诺贝尔物理奖的提名：爱因斯坦、普朗克、爱迪生，这 3 位不解释，都认识。

还有 3 个有名望的：昂内斯（低温超导发现者）、达伦（航标灯自动调节器发明者）、特斯拉（特斯拉线圈，产生人工雷电）。其余的就不提也罢了。

对，就是上面这 6 位，猜猜看，这一年的诺贝尔物理奖得主是谁？

是达伦。只有一个人提名的达伦。

"航标灯自动调节器"虽然是一项很有前途的发明，但它毕竟只是一项纯技术性的成果，论科技含量，跟低温超导、特斯拉线圈都没法比；论应用技术发明的成就，达伦跟特斯拉、爱迪生更没法比；论科学贡献，达伦和爱因斯坦、普朗克、特斯拉等毫无可比性，没法放在同一个平台上。

如果当时的人们知道这份名单，恐怕就不止是郁闷这么简单了。这也许就是诺奖50年保密期的高明之处。

其他的问题，咱先放到一边。我们把注意力还是集中到老爱身上：以老爱惊天地泣鬼神的科学贡献，得个诺奖怎么就那么难呢？资料显示，1910年起，爱因斯坦几乎年年都被提名诺奖。为什么要说几乎呢？因为1911和1915这两年，老爱没被提名。

每一次，老爱都会获得很多人的提名，却一直会遭到个别人的强烈反对。扒开历史的肚兜，我们找到几个主要因素：

一是保守势力始终坚持以怀疑的态度对待相对论。温和的，视之为"尚未经证实"的理论；强硬的，就坚决反对，就算你证实了，打死我也不信。

二是受到哈珀、勒纳德、斯塔克等纳粹科学家的极力排挤。他们给爱因斯坦的理论物理起了个名："犹太人的物理"。

三是多少存在一些地方保护主义的问题。这种怀疑的理由是遵照诺贝尔遗嘱，物理奖和化学奖由瑞典皇家科学院评定，而达伦是瑞典人（当然，这只是1912年诺奖的特例）。

四是从1910年到1922年，诺奖委员会5个成员中有3个是瑞典乌普萨拉大学的实验家，他们认为，精密测量才是物理学的最高目标，所以对理论家十分警惕。

当然，对于老爱，瑞典皇家科学院也表示压力很大，因为他们面对的不仅是保守派的坚决反对，更有纳粹分子的疯狂阻挠，这些都影响了诺奖委员会的评奖结果。当然，诺贝尔奖评审团虽然压力山大，但其中绝大多数成员还是清醒的、公正的，他们也希望把奖授予老爱，这不仅是肯定老爱，更是肯定诺贝尔奖。

俗话说，林子大了，什么鸟都有。诺奖委员会里就有只怪鸟——古尔斯特兰德。他因研究眼的屈光学而获得1911年的诺贝尔医学奖，诺奖评审团的资深成员。他是个医学专家，但基本是个物理盲。不知哪根神经错了位，古大夫年年对老爱一票否决，始终就一句话：相对论没经过时间的验证，于是老爱连年落选。

一个医生，不知出于什么目的，把自己不懂的物理专业当成自己的专业，隔着千山万水阻挠物理学巨人获奖，这是什么精神？但是，鄙视归鄙视，精神病坐在了重要的位置上，由不得你不陪着闹神经。

1919 年，爱丁顿通过日全食观测，证实了爱因斯坦的广义相对论。从那时起，老爱每年都会获得越来越多的推荐，推荐人也都是物理界的大腕，可以说，老爱不获诺奖，已经成了当时物理界的一块心病。

但诺奖委员会却涛声依旧。比方说 1920 年，玻尔、洛伦兹、昂内斯、塞曼等物理大腕，又不约而同地强力推荐老爱。但最终，物理奖给了瑞士人纪尧姆。理由是，他发现了一种镍钢合金，温度变化对这种材料的涨缩影响不大，适合做精密测量工具。这项成果固然很好、很强大，但我们要知道，那个年代，是物理学蓬勃发展的黄金年代，强人辈出，重磅物理成果如雨后春笋，比较起来，这个镍钢合金的发现简直太小儿科了！

这次，除了古大夫的强烈支持，还有另一位评委会成员、病危的海瑟伯格大搞关系学，用临终遗言煽情，强力支持纪尧姆获奖，才导致这一结果，但这也使诺奖的声誉大受影响。

1921 年，老爱获得的提名数遥遥领先，就算不按成就的分量，单按提名，老爱获奖也占有压倒性的优势。但他的相对论仍然遭到了古大夫的强烈攻击，说相对论不是来自实验室的实验。

这次，诺奖委员会的人真是扛不住了，不给老爱诺奖，老爱有损失，但损失更大的，恐怕是诺奖本身。爱因斯坦没获诺奖，物理界怎么看？科学界怎么看？地球人怎么看？诺奖是什么？它还能代表"最高成就"吗？

1921 年 11 月 12 日，经过一场激烈的辩论，一直到子夜时分，大家都困了，于是相互妥协，最终妥协出一个令物理界哭笑不得的结果：当年无人具有获奖资格，但保留这个名额。

缓兵之计，缓得了一时，缓不了一世。有些问题，不管你怎么逃避，最终也是要面对的。

1922 年，老爱再次成为焦点，他得到的提名支持仍然占有压倒性的优势。但是，如你所料，古大夫如约而至，又跳出来强烈反对，大家用诧异的目光看着亢奋的古大夫，愁肠百转。幸亏，海瑟伯格驾鹤西去后，来自乌普萨拉大学的奥森补了这个缺。奥森想，当务之急，不是老爱为何获奖，而是他必须获奖，不然，叫诺贝尔奖今后怎么见人？于是，他灵机一动，提出给老爱的光电效应授奖。按分量，光电效应作为定律，已经被实验证实，是量子论的基石，正是这一成就，使老爱与普朗克、玻尔一起，并称为量子论三教父。古大夫这次无言以对了，只能认账。

于是，1922 年 11 月初的一个深夜，诺奖委员会决定，把 1921 年保留的诺贝尔物理奖授予爱因斯坦，获奖理由是：关于光电效应的研究，以及在数学、物理上的贡献。当然，颁奖时，主持人还不忘强调一句，老爱此番获奖与相对论无关。

当瑞典皇家科学院院长宣布完这一决定时，所有人都长舒了一口气。其中包括古大夫，事实既成，他再也用不着费尽心机去编造反对老爱获奖的理由了。

1922 年的诺贝尔物理奖给了玻尔，理由是原子结构及其辐射的研究，这是名副其实。

在量子论的解释上，玻尔是老爱的论敌，但在学术和生活中，他却是老爱的挚友。可爱的玻尔有一个担心：老爱还没得诺奖，自己倒先得了，这奖怎么好意思拿？为此，他比老爱还希望老爱获得诺奖，连年极力地向诺奖委员会提名老爱。现在，他的梦想成真了！

11 月 11 日，玻尔长舒了一口气，激动地提笔给老爱写信说道："能和您一起得奖，这是外界能给我的最大荣誉和欣慰。我知道，我是多么不配。但我想说——先不管您在人类思想界作出的其他巨大贡献——仅就您在我的专业领域里所作的奠基性贡献，就可与卢瑟福和普朗克比肩，你在我之前得到外界的认可，这是我莫大的幸福。"

1923 年 1 月 11 日，老爱给玻尔回信说："您热诚的来信，像诺贝尔奖金一样，使我感到快乐。您怕在我之前获得这项奖金，这种担心我觉得特别可爱——它显出玻尔的本色。"

玻尔于 1922 年 12 月 10 日领了奖金，老爱很懒，直到 1923 年 7 月 11 日才去领奖金。

筹备授奖仪式时出了一件外交趣事，瑞士大使和德国大使出现了分歧，他们都认为自己是老爱这个领奖者的国家代表，老爱对此很无语。

不管怎么说，老爱与诺贝尔奖的这段公案，总算有了一个还算圆满的结局。其实，众多物理学大腕和科学史家认为，老爱肯要诺奖是给诺奖面子。众多物理界大腕认为，如果按照评比标准，爱因斯坦至少应该获得 6 次诺奖。在老爱琳琅满目的科学成果中，玻色——爱因斯坦凝聚、受激辐射、质能公式，与其他重磅诺奖成果比起来毫不逊色，狭义、广义相对论的分量，更不是什么奖能托得住的。所以，加上光电效应，6 次诺贝尔物理学奖毫无问题。如果把老爱对世界和平所作的贡献，与历届诺贝尔和平奖得主的贡献比较一下，老爱获一次诺贝尔和平奖也应该问题不大。

但道理终归只是道理，它没有成为事实。90 年过去了，纷繁的往事在时间的激流中变成回忆，但老爱对诺贝尔奖的影响却仍在继续。即使在知识爆炸、科学飞速发展的今天，老爱的理论仍然见识超前，活力四射，今后极有可能衍生出更多诺奖。我们来看一下，哪些理论衍生出诺奖的可能性大一些：

1935 年，老爱、波多尔斯基、罗森合作发表了一篇论文，对量子力学提出一个质疑，史称"EPR 之谜"。"量子纠缠"这一重要概念现身其中。这个概念在包括量子通信、量子计算机、量子密码术在内的量子信息学中极为重要。

引力透镜现象。自 1979 年起，爱因斯坦环、爱因斯坦弧、爱因斯坦十字等多姿多彩的引力透镜现象陆续被发现（引力透镜是现代宇宙学的重要组成部分）。

黑洞，天体物理学的一个焦点。越来越多的证据证明黑洞存在，天体运动和宇宙现象的解释已离不开黑洞，人们正千方百计实现黑洞的直接认证。幸运的是，2011 年 8 月，人类首次抓拍到了黑洞吞噬恒星的过程，恒星被黑洞瞬间撕碎的场面十分震撼人心。

引力波。引力波的间接观测已经导致了 1993 年的诺贝尔物理奖，现在对它的直接探测也在进行中，如果成功，将开辟引力波天文学。

当然，爱因斯坦理论的预言远不止这些，他开创的现代宇宙学，对人类认识宇宙产生了 90 年的影响。宇宙常数因为 1929 年哈勃发现宇宙正在膨胀而被抛弃，因此被认为是老爱一生最大的错误，但根据现在的观测，宇宙膨胀正在加速，而宇宙常数正好可以解释加速膨胀，于是宇宙常数被重新启用了。到目前为止，现代宇宙学的每一次重大进展，每一次新观测，无不与老爱的理论相吻合，这里就不一一列举了。

诺贝尔奖虽然不设天文学奖，但天文与物理已经扯不断理还乱了，所以天体物理学家也有获诺奖的先例，比如1967年，美国天体物理学家贝蒂因"核反应理论方面的贡献，特别是关于恒星能源的发现"而获诺贝尔物理学奖。但也有众多天体物理学的大腕，因为天文与物理的领域之争而错过了诺奖，比如大名鼎鼎的天体物理学家海尔、哈勃、爱丁顿、萨哈、罗素（不是获文学奖那个）等。

将来，老爱的理论究竟还能衍生出多少诺奖，在大统一理论没诞生之前，谁也不知道。也许，诺奖对老爱而言，只意味着他可以兑现一个诺言。而我们，此刻，也只是怀着幽幽的、挥之不去的诺奖情结，借以缅怀老爱的丰功伟绩。

战争与和平

内容：反战生涯和晚年

时间：1928—1955

爱情是什么

这个问题，没人能搞清楚，哪怕是爱因斯坦。他和玛丽的初恋是纯洁的爱情，但无疾而终。他和米列娃的爱情，纯洁、浪漫、激情，但最后却以离婚收场。他和艾尔莎的婚姻，应该说没有爱情，但两人却能白头到老。

艾尔莎和老爱虽然也有过矛盾和争吵，但总的来说，他们是和谐的，这很大程度上是艾尔莎的功劳。艾尔莎虽然有些世俗、虚荣，但她确实爱她的丈夫，她理解他，并且以他为荣。尤其难得的是，她很聪明，知道在什么时候说什么、做什么，总的来说，上得了厅堂，下得了厨房，斗得过小三，打得过流氓。

丈夫才华爆表，颜值也高，又真诚幽默，身边难免莺飞燕舞，艾尔莎曾经就是其中的一只。但与米列娃不同的是，艾尔莎更冷静、更宽容、更睿智。面对络绎不绝登门拜访的女人，艾尔莎也曾和爱因斯坦争吵过，但她最终还是选择了维护婚姻。

1931年，爱因斯坦携艾尔莎访美，途中随哈勃去威尔逊山访问。老爱摆弄了一会儿那些稀奇古怪的天文设备之后，就跑去玩院子里的一辆旧自行车。这时，天文台的专家们正在向艾尔莎介绍他们引以为傲的巨型装备——当时世界上最大的反射望远镜。

"你们究竟用这么复杂的设备来干吗？"艾尔莎一脑门子问号。

"我们试图用它来探索无限宇宙的问题。"一位学究耐心地解答道。

"我的上帝，"艾尔莎惊奇地说道，"我老公只在旧信封的背面干这些事儿。"

有人说，妻子眼里没圣人，但爱因斯坦始终是艾尔莎的骄傲。

值得一提的是，米列娃和老爱的关系也已经缓和了下来，离婚后，本来她已经改回原来的少女名，后来又重新使用了"爱因斯坦"。随着米列娃和老爱关系的缓和，两个儿子跟老爱阴晴不定的关系也稳定起来了。但不幸的是，爱德华的精神分裂症越来越严重，米列娃不得不把他送进精神病院。爱因斯坦对此非常心痛，1930年10月，他特地赶去，和米列娃一起看望爱德华。他们想了很多办法，试图让儿子走出黑暗，但无济于事。

艾尔莎写道："爱因斯坦探望儿子后，心里十分难过。他比任何人都无法接受这个事实。虽然他看起来表现得很坚强，毫不在乎，但内心却埋藏着巨大的痛苦。这件事对他的打击实在是太大了。"他收到爱德华寄来的诗歌、照片和信件时，十分欣喜。老爱曾在写给朋友的信中说："他是我的孩子里最有才气的，也是最像我的，可惜一直遭受精神病的折磨。"

老爱喜欢智力游戏。艾丽斯·卡勒回忆说，"我给他带去了有名的中国魔方，那是最复杂的智力玩具之一，但他三分钟就把它搞定了。"卡勒说，老爱的长子汉斯恰巧也来看他，老爱就把这个玩具给汉斯玩，汉斯也很快解决了这个难题。爱因斯坦十分高兴，非常骄傲地说："他干得真棒，和我一模一样。"

但汉斯也不太让爱因斯坦省心，爱德华遗传了米列娃的精神疾病，而汉斯则遗传了爱因斯坦的姐弟恋情结和倔脾气——他爱上了一个比自己大9岁的女同学弗里达，她又矮又丑，举止鲁莽，但十分聪明。米列娃和老爱一致认为，幼稚的儿子是受了狡猾的弗里达的骗。然而，全家的一直反对并没有什么用，就像当初的爱米恋一样，他们冲破了一切封建压力，幸福地结婚，并白头到老了，当然，这是后话了。

在家庭生活上，让老爱最省心的就是艾尔莎以及艾尔莎给他找的秘书杜卡斯。那是1928年，老爱患心脏病卧床期间，32岁的杜卡斯被艾尔莎带到了老爱面前。从那以后，一直到老爱1955年去世，杜卡斯都忠心耿耿地守护着爱因斯坦，她终身未婚，全部工作就是打理老爱的生活，整理老爱的资料，过滤那些可能浪费老爱时间的信件，保护着老爱的时间、隐私、名誉和遗产，直到1982年去世。

1930年12月，老爱携艾尔莎低调访美，说低调，只是老爱和邀请方的愿望而已，消息一走漏，记者、官员、粉丝们自然蜂拥而至。艾尔莎上了那一期《时代》周刊的封面，杂志写道："由于数学家爱因斯坦不能正确地管账，他老婆不得不照管他的花销和行程安排。"艾尔莎说，"我必须做好所有这些事，那样，他才感到自己是自由的……他就是我生活的全部。他值得我这样做。身为爱因斯坦夫人我很幸福。"艾尔莎还说，我管着他，但从不让他知道我在管着他。

【图 8.1】爱因斯坦与艾尔莎

然而，爱因斯坦又怎能不知道呢？他只是觉得这样挺好。一次，艾尔莎抱怨老爱抽烟太多，老爱在感恩节跟她打赌，说一年不碰烟斗。后来，老爱真的一年没再碰烟斗。后来艾尔莎在一次宴会上拿这事儿吹牛，老爱嘟囔道："瞧，我不再是烟斗的奴隶，却成了女人的奴隶。"不过，一年后，"从新年第一天早晨起床开始，除了吃饭睡觉，他的烟斗就不离嘴了。"

老爱也越来越在乎艾尔莎的感受，尤其在居家方面，这让艾尔莎充满幸福。他们被纳粹逼到美国普林斯顿以后，艾尔莎想起动荡的欧洲，甚至对自己的幸福感感到内疚，她给朋友写信说："我们在这里非常幸福，也许过于幸福了。有时会感到良心不安。"然而，生活充满磨难，幸福只在一时。1934 年，艾尔莎的大女儿伊尔莎因白血病在巴黎去世，艾尔莎遭受沉重打击，整个人都老了，身体也大不如前。

1935 年，艾尔莎病重卧床时，爱因斯坦为她担忧得失魂落魄、坐立不安，有时还在床边给她读书。1935 年 12 月，病中的艾尔莎写道："我从来没有想到他对我会有这么多的爱，这使我感到莫大的安慰。"老爱的同事、物理学家利奥波德·因费尔德说，爱因斯坦虽然看起来很平静，不停地工作，但他给了妻子最大的关爱和同情。

1936年12月20日，艾尔莎去世。爱因斯坦哭了，就像他妈妈去世时那样。"我真的很想她。"爱因斯坦悲叹。

如果有一个纯粹的爱情标准，用它来打分，爱因斯坦和艾尔莎的爱情可能不及格。但作为夫妻、家人，他们相依相伴、相互理解，能实实在在地让对方满足、开心，这难道不正是爱情的目标么？

巴内什·霍夫曼说，艾尔莎的死对爱因斯坦是个沉重的打击。霍夫曼建议他暂停工作，休养一段时间，爱因斯坦却说，他现在比任何时候都更需要工作。

艾尔莎的葬礼刚结束，一阵乱箭就射向老爱。偷袭者是史上箭法最准、眼神最烂的弓箭手丘比特。一群寡妇的求婚信接二连三地飞到老爱手中。一位缅因州的寡妇在信中坦然写道："我爱你，虽然我知道自己配不上你。"一位住在长岛的犹太寡妇信誓旦旦，如果老爱娶了她，那就是她的新生。她保证让他远离烦恼和忧虑，过上快乐、富足的生活。一位维也纳的寡妇在信中说，希望她的表白不显得唐突冒昧，因为有一个神秘的声音，呼唤她把自己的一切贡献给他。她确定，渴望做他的妻子绝非出于虚荣心，而是强烈希望使他过上最美好的晚年生活。

汹涌而来的爱的表白让老爱哭笑不得，他把这些信交给杜卡斯收到一边。

老爱虽然和艾尔莎感情不错，但他的风流韵事也不少。其中还有一段传奇的爱情，说传奇，是因为这场爱情融合了"二战"、"冷战"、女谍等大片元素。当然，这段感情发生在艾尔莎去世之后。

飞扬的乱发，深邃的眼神，率意的胡须，每条皱纹都刻满了智慧，爱因斯坦本身就是一件韵味十足的艺术品，引得摄影师、画家、雕塑家络绎不绝地前来，请求老爱摆出他们需要的姿势，让他们摄影、画画、雕刻。善良的老爱不忍拒绝，于是常常被定格。

一位初次见面的客人问爱因斯坦："请问您的职业是什么？"

"当模特儿。"爱因斯坦脱口而出。

1935年6月，普林斯顿大学打算为爱因斯坦塑一尊半身雕像，几经考虑，他们决定请苏联雕塑大师谢尔盖·柯年科夫来完成这一使命。为一个活着的伟人塑像，自然是由伟人亲自当模特最好。于是老爱来到柯年科夫的工作室。

本来，老爱对给自己做雕像这事儿没太大兴趣，但是出于与生俱来的好奇和对艺术家的尊重，他还是决定配合一下。但是到了雕像工作室，老爱立即被一件美轮美奂的艺术品吸引住了。

这件作品的作者不是柯年科夫，而是上帝。艺术品的名字叫玛格丽塔·柯年科娃。她不仅美若天仙，而且气质高雅、风姿迷人。

老爱游遍世界，王公贵胄、夫人公主、名媛明星，美女见得多了，但仍然被眼前的玛格丽塔狠狠地电了一下。一愣神的工夫，老爱听到一个好消息和一个坏消息。

好消息：她是柯年科夫的助手，这就是说，老爱当模特期间总能见到她。

坏消息：这个助手还兼任柯年科夫的妻子，只可远观而不可那啥焉。

于是，老爱当了一个称职的模特，直到柯年科夫满意为止。其实，玛格丽塔也被时年 56 岁的老爱电了一下。虽然她比老爱小 17 岁。

老爱虽然多情，但很有自制力。模特工作结束后，他努力让自己忘掉那个绝代佳人，使一切回到从前。但是，从那以后，玛格丽塔常在他的社交圈里时隐时现。这个天生尤物受过良好的教育，集美貌、风度、气质于一身，真是人见人爱、花见花开、车见爆胎，县长见了忘强拆。连埃莉诺·罗斯福夫人都加了她好友。玛格丽塔越来越多地出现在老爱的视线中。他们自然也就有了越来越多的交流。

打算克制自己的老爱悲哀地发现，把玛格丽塔从心里抹去的技术难度太高，自己越来越无能为力，不止是她美丽的外表，她丰富的内涵也越来越令老爱着迷。她对欧洲古典音乐和美术作品的独到见解，对战争罪行的犀利抨击，对惨遭法西斯蹂躏的犹太人深切同情，这一切无不令老爱为之动容、为之动心。

这一切，难道是上天的安排？

1940 年 5 月，欧洲陷入"二战"，苏联严重受创。玛格丽塔积极组织反战活动，被选为援苏协会秘书长，她的照片频频出现在美国各大报纸上，俨若一代明星。而爱因斯坦早就是闻名全球的反战斗士。所以，顺理成章地，他和她越走越近。只是缘于老爱的克制，那层窗纸没被捅破。

终于有一天，老爱忍不住了，他要捅破那层让人发疯的窗纸。这是一场多囧的求爱啊！无所畏惧的老爱唐突地、语无伦次地向玛格丽塔提出：我们约会吧！见惯大场面的玛格丽塔突然害羞起来，她结结巴巴地答道："我想……我应该拒绝您。可是，我怎么能拒绝您呢？因为……因为您是爱因斯坦啊！"

于是，一场旷世之恋拉开了序幕。老爱在普林斯顿大学的一间小办公室成了他们的爱巢，二人频频相会。

1945年8月，老爱和玛格丽特去萨拉纳克莱克度假。蓝天，碧水，青山，绿野，情人，风光无限，心心相印，没有理由不尽展欢颜。但玛格丽塔却秀眉紧锁，无心山水。老爱细问端详，玛格丽塔凄然垂泪，吐露心结。

原来，在美国居住不久，苏联派到美国的女间谍耶丽扎维塔·扎鲁宾娜就找到玛格丽塔，以祖国的名义，招募她为克格勃间谍，代号"卢卡斯"，负责收集美国高科技情报。恰好，普林斯顿大学请柯年科夫为爱因斯坦塑像，克格勃立即指示玛格丽塔借机结识爱因斯坦，目标是高能物理发展，尤其是原子弹研发方面的情报。虽然老爱没参与曼哈顿计划，但他那颗绝世聪明的脑袋本身就是高科技发生器，说不定哪句话就能让某项科研活动少奋斗多少年。

这就是为什么玛格丽塔总会出现在老爱的视野里。所以这不是上天的安排，而是克格勃的安排。但是，老爱的魅力真不是盖的。于是，任务不由自主地变成了爱情，带着爱情事业两不误的憧憬，玛格丽塔沉醉其中，美人计演成了情人结。

1945年7月16日，美国人制造的第一颗原子弹试爆成功，曼哈顿计划圆满成功。1945年8月18日，苏联成立原子弹研发组织，加紧研制原子弹。但到那时为止，他们虽然很努力，所获得

【图8.2】
据说这是玛格丽塔·柯年科娃唯一传世的照片，可惜不是正面

的情报却很有限，不足以指导苏联短期内研发出原子弹。于是，苏联国防委员会决定，动用玛格丽塔。她的任务是安排爱因斯坦与苏联驻纽约副领事巴维尔·米哈伊洛夫见一面。

要知道，这不是村东头的二大妈和村西头的三姑婆见一面，而是美国国家利益和对手的代表见一面，敏感得要命。如果完不成任务，克格勃控制间谍及其亲人的手段……莫斯科郊外的晚上……你懂的。

爱情的外衣下，原来隐藏着这么多与爱情无关的秘密。老爱一时思绪万千、感慨不已。惊讶之余，他下定决心，一定要帮心爱的玛格丽塔渡过这个难关。

1945 年 12 月，普林斯顿郊外的一个小湖边，米哈伊洛夫终于如愿以偿地见到了爱因斯坦。他们的谈话内容至今无人解密。一个已知的成果是，老爱接受了米哈伊洛夫的建议，给苏联科学院写了份电报，主要内容是强调核武器给世界带来的新危险。

玛格丽塔只负责安排这次见面，至于其他的，那就看米哈伊洛夫的本事了。完成任务后，苏联为了避免外交上的麻烦，命令柯年科夫和玛格丽塔火速回国。

和一个陌生男人见一面，竟是和自己心爱女人分手的前奏，自己还不得不奏，这事儿要多悲催有多悲催，老爱之纠结不言而喻。

据悉，玛格丽塔回国后，获得了一笔巨额奖金和一栋乡村别墅，她和丈夫隐居起来，玛格丽塔从此过着足不出户的日子，而柯年科夫则把全部精力投入到创作中，搞搞艺术，打打猎，两口子的日子过得似乎挺滋润。

但老爱一点也不滋润，他动了真情，很受伤。有人说，爱情就像扯皮筋，疼的总是那个不愿放手的。但老爱和玛格丽塔的爱情皮筋是被克格勃剪断的。不同的是，玛格丽塔还有柯年科夫，而老爱，已鳏居多年。

虽然克格勃剪皮筋业务精熟，但这次不同，皮筋把一个举世公认的活伟人弹痛了，这可没那么好打发。为了助老爱疗伤，玛格丽塔奉克格勃指示，用一个假地址与老爱通信，但时隔不久，克格勃就中断了他们的联系。不料，老爱并未因信的隔绝而隔断思念，他反而更加迫切地给玛格丽塔寄出数封情书，克格勃不得已又允许他们的通信恢复了一小段时间。老爱意识到了他们将永无相会之日，于是尽倾衷肠，史上最动人的情书一封封越过千山万水传到玛格丽塔手中……

玛格丽塔对老爱动过真情吗？现在伊人已去，我们只知道，她至死还保存着老爱的 9 封情书。这是一个哀婉的谜。

那么，爱因斯坦向苏联提供他们渴望的技术资料了吗？

目前，没有可靠证据回答这个问题。不过，我们可以从老爱的为人上去推测，他虽然十分率真，但并不傻，相反，他十分聪明，无论在哪方面。在大是大非问题上，老爱始终是个十分理智的人。

1995 年，原克格勃头子苏多普拉托夫写了一本叫《克格勃与克里姆林宫》的书，书中声称，玛格丽塔从爱因斯坦那获取了大量核武尖端技术资料！不过，美国方面的专家否认了这一说法。理由很简单，老爱是搞理论研究的，他没参与核武研究，手上没有相关资料。潜台词是，老爱就是想给，也没有啥可给的。这是实情，曼哈顿计划是严格保密的，不仅对外，对内也是，而老爱作为一个外人，过着神仙般稀里糊涂的日子，怎么搞得到核弹资料？

有关专家的看法是，虽然他爱上了她，但他并没有成为她的俘虏，他也不会被她忽悠去亲苏，尽管她在他面前极力描绘苏联的和谐盛世，但是他不感兴趣。证据很多，比方说，当她在信里热情洋溢地描绘苏联五一庆典盛况时，老爱在回信中泼了她一勺冷水："我满怀忧虑地注视着这些过分夸大了的爱国情绪。"

"他的本性决定了他不会跳进那个陷阱。"专家如是说。

老爱对女人的态度也是众说纷纭。有的人说他喜欢女人，有的人说他厌恶女人，还有人说他对女性评价不高。其实，在女人面前，老爱与其他男人相比，并无特别之处，他的好，他的错，他的一切，使妻子疲惫，让情人心碎，令粉丝迷醉，引后人寻味。

国家公敌

纳粹上台以前，爱因斯坦是一个彻底的和平主义者。1929 年，老爱发表了《反对一切战争的理由》一文，声明自己绝不参加任何战争。主张以牙还牙的法国数学家阿达马很生气，他在这年的 9 月 16 日给老爱写了封信，狠狠地批评了老爱的反战态度。

那时，纳粹党发展迅猛。老爱的观念和纳粹水火不容，而且，他还是个犹太人，所以，老爱就成了纳粹的攻击目标。1929 年，老爱 50 岁生日时，柏林政府打算盖一套乡间别墅送给他，选址在远离市区的哈维尔河边，两岸是茂密的森林，爱因斯坦一家很喜欢，但后来，这个方案遭到纳粹和民族主义者的反对，结果推迟了这项决定。于是，爱因斯坦写信拒绝了这个生日礼物："生命很短暂……我的生日已过，不能再接受这份礼物。"然后，《柏林日报》大标题报道："共和党丢尽了脸——爱因斯坦拒绝这份礼物。"

然而，老爱一家已经喜欢上了那块地，于是他自掏腰包买了下来，盖了一套别墅，朋友们还送给老爱一条帆船，老爱常常独自泛舟冥思，乐不思蜀。

惬意的生活，并没有让老爱超然世外，他说："为社会正义而努力，是生活中最有价值的事情。"他痛恨一切极权统治，不论是左派还是右派。1930 年，老爱发表了《我的世界观》一文，旗帜鲜明地表达了他的一贯主张——当然，他针对的不仅仅是纳粹，而是一切反民主、反和平、反自由、反人类的思想和组织。部分摘录如下：

"我的政治理想是民主主义。让每一个人都作为个人而受到尊重，而不让任何人成为崇拜的偶像。"

"在我看来，强迫的专制制度很快就会腐化堕落。因为暴力所招引来的总是一些品德低劣的人，而且我相信，天才的暴君总是由无赖来继承，这是一条千古不易的规律。"

"我相信美国在这方面已经找到了正确的道路。他们选出了一个任期足够长的总统，他有充分的权利来真正履行他的职责。"

毫不意外，老爱的观念让他成为纳粹的眼中钉。

1933年1月30日，希特勒通过愚弄民众、后门交易等各种手段，登上了总理的宝座。此后，他迫不及待地党同伐异，夺取政权，瓦解法制，摧毁民主体制，控制经济和文化，一年内就建立了纳粹党一党专政的法西斯极权统治。

纳粹政治像瘟疫一样四处蔓延，无孔不入。德国科学院也未能幸免，迅速被纳粹化。爱因斯坦受到前所未有的排挤和打击。1933年3月10日，老爱在美国帕莎第纳对《纽约世界电讯报》的记者宣布了他不回德国的声明：只要有可能，我就只愿意生活在一个公民自由、宽容而且在法律面前人人平等的国家里。

次日，爱因斯坦启程返回欧洲。就在这一天，纳粹闯进爱因斯坦在柏林的住处，搜查了两遍，幸亏艾尔莎的女儿玛戈特把老爱的文稿转移到了法国大使馆。接下来两天，这所房子又被搜了三次，后来，纳粹又查抄了他的别墅、没收了他的帆船，理由是它可能被用来走私。老爱在返回欧洲的公海上闻讯，立即发表抗议："动用武装部队查抄我的住宅，这不过是纳粹随心所欲的暴行的冰山一角。这是政府不断把人民的权力转移给纳粹暴徒的结果。"再后来，老爱在德国的财产被没收，他的书籍和手稿在柏林歌剧院门前被当众焚毁。

当时，德国出版了一本大画册，印着纳粹的敌人的照片，第一页就是爱因斯坦，还有文字说明，历数他的罪行，第一条罪行就是创立相对论，末尾注明"尚未绞死"——老爱从此成为纳粹德国的头号"国家公敌"。

1933年4月，德国颁布了一条反犹法令，规定犹太人在德国不能有正式职位。于是，大批犹太人被迫逃离德国，包括14位诺贝尔奖获得者。德国学界在这个荒唐的民族主义政策下，遭受了严重损失。普朗克看在眼里，急在心里，他试着向希特勒呼吁，企图缓和纳粹的反犹政策，但希特勒咆哮道："如果解雇犹太科学家就意味着当前德国科学的毁灭，那么，我们今后几年就不需要科学！"真是无知者无畏啊！

之后，纳粹更是在学术上对爱因斯坦进行了疯狂的政治迫害。老爱是个享誉全球的科学家，对他进行迫害，很自然地，就得用对付知识分子那一套：一是否定其学术成就，否定其人格，这样可以降低其威信，为否定其思想铺路；二是搜罗和编造罪证，实现彻底打倒的目的。为此，纳粹主要用了四招：

第一招：证明爱因斯坦的相对论是错误的。

第二招：如果证明不了相对论是错误的，那么就证明相对论不是爱因斯坦的——代笔。

第三招：如果上述都证明不了，那就证明爱因斯坦的人品不好。

第四招：如果上述还证明不了，那就杀了再说，或者杀了也不说。

我们来大致看看这几招进行得怎么样。

首先，证明爱因斯坦的相对论是错误的。

在持久批判的同时，纳粹动作最大的一次，是凑了 100 名科学家，出了那本臭名昭著的书：《100 名科学家证明：爱因斯坦是错的》。这本书充分利用人们的日常经验、直觉，结合经典物理知识，从各种角度反对相对论，他们能做到证据"确凿"，逻辑严谨，形式上符合日常经验，外行人看了，很容易相信。

一些正义的科学家很替爱因斯坦担心，可爱因斯坦看过此书后，一点也没放在心上，他说："人多管什么用？只要能证明我错了，一人足矣。一百个零加起来还是零。"而且，相对论与实际观测相符，谎言骗得了外行骗不了内行，另外，在势力范围外，纳粹的花招就鞭长莫及了。相对论仍然在世界上获得广泛认同。对此，纳粹恨得牙根直痒痒，却又无计可施。

其次，证明相对论不是爱因斯坦的。

相对论到底是谁的不重要，反正就不能是爱因斯坦的。这样就可以说他剽窃，在学术界，剽窃比嫖妓还恶劣。那么选谁当相对论的主人呢？最佳人选有庞加莱、洛伦兹，甚至还有米列娃，可惜这些人当时还健在，他们都不肯承认相对论是自己的。广义相对论的最佳人选是伟大的数学家希尔伯特，可惜，希尔伯特承认广义相对论是爱因斯坦的。

再次，证明爱因斯坦的人品不好。

纳粹科学家魏兰德搞了个"德国自然研究者保持科学纯洁工作小组"，专门对付老爱的相对论，他们一面说老爱抄袭剽窃，一面说相对论是虚无的达达主义，同时还说老爱霸占和毒害德国的思想财富。当时就把大家闹懵了：老爱为什么要剽窃一个虚无的理论？居然还能用它霸占和毒害德国的思想财富，这也太不自信了。这次，德国著名科学家感到这事太恶心了，劳厄、能斯特、鲁本斯第二天就联合发表声明，声援老爱。连普朗克、索末菲也转而坚定地支持老爱。

后来，纳粹科学家勒纳德和斯塔克居然说出"科学是由种族血缘决定的"这类胡话，几乎让人们认为他们是在反讽纳粹。猪一样的队友啊！但不管大家怎么看，他们的目标很明确，就是证明老爱是骗子，因为他剽窃；老爱是恶魔，他研究邪恶的杀人武器，所以他的理论是邪恶的；老爱是疯子，喜欢疯言疯语，他的学说也很疯狂；老爱对女人不好，证据是与米列娃离婚，不忠于艾尔莎，有很多情妇（这倒是真的），所以他讨厌女人，鄙视女人（如果大家信了，老爱就得罪全世界一半人口）；老爱是叛国者、颠覆者，瞧，德国国籍也不要了，还不替德国说好话，并且不拥护纳粹党的领导……他的话，我们不能信，他这是亡德之心不死，我们坚决不能上他的当，要拥护希特勒的领导，献出一切，杀光敌人……

只是，在纳粹的疯狂攻击下，老爱的形象在国际上愈发高大起来，他成了人们心目中的英雄，正义的化身，和平的使者，反纳粹学者的标杆。

三个狠招，招招落空，偷鸡不成还蚀把米。只剩最后一招：追杀。但老爱跑到美国去了——鞭长莫及啊！

纳粹的疯狂迫害，给老爱上了一堂现实教育课：彻底的和平主义并不能阻止疯狂和暴力。从那时起，他由无条件反战，逐渐转向支持武装抵抗暴力。1933 年 3 月 28 日，比利时海滨旅游胜地勒科克絮梅尔小渔村。老爱来此暂居，不是旅游，而是避难。为防止意外和暗杀，比利时当局还派了两名卫兵巡逻护卫。他还做了一件事，直接乘车到布鲁塞尔德国领事馆交了护照，宣布放弃德国国籍，还寄出了在船上写的一封信，那是向普鲁士科学院递交的辞呈："鉴于德国目前的状况，我不得不放弃在普鲁士科学院的职务……在我作为院士期间，与同事们建立了融洽和谐的关系。但是在目前的情况下，我对普鲁士政府的行为无法容忍。"普朗克长舒了一口气，认为这是双方体面断绝关系的最好办法。

然而，爱因斯坦的主动出击，让纳粹恼羞成怒，4 月 1 日，纳粹爪牙、普鲁士科学院秘书以院方名义，在报纸上发表一篇声明，指责爱因斯坦

"参与了法国和美国的恶意诽谤宣传活动"，并称"对于爱因斯坦的离职，它没有理由感到惋惜"。

4月5日，爱因斯坦驳斥了普鲁士科学院的造谣中伤，并重申："我辞职和放弃普鲁士公民权，都是因为我不愿意生活在享受不到法律平等、言论和教学自由的国家里。"

4月7日，普鲁士科学院再次谴责爱因斯坦做了很多损害德国人民的事情，责备爱因斯坦没有为德国人民讲句好话。

4月12日，爱因斯坦回应道：我如果做你们所希望的事，就等于背弃我对正义和自由的理解，这样，不是为德国人民讲好话，而只会有利于那些人，他们正在损害曾给德国带来荣誉的观念和原则……

5月26日，针对劳厄劝他在政治问题上要"采取克制态度"的事，爱因斯坦指出，科学家对重大政治问题默不作声是"缺乏责任心"的表现。

这期间，爱因斯坦不顾危险，到处讲学，倡导和平，反对纳粹。6月份，爱因斯坦到牛津讲学后回到比利时。7月份，受够了纳粹暴行的爱因斯坦忍无可忍，他接受了阿达马的观点，一改绝对和平主义的态度，号召各国武装起来，和残暴、卑鄙、疯狂的纳粹拼了。

9月初，恼羞成怒的希特勒悬赏2万马克买爱因斯坦的人头。

9月9日，老爱发现被盖世太保跟踪，便连夜渡海前往英国。10月3日，老爱在伦敦发表演讲《文明和科学》。

10月10日，老爱离开英国，于10月17日达美国，定居于普林斯顿，应聘为普林斯顿高等研究院的教授。

爱因斯坦对纳粹的预测十分准确。1934年8月1日，兴登堡总统死后，希特勒大权独揽，还懒得假装选举，直接自命国家"元首"，实行法西斯独裁专政。

1935年，希特勒撕毁《凡尔赛条约》，重整军备。经过一系列的政治、军事活动，构建了有利德国的国际形势。骄傲的德国人相信，伟大的日耳曼民族在希特勒的领导下，已经复兴了62.74%。

1938年，希特勒担任德国海陆空武装部队最高统帅，实现了传说中的党政军一把抓。

1939年7月26日，爱因斯坦得知铀可能产生链式反应，他立即意识到，公式中的质能转换即将变为现实。而当他知道德国人已经开始研制铀弹，并且已经对铀矿实行禁运时，他立即认识到这是一件超级可怕的事情——铀弹握在希特勒手中，人类将会如何？地球将会如何？真到那时，恐怕连狒狒捡个鸟蛋都得先感谢元首、感谢政府才敢下口！

怎么阻止这种可怕的事情发生呢？对希特勒开展政治思想工作，说这东西很危险，不利于人类的安定团结和身心健康，我们大家还是用常规武器公平PK吧。很显然，这是最烂的一招。阻止这件事情发生的最好办法，就是让反法西斯国家抢在纳粹之前制造出原子弹。后来，在西拉德、特勒、费米等人的推动下，爱因斯坦签署了一封写给罗斯福的信，阐述了铀弹可能的威力，以及纳粹对铀弹异乎寻常的兴趣，提醒总统采取应对措施。信中描述道："只要用一艘小船把这样的炸弹运到港口并引爆它，整个海港连同附近地区就会全部被摧毁。"这种生动的描述后来在日本变成了残酷的现实，不同的是，运炸弹的不是小船，而是飞机。

8月2日，这封信交到了罗斯福的好友和科学顾问亚历山大·萨克斯博士手中。

9月1日，在希特勒的领导下，德国进攻波兰，第二次世界大战爆发。

9月3日，英法对德宣战。

9月5日，美国发表《中立宣言》。

9月26日，纳粹军方召集海森堡等著名科学家成立了铀学会，启动了"U计划"，主要目标就是研制核武器。

10月11日，萨克斯博士终于找到机会把信交给了罗斯福，并于次日说服罗斯福，把研制原子弹提上议事日程。

10月19日，罗斯福给老爱回信道："我已召集包括国家计量局负责人和军方甄选出的代表在内的会议，全面研究您所提出的关于铀元素的各项可能性。"

10月21日，美国启动"S-11"计划，对铀能源的利用加以研究，这是曼哈顿计划的前身。

1940年3月7日，爱因斯坦再次给罗斯福写信，阐明纳粹对铀日益痴迷的事实，提醒美国应对此高度警惕，建议美国政府加速铀的研究。这期间，希特勒发动"白色闪电"行动，并于4月9日攻占丹麦和挪威，接着攻占荷兰、比利时、卢森堡，随后进攻法国。

5月10日，希特勒实施"曼斯坦因计划"，只半个月，法军投降。

战火越烧越大，已经决定做美国公民的老爱见美国还在隔岸观火，心急如焚。5月22日，老爱打电话给罗斯福，直言反对美国的中立政策。这时，可爱的老爱还没拿到美国绿卡。

6月10日，意大利向英法宣战，战火烧到了地中海和非洲。

7月16日，希特勒实施海狮计划，试图以空军制服英国，但战术失误，被击败。

9月27日，希特勒策划签订了《德意日三国同盟条约》。

1941年6月22日，希特勒撕碎了《苏德互不侵犯条约》，实施巴巴罗萨计划，入侵苏联。

9月30日，著名的莫斯科保卫战打响，德军受挫。

10月1日，老爱拿到美国绿卡。

12月7日，小日本偷袭珍珠港，美国受辱。第二天，日、德、意同时向美国宣战，太平洋战争爆发，"二战"进入白热化。

12月下旬，中华民国上将薛岳指挥的第三次长沙会战歼灭日军5万多人。惨胜。这是太平洋战争以来，盟军方面取得的第一场像点样的胜仗。

1942年1月1日，《联合国家宣言》签署。美、英、苏、中等26个国家形成反法西斯统一战线。卷入"二战"的美国痛下决心，加速原子弹的研制。

1942年6月，曼哈顿计划启动。

7月17日，更加著名的斯大林格勒战役爆发，苏联重挫德军。此役成为"二战"的转折点。

10月，在犹太人援苏集会上，爱因斯坦盛赞了苏联的成就。

1943年5月，老爱作为科学顾问参与美国海军部工作。

7月25日，墨索里尼被撤职囚禁。

9月8日，意大利无条件投降。

11月，中、美、英三国首脑在埃及开罗开会，通过《开罗宣言》，要求战后日本归还占领中国的所有领土，包括台湾及其附属岛屿。

1944年，老爱把1905年的手抄版狭义相对论论文拿出去拍卖，随后宣布将所得的600万美元（一说1100万美元）全部用于支持反法西斯战争（那时的600万美元折合成现在的人民币，大约10亿元）。

6月6日，诺曼底登陆，德国兵败如山倒。

12 月，老爱与斯特恩、玻尔讨论核武器与战后和平问题。这次他听从了玻尔的劝告，暂时保持沉默。

1945 年 2 月，美、英、苏三国首脑开会，签订《雅尔塔协定》，决定军事占领德国，彻底消灭德国法西斯。还规定，在搞定欧洲三个月内，苏联对日宣战。但苏联的条件是牺牲中国的主权，比如承认外蒙古独立等。会议还决定成立联合国。

3 月份，老爱和西拉德讨论了原子军备可能带来的威胁，还写信介绍西拉德去和罗斯福接着探讨，但此信如泥牛入海。

4 月 25 日，美国大兵解放意大利。

4 月 28 日，恶魔傀儡墨索里尼被游击队抓获枪决，并被意大利人民悬尸示众。

4 月 30 日，一代狂人希特勒自杀。为了防止自己像墨索里尼一样被人民群众晾成腊肉，他吩咐手下烧掉自己的尸体。

5 月 8 日，德国无条件投降。法西斯轴心国只剩小日本独撑危局。

7 月 16 日，美国成功进行了史上第一次核爆炸，并制造出两颗原子弹，一颗叫"小男孩"，一颗叫"胖子"。至此，历时 3 年、耗资 20 亿美元、动用 10 余万人的曼哈顿计划圆满结束。这是人类史上第一个现代化系统工程。

7 月 26 日，美、英、中三国共同发表《波茨坦公告》，向日本发出最后通牒，敦促日本无条件投降。

8 月 6 日，"小男孩"在 25.5 万人口的日本广岛爆炸，死亡和失踪 6.4 万人，伤 7.2 万人。

8 月 8 日，苏联如约对日宣战。

8 月 9 日，"胖子"在 17.4 万人口的日本长崎爆炸，死亡和失踪 3.9 万人，伤 4.7 万人。

爱因斯坦闻讯，悔恨交集，他觉得自己当初建议罗斯福研制核武器是他一生"最大的错误和遗憾"。其实，剑有双刃，是利是害，不取决于剑是否锋利，而取决于剑柄握在谁手。

8 月 15 日，日本宣布无条件投降。

9 月 2 日，日本在美国密苏里号战列舰上签署投降书。"二战"结束。

平凡世界

"二战"结束后，爱因斯坦特别后悔，他认为，原子弹终将变成威胁人类和平的魔鬼，所以他坚决主张废弃这种武器。

有人问爱因斯坦："假如发生第三次世界大战，将会怎样？"爱因斯坦说："我不知道发生第三次世界大战将会怎样，但我敢断定，假如发生第四次世界大战的话，武器应该是石头。"

除此之外，老爱还连续发表一系列关于原子战争和成立世界政府的言论。主旨就是：和平。

1946 年 5 月，老爱发起组建了"原子科学家非常委员会"，担任主席。出刊《原子科学家公报》，要使人类认识到核战争的极端危险性，倡议各国科学家维护世界和平。10 月，老爱给联合国大会写了一封公开信，敦促建立世界政府。

1947 年，他继续为促进建立世界政府而奔走疾呼。9 月份，他又发表了一封公开信，建议把联合国改组为世界政府。

1948 年，老爱倾力参与反对美国准备对苏联进行"预防性战争"的活动，并抗议美国进行普遍军事训练。

1950 年 2 月 13 日，老爱发表电视演讲，反对美国制造氢弹。

1951 年，老爱连续发表文章和信件，指出美国的扩军备战政策是世界和平的严重障碍。

1953 年 5 月 16 日，老爱给受迫害的教师弗劳恩格拉斯写回信，引起巨大反响，成为美国正直知识分子反对法西斯迫害的一个战斗号角。

有位天真烂漫的同学问，"二战"结束，法西斯不是被消灭了吗，怎么还在反法西斯？其实，法西斯不是一个组织，而是一种政治运动的音译。这是一种国家民族主义的政治运动，它反对个人主义，是极端的集体主义。纳粹就是法西斯的一种。所以，凡是打着国家、民族等集体的旗号，压制人权和民主，并实现极权独裁的，都是法西斯。

1954 年 3 月，老爱通过"争取公民自由非常委员会"，号召美国人民起来同法西斯势力作斗争。与此同时，喜欢搞政治迫害、清除异己的美国参议员麦卡锡，公开斥责爱因斯坦为"全美公敌"。

5 月份，老爱发表声明，抗议麦卡锡主义对奥本海默的政治迫害（奥本海默是"原子弹之父"，他之所以惨遭政治迫害，是因为他告诫美国不要陷入武器发展竞争，并且反对氢弹试验）。

1955 年 2 月起，老爱同罗素通信，商讨和平宣言的问题。4 月 5 日，驳斥美国法西斯分子给他扣上的"颠覆分子"的帽子。直到去世前的一星期，4 月 11 日，爱因斯坦还签署了《罗素——爱因斯坦宣言》，促成了帕格沃什会议，科学家、思想家每年集会一次，讨论如何控制核武器，开创了科学家投身反战和裁军运动的先河。

老爱的视角囊括人类世界，乃至宇宙洪荒，而不囿于一域，所以他的观点总是受到某一利益群体的质疑和打击。于是，围绕老爱，出现了这样一种怪状：他的思想是闪光的，经得住时间考验的，有利于人类发展的，但是他本人却经常因此陷入"一人敌一国"的孤独境地，当年在纳粹德国流传着这样一句话："柏林的大学教授分两类，一类是爱因斯坦一个人，另外一类是其他所有人。"是褒是贬，各取所需。

有人认为，爱因斯坦如此热衷政治，是不是想捞个一官半职的？事实证明，他关心政治，完全是从内心的善意出发。因为老爱清楚，政治体制的优劣，关系到每个人的生存状态，关系到人类的发展。所以，献出自己的力量，促进思想解放，是最大的真；助推政治清明，是最大的善；推动人类文明，是最大的美。老爱是个十足的行动派，他那样想了，就会认真去做。一如他做学问那样，倾力而为。

而且，在实际生活中，摆在老爱面前的升官机会并不少，不管是学界还是政界。但对于官位，他一般都是拒绝的。

1948 年 5 月 14 日，世界上第一个以犹太人为主体的国家以色列宣告建国。1952 年 11 月 9 日，爱因斯坦的老朋友、以色列首任总统魏茨曼逝世。此前一天，爱因斯坦就收到了以色列总理本·古里安的信，正式提请爱因斯坦为以色列共和国总统候选人。

当晚，一位记者打电话采访爱因斯坦："听说以色列请您出任总统，您会接受吗？"

"不会。我当不了总统。"爱因斯坦答道。

"总统没有多少具体事务，他的位置是象征性的。教授先生，您是最伟大的犹太人。不，您是全世界最伟大的人。由您来担任以色列总统，象征犹太民族的伟大，再好不过了。"记者急切地劝道。

"不，我干不了。"爱因斯坦坚决地说道。

刚挂掉电话，电话铃又响了。

这次是以色列驻美国大使打来的。大使说："教授先生，我是奉以色列共和国总理本•古里安的指示，想请问一下，如果提名您当总统候选人，您愿意接受吗？"

"大使先生，关于自然，我了解一点，关于人，我几乎一点也不了解。我这样的人，怎么能担任总统呢？请您向报界解释一下，给我解解围。"爱因斯坦诚恳地答复道。

大使不甘心，劝道："教授先生，已故总统魏茨曼也是教授。您一定能胜任的。"

"魏茨曼和我不一样。他能胜任，我不能。"爱因斯坦温和而又坚定地答道。

"教授先生，每一个以色列公民，全世界每一个犹太人，都在期待您呢！"大使恳切地劝说道。

大使说的是实话。老爱被同胞们的好意感动了，但他不想，也不能去做总统。怎么才能委婉地拒绝大使和以色列政府，又不让他们太失望和太没面子呢？这成了老爱的一个难题。不久，老爱在报上发表声明，正式谢绝出任以色列总统。他说："当总统可不是一件容易的事。"同时，他引用自己的话说："方程对我更重要些，因为政治是为当前，而方程却是一种永恒的东西。"

完成了伟大的科学革命，创立了巍峨的科学大厦，再当当总统，这人生该有多完美啊！这样前不见古人，后不见来者的美事，却被老爱一再回绝。他抵抗诱惑的能力又有几人能比？也许有人会说，老爱这是有自知之明，知道自己没有政治才华，才拒绝出任总统的。好吧，您说的也许是对的。在高位面前，有自知之明的能有几人，咱姑且不论。单说另一个问题：老爱有没有能力当这个总统。我们回头看看，老爱提出的那些政见，在当时虽然不被人理解，但现在大多成了世界的主流观念。

举个具体的例子：

1955 年 1 月 4 日，爱因斯坦给在以色列的"犹太代办处"的重要成员维·卢黎厄写信说："对于东西方国家之间的敌对关系，我们必须采取中立的政策。采取中立的立场不仅有助于缓和整个世界的冲突，而且有助于我们同阿拉伯世界发展健康的睦邻关系……我们的政策要点应该是：确认阿拉伯公民在我们中间的完全平等，并且体谅他们处境的内在困难。这样，我们就会赢得忠诚的公民，并改进我们同阿拉伯世界的关系。……我们对待阿拉伯民族的态度，将为我们作为一个民族的道德标准提供真正的考验。"

有人说，可惜了这番忠告，它说早了 40 年。它仿佛就是 40 年后巴以和谈的基础和目标。

不论是对自然，还是对人类社会，爱因斯坦的追求总是清晰而又执着。奥本海默这样描述爱因斯坦："他身上总是透出一种强烈的纯粹性，既像孩子那样单纯，又极为坚定。"

爱因斯坦说，在我们之外，有一个巨大的世界，它独立存在，就像一个伟大而永恒的谜，然而，它的一部分是我们观察和思维能力所能及的。对这个世界的凝视深思，就像得到解放一样吸引着我们，许多我所尊敬和钦佩的人，在专注于此的事业中，找到了内心的自由和安宁。在向我们提供的一切可能范围内，从思想上，掌握这个在个人以外的世界，总是作为一个最高目标而有意无意地浮现在我的心目中。这就是老爱的追求。他的房间里，挂着牛顿、麦克斯韦、法拉第的画像，后来，他又挂上了甘地的画像。

他年纪轻轻就完成了狭义相对论和其他几项足以光耀史册的研究，接着，又投入到广义相对论的创建工作中，广义相对论被验证后，他没有躺在功劳簿里享福牟利，沽名钓誉，而是投入了更加艰难的统一场论的探索。

这条路是异常艰难的。多少次，他都认为梦寐以求的目标已经达到，但很快，就发现那是一条死路。他的合作者斯特劳斯都感到无比心酸："我们有一次连续研究一个理论达 9 个月之久。一天晚上，我发现了一类解，但第二天早上就发现这类解表明，我们研究的理论不可能有物理意义。"1955 年 4 月 18 日，也就是爱因斯坦去世的那天，他临终前还请求别人把他的统一场论计算的最后一页拿给他，似乎他还想做最后的计算。

现在看来，老爱的努力是不可能成功的，因为那时，人类只知道引力和电磁力，还没发现弱力和强力，这种情况下，想搞出统一场论是绝无可能的。

我们知道，凭老爱的贡献和名望，他完全可以潇洒享受后半生；凭老爱的智慧和韧劲，如果研究点别的，仍然会硕果累累。但他却把后半生都投入到了希望渺茫的统一场论。而他自己，并不是不知道成功的概率有多低。

有人曾不解地问爱因斯坦，这样做是否有什么不为人知的目的？

老爱说，统一场论的探索极其艰辛，成功机会极其渺茫，让年轻人来做，很可能投入一生却一无所获，他自己反正已经功成名就，不怕失败，所以由自己来做最合适。

还有人问他："这一次又一次的失败有价值吗？"

爱因斯坦回答道："至少我知道99条路不通。"他说："我明白，成功的机会很小，但努力还是必需的……那是我的责任。"

老爱对于自己和整个世界都采取了超然的态度。他热爱生命，但对于死亡，他并不畏惧。1954年爱因斯坦生日，数学家库尔特的太太阿黛尔·戈德尔请人制作了一个花环，上面有两条很宽的绸带，作为生日礼物送给爱因斯坦。爱因斯坦看到这个礼物就哈哈大笑起来："这东西看起来好像是为我的葬礼制作的！"

爱因斯坦晚年身患重病。医生生怕哪里出了什么闪失。毕竟，自己护理的是20世纪最伟大的科学家啊！然而，老爱很看得开，他认为生老病死是自然规律，与其在死亡的恐惧中惶惶终日，还不如干点有意义的事。因此，他配合治疗的积极性并不高，还常常忘记服药。一次，医生给他检查了病情后，配了一些药，并在一旁监督他吃下。见老爱乖乖地吃下了药片，医生松了口气。不料老爱问道："医生，这下你觉得好些了吗？"

1955年4月中旬，爱因斯坦动脉瘤破裂，病情危急。医生建议动手术，但爱因斯坦觉得人为地延长生命很没劲，于是拒绝了手术，他对杜卡斯说："我已经尽了自己的责任，到该走的时候了。我会走得很体面的。"

　　4月11日，他稍稍感觉好了点儿，就让杜卡斯拿来纸笔，继续他的统一场论计算。4月18日凌晨1点刚过，值班护士听到爱因斯坦在用德语说着什么，但护士不懂德语，急忙叫来大夫，然而为时已晚，爱因斯坦已经离开了他为之奋斗一生的世界。这时是1点25分。他最后的说的话，成了永远的谜。而在他床边，是他追问的更大谜题——满满12页反复删改的方程。

　　他去世前，把他在普林斯顿默谢雨街112号的房子留给了杜卡斯，并且强调："不许把这房子变成博物馆。"他一生不崇拜偶像，也不希望以后的人把他当作偶像来崇拜。他留下遗嘱，死后不发讣告，不举行葬礼，遗体火化，骨灰秘密撒在不让人知道的河里，不造墓不立碑。他的遗体火化时，随行的只有他最亲近的12个人，而其他人对火化的时间和地点一概不知。

　　临终前，爱因斯坦还将遗产分配如下：

　　长子汉斯，1万美元。

　　次子爱德华，1.5万美元。

　　继女玛戈特，2万美元。

　　秘书杜卡斯，2万美元、他的衣服、所有个人用品（除了那把小提琴，它被留给了汉斯的儿子伯恩哈德·西泽·爱因斯坦）。

　　爱因斯坦去世后，他的大脑被同事、普林斯顿医院的病理学家哈维私自取走，为了留下这颗大脑，哈维开始了长达43年的"流亡"生涯，辞职、离婚数次，直到1998年，他才打电话让普林斯顿医院取回。关于爱因斯坦大脑的传奇，每隔一段时间就会被提起，这里不再赘述。

　　爱因斯坦，一个伟大的科学家、思想家、哲学家，一个伟大的和平斗士，一个平凡的男人。这个平凡的世界因为有了爱因斯坦而平添了不可多得的亮色。如今，老爱不仅仅是人类科学的象征，还成了人类文化的一种象征。笔者想用李政道的一段话来结束老爱的故事：

　　我们的地球在太阳系是一个不大的行星。我们的太阳在整个银河星云系4000亿颗恒星中，也好像不是怎么出奇的星。我们整个银河星云系在整个宇宙中也是非常渺小的。可是，因为爱因斯坦在我们小小的地球上生活过，我们这颗蓝色的地球就比宇宙的其他部分有特色，有智慧，有人的道德。

后记

Afterword

　　在我们这个古老的国度，有很多关于"顿悟"的传说。大家相信，人可以通过一些简单的方法，或某种神奇的际遇，让自己某一天突然脑洞大开，于是智力升级、真理诞生。

　　实际上，这种便宜事或许可以发生在宗教、神学、玄学领域，但不会发生在科学领域，甚至不会发生在真正的哲学领域。

　　当我们真正了解，科学理论是什么，科学家是怎样得到它们的，才能真正理解——即使是盖世天才，没有坚实的知识、可靠的方法、苛刻的质疑、严谨的验证，也没法得到一个靠谱的科学理论。

　　我们总是想一步登天，直接得到"真理"。然而有多少人知道，这样最终得到的，只是一堆有道理没卵用的垃圾。

　　只有当我们了解科学的时候，才能理解，即使是一个被证伪的科学理论，也比一万个不能被证伪的"真理"要有价值。因为我们要的是解决问题，而不是耍嘴炮。

　　掌握一些科学知识、科学方法，并不能拿来换金钱美女，但能让我们脑子清醒点，分析判断能力强一点，被忽悠瘸得少一点——这就是我写物理科普系列的初衷。

　　爱因斯坦是科学家的典型代表，智力够高、三观够正、方法够强、成果够大，是我们学习的好榜样。与此同时，他像我们一样，有血有肉有缺点，并且缺点很明显，是我们亲近的好偶像。

　　然而，爱因斯坦一生波澜壮阔，家事国事天下事，事事都写，何况，还涉及科学理论、科学方法、哲学认识等，要想做到准确、可靠，并不容易，尤其是对笔者这个文盲来说，更是难上加难。幸好，笔者在写《文盲正侃时间史》系列的过程中，得到了网上同好们的肯定和支持。

这种支持，是全方位的：鼓励、顶帖、给新人讲解、帮助查找资料、修订错误等等，这一切，都是自发的、义务的，有这么多热爱自然科学、认可科学方法的同好，我在欣慰的同时，更多的是感动，可以说，是这些同好支撑我写下了这近百万字的科普系列。

在此，拜谢所有支持我的同好们。

特别感谢

为本书内容作出贡献的同好：

@没有 1999（本书校对、修订、查找国内外资料等）、@永红数码、@tonysicom、@最早之前、@托腮者、@569513、@zctyyq、@荡胸生云。

支撑我坚持写下去的同好：

@秋天的原野333、@为莫不让说话、@我要一个牙刷、@swhhai123、@锄禾辛苦、@19911389、@Ridiculogical、@我傻二、@tttttmnt、@超_级_小_菠_萝、@爱无止境012、@种文、@areha002、@pjm77、@羊嚼牡丹、@火神矢水、@现金社会012、@彤彤爸爸2012、@u_97061402、@风寒几度菊花残、@李劲555……

篇幅有限，同好们的ID无法全部放在这里，但可以全部放在我的心里。

有热爱科学、支持科普的同好在，我们的科学梦就在。

谢谢。